Sylvia Witt und Oliver Uschmann
KRALLEN REIN!

Sylvia Witt und Oliver Uschmann

KRALLEN REIN!

Über das wahre Leben mit Katzen

PIPER
München Berlin Zürich

Mehr über unsere Autoren und Bücher:
www.piper.de

MIX
Papier aus verantwor-
tungsvollen Quellen
FSC® C083411

ISBN 978-3-492-06009-7
© Piper Verlag GmbH, München/Berlin 2016
Satz: Kösel Media GmbH, Krugzell
Gesetzt aus der ITC Legacy Serif
Druck und Bindung: CPI books GmbH, Leck
Printed in Germany

INHALT

VORWORT ODER EINE WARNUNG

Wenn eine Katze in Ihr Leben tritt, ändert sich alles. Sie betreten eine neue Welt. Eine Welt ohne Schlaf. Eine Welt ohne Ruhe. Eine Welt voller ungeahnter Sorgen. Eine Welt schillernder Horizonte.

Sie werden ganz neue Gerüche kennenlernen, für die Sie nicht einmal einen Namen haben, und ganz neue Geräusche, die Sie aufschrecken lassen, tief in der Nacht, wenn das Rätseln beginnt: War dies nun ein Einbrecher, der die Terrassentür ausgehebelt hat, oder doch eher der Kater, der die größte Zimmerpalme des Hauses in ihrem schweren Topf zu Fall brachte? Glas wird splittern. Keramik wird bersten. Regale werden fallen.

Sie werden lernen, dass der Mensch jedes Obst mit Schale essen, die Katze dafür Sofas schälen kann. Wie ein Ingenieur werden Sie begreifen, dass alles, was Sie umgibt, aus Einzelteilen besteht, denn die Katze wird sie eines Tages gut sortiert vor Ihnen ausbreiten. Falls Ordnung, Sauberkeit, Ruhe oder andere spießige Werte Ihren Geist jemals eingeengt haben: Jubilieren Sie – Ihre Katze wird Sie davon befreien!

Auf der Suche nach dem verschwundenen Tier werden Sie lernen, die Landschaft oder die Stadt, die Ihr Heim umgibt, mit ganz anderen Augen zu sehen. In den Möbeln und an den Wänden finden Sie Hieroglyphen vor. Kunstvoll eingeritzte Bande in die Vergangenheit. Ehrerbietungen der Haustiger an ihre alten ägyptischen Göttinnen. Selbst Ihre Träume werden sich verändern. Mit geweiteten Augen rasen Sie in der Nacht durch dunkle Kammern und verwinkelte Schluchten, immer dem Tier hinterher, das Sie längst im Griff hat. Am Tage verwandelt sich Ihre Sprache in ein einziges Drama aus Wort und Klang. Entweder geben Sie nur noch Befehle aus wie ein längst von Rekruten entmachteter Obergefreiter, oder Sie verfallen in fanatisches Fauchen, schluchzendes Schnurren oder kieksendes Kauderwelsch. Kein Mensch, der nicht selber ein paar Katzen gehört, wird Sie noch länger verstehen. Niemand, dessen Haut von Kratzern frei und dessen Seele von diesen Geschöpfen unberührt ist, wird mit Ihnen Ihr Leben teilen.

Wenn die Katze Sie findet, dann war's das.

Wenn die Katze Sie findet, beginnt ein neuer Akt Ihres Lebens.

Falls Sie wie wir bereits lange mit Katzen leben, finden Sie sich in diesen Geschichten wieder – und schenken dieses Buch jedem, der noch ernsthaft glaubt, was in den Katzenkalendern steht.

Falls Sie noch unerfahren sind und mit dem Gedanken spielen, sich für einen Mitbewohner dieser Spezies zu öffnen – vergessen Sie das Image der Katze als ruhigen, zum Pelztier gewordenen Buddhisten und lesen Sie auf den folgenden Seiten die unzensierte Wahrheit.

Es ist im Übrigen ein Wunder, dass dieses Buch pünktlich in den Läden liegt. Denn drei Tage bevor wir das fertige Manuskript an den Verlag schicken wollten, war es plötzlich weg. So, wie alles weg war. Der Kater lag auf der Tastatur und sah uns an, als sage er: »Was muss ich da alles über mich lesen? Habe ich das autorisiert?« Mit einer einzigen Schrittfolge seiner Pfoten hatte er sämtliche Dateiversionen zunichtegemacht. Da wir täglich speichern, müssen es im Laufe der Arbeit über 125 Stück gewesen sein. Panisch klickten wir uns durch die Ordner. Wir wussten, dass Katzen fähig sind, die Strukturen zu verschieben und digitale Kisten unentwirrbar ineinander zu verschachteln. Gerade kam uns eine Idee, wohin der

Ordner »Krallen rein!« gelangt sein könnte, da rannte der Kater erneut über das Keyboard. Was aussah wie wilde Willkür, war in Wirklichkeit die zerstörerischste Tastenkombination der EDV-Geschichte. Der Bildschirm wurde erst schwarz, dann blau, dann gab es einen Blitz. Schließlich erschien ein kleines Fenster in der Mitte. Ein Fehlercode. Niemand konnte ihn identifizieren. Nicht die IT aus dem Dorf. Nicht die IT im Verlag. Selbst der gütige, gratis gewährte Blick, den ein Experte der NSA auf den Rechner warf, brachte den Zugriff nicht zurück. Sollten Sie noch jung sein, Informatik studieren, in fünf oder zehn Jahren für die berühmte amerikanische Behörde arbeiten und dort im Büro vom legendären *Cat Shutdown* des Jahres 2015 hören … jetzt wissen Sie, was damit gemeint ist.

Als wir, erfüllt von großer Müdigkeit und Ermattung, ganz unten angekommen waren, vor uns Tage und Wochen einer handschriftlichen Rekonstruktion des Geschriebenen aus dem Gedächtnis, bei der wir jeden Abend die Blätter im Tresor vor den Katzen in Sicherheit zu bringen gedachten, da betraten wir das Büro und fanden den Rechner eingeschaltet vor. Auf dem Bildschirm, glänzend weiß und geöffnet: die Datei mit dem Manuskript.

Der Kater saß daneben.

Wortlos meinte er: »So. Und das nächste Mal setzt man mich vorher in Kenntnis …«

Die aktiven Helden dieses Buches sind vier der siebzehn Katzen, mit denen wir insgesamt bislang unsere Leben teilten: Gobi (♀), Tenhi (♂), Krischiperry (♂) und Gandhi (♂). Die Geschichten beginnen vor zehn Jahren, als wir mit Gobi das Haus im Münsterland bezogen. Wie im echten Leben stehen die Katzen mal gemeinsam auf der Bühne, mal treten sie ab, weil ihre Zeit gekommen ist. Kater Tom zum Beispiel, der viel zu kurz bei uns lebte, findet sich nur im Nachwort wieder. Einige der Katzen, die uns vor dieser Zeit gefunden hatten, finden in der Erinnerung Erwähnung. Keine war wie die andere, denn sämtliche Katzen auf dem Erdenrund haben ihren eigenen Charakter. Einiges aber teilen sie dann doch.

- Die Kenntnis der Mathematik, um den richtigen Ansprungs- winkel zu errechnen, bei dem das Regal garantiert umfällt.
- Die Kenntnis der Psychologie von Machiavelli bis Adler, um dem Menschen stets das Gefühl zu geben, er wäre von selbst auf die vollständige Erfüllung ihrer Wünsche gekommen.
- Und schließlich ... die unbedingte Loyalität, sobald man sich ih- rer nach langen Lernprozessen als würdig erwiesen hat.

Seien Sie vorbereitet.

> *»Die Menschheit lässt sich grob in zwei Gruppen einteilen: in Katzenliebhaber und in vom Leben Benachteiligte.«*
>
> (Francesco Petrarca)

Heißt auf Deutsch:

Die Katze stählt den Menschen. Unerbittlich. Die Fremdenlegion ist ein Kindergeburtstag dagegen. Ein Tortenback-Seminar für Marzipandoppeldecker mit rosa Zuckerglasur. Wer mit Katzen lebt, wird zum Athleten der Geduld und übt sich in Strategien, mit denen sich Weltkonzerne leiten und Imperien errichten lassen. Ohne Erbarmen rammt die Katze mit ihrem flauschigen Dickschädel Löcher in den Wall aus Bequemlichkeit, den man sich vor ihrer Existenz errichtet hat. Zuverlässig fegt das Training, das sie einem zukommen lässt, sämtliche »Benachteiligungen« hinweg. Mangelnde Disziplin, ein unsteter Geist und das eingebildete Bedürfnis, in einem intakten Gebäude länger als zwei Stunden durchschlafen zu müssen, weichen unter dem Kommando der Katze den Fähigkeiten wahrer Sieger. Wo Wille auf Wille trifft, entdeckt man sich selbst zum ersten Mal im Leben. Als vierbeiniger Bildhauer des Daseins fährt die Katze erst dann ihre Krallen wieder ein, wenn sie aus dem rohen Block Mensch, den sie sich erwählt hat, den Helden herausschälte, der allem und jedem trotzen kann.

DER EINZUG
ODER
WER HAT MICH
EIGENTLICH GEFRAGT?

Die Katze mag ihre Heimat. Umziehen ist für sie ein großer Graus, weil sie sich fortan an ein neues Haus, einen neuen Garten, neue Nachbarn und vollständig neue Verhältnisse von Höhen, Tiefen, Ecken und Winkeln zu gewöhnen hat. Und vor allem: Weil sie niemand vorher gefragt hat. Deswegen straft sie die Menschen ausdauernd mit meisterlichen Mitteln massiver Schuldgefühlserzeugung. Wenn sie sich sehen lässt. Und erst recht, wenn nicht…

»Gobi?«

»Gobi!«

»Goooooooobiiiiiii??!!«

Seit einer Stunde laufen wir durch unser neues Haus und suchen die Katze. Gobi versteckt sich mal wieder. Aus Protest. Sie will, dass wir uns Sorgen machen. Sie will, dass wir alles Fürchterliche für denkbar halten. Dass sie irgendwo feststeckt im noch nicht ganz fertig eingerichteten Haus, irgendwo zwischen einem Brett und einem Stück Wand, und vor lauter Entkräftung nicht mal mehr miauen kann. Oder dass sie rausgelaufen ist in die noch vollkommen neue Umgebung und längst fünf Kilometer nordöstlich des Dorfes am Rande der A1 hinter der Planke steht und sich überlegt, ob man als Katze auf einen 100 km/h schnellen Laster aufspringen kann, der einen zurück nach Düsseldorf bringt. Krallen raus, Anlauf und zack in die Plane hängen, als pelzige Heckfigur. So etwas sollen wir uns innerlich vorstellen, wenn wir sie nicht finden, und Gobi weiß – so etwas stellen wir uns *tatsächlich* vor. Wir sind Katzenmenschen *und* Schriftsteller. Das heißt, wir vereinen eine hohe Panikrate *und* ausufernde Phantasie. Perfekte Voraussetzungen für eine beleidigte Katze, ihre Menschen zur Strafe für den Umzug in den Wahnsinn zu treiben.

»Gobi!«

»Gooooooooobiiiiiii??!!«

»Im Keller warst du schon?«

»Drei Mal.«

»Garten?«

»Ich habe heute Morgen noch nicht einmal die Tür aufgemacht.«

Sylvia seufzt.

Sylvia rechnet.

Sylvia legt den Finger ans Kinn.

»So, wie es momentan hier aussieht, hat Gobi rund 374 Möglichkeiten, sich in dem Durcheinander zu verstecken.«

Das ist nicht einfach so dahergesagt mit den 374 Optionen. Nicht so, wie wenn einer anmerkt: *Ich habe dir schon 1000 Mal gesagt, dass …* Wenn Sylvia eine Zahl äußert, ist sie wörtlich zu nehmen. Die Prozessorgeschwindigkeit ihres Gehirns ist um ein Vielfaches höher als meine. Unter ihren Fähigkeiten hat sie eine ganz besonders stark ausgeprägt: das räumliche Denken. Aufgaben, in denen man zum Beispiel im Geiste einen Würfel drehen und dann sagen muss, wie er schließlich zum Liegen kommt, erledigt sie in wenigen Sekunden. Technische Zeichnungen sind für sie wie Gemälde, auf denen man das vollständige Gebilde lediglich selber im Kopf verfertigen muss. Die Terrakotta-Armee würde sie als Faltvorlage erkennen. Wenn sie also die Räume unseres neuen Hauses abscannt, die noch deckenhoch mit Kartons, Werkzeug und zerlegten Möbeln vollstehen, ist es tatsächlich so, dass Gobi rund 374

Möglichkeiten hat, sich zu verstecken. Ich frage mich, wie viele dieser Nischen wir schon abgearbeitet haben. Achtzig? Hundert? Hundertzwei?

»Goooooooobiiiiiii??!!«

Gobi ist übrigens auch hochbegabt. Man sieht es der Katze an, es liegt in ihrem Blick. Was hinter diesen Augen in dem putzigen, vollen, getigerten Europäisch-Kurzhaar-Kopf vor sich geht, ist von äußerster Komplexität und langfristiger Planung. Es ist durchaus wahrscheinlich, dass Gobi von den 374 Möglichkeiten weiß, uns beim Suchen beobachtet und gerade ganz gemütlich mitzählt. 89, 90, 91 … je nachdem, wie sauer sie heute ist, wird sie uns bei vielleicht dreihundert aufgedeckten Verstecken erlösen. Oder in ein anderes umziehen, das wir bereits abgesucht hatten. Wir hätten ihr den Umzug schonender beibringen müssen.

DIE MACHT DER GEWOHNHEIT

Katzen lieben ihre gewohnte Umgebung. Die Betonung liegt auf *gewohnt*. Sie teilen dieses Anhaften ans Vertraute mit Erwachsenen, die sich irgendwann in einem Leben eingerichtet haben und daran nichts mehr ändern wollen. Da sie die Welt zusätzlich ein wenig magischer wahrnehmen, teilen sie diesen Hang aber vor allem mit Kindern, denen man ungefragt zumutet, einen geliebten Ort aufzugeben. Bei sensiblen Zehnjährigen etwa, die später im Leben beruflich Bücher schreiben, reicht es sogar schon, wenn lediglich gute Freunde der Eltern die Wohnung wechseln. Hat der Zehnjährige seine ganze bisherige Kindheit regelmäßig bei ihnen zu Besuch verbracht, ist ihm alles darin zu einem gewohnten Teilzeit-Zuhause geworden. Das Wohnzimmer mit den Samtteppichen und den feinen Fransen am unteren Rand der Sessel. Die Sofas, auf denen die Erwachsenen immer *Dallas* schauten, sich über J. R. Ewing aufregten und dabei genau wie er goldbraunes Zeug aus Bleikristallgläsern tranken. Der schmale Flur mit der Bibliothek. Die schweren Vorhänge, hinter denen man sich verstecken konnte. Jeder Winkel, jede kleinste Ecke wächst dem Kind ans Herz, so wie es auch jeden Garten als Märchenwald empfindet. Für das Kind ist wie für die Katze alles groß, geräumig und geheimnisvoll. Katze und Kind kriechen in Wandschränke und Truhen. Sie können den Geruch jeder Sofafaser unterscheiden. Und dann? Umzug! Der Zehnjährige ist entsetzt. Schockiert. Persönlich beleidigt. Selbst bei einer Wohnung, die nur einen Außenposten seiner Welt darstellte.

Die Auflösung ihres eigenen, angestammten Reviers empfindet die Katze erst recht als bodenlose Frechheit. Es fühlt sich in dem kleinen Köpfchen an wie ein erzwungener und unerwarteter Rauswurf aufgrund plötzlichen »Eigenbedarfs«. Oder wie eine Umsiedlung, wenn ein böser Konzern einen Staudamm bauen will und das ganze Tal überflutet. Im Normalfall kommen dann Steven Seagal oder Arnold Schwarzenegger vorbei und retten die Heimat. Aber wo sind die, wenn man sie mal braucht, als Kind oder als Katze?

Auf der Fahrt von Düsseldorf nach Herbern verhielt sich Gobi in der Transportbox auf dem Beifahrersitz ruhig. Kein Knatschen. Kein Klagen. Dafür aber: Spannung in der Luft. Katzen beherrschen das *vorwurfsvolle Schweigen* besser als Schwiegermütter. Sie haben eine telepathische Verbindung zu ihren Menschen und können über diesen Kanal nicht nur empfangen, sondern auch senden. Es gibt hundert verschiedene Facetten lautloser Kommunikation, die möglich sind, wenn eine Katze nur so daliegt. Das gleiche Liegen kann im Inneren des Menschen auf magische Weise gelassenen Frieden oder größte Unruhe erzeugen. Empfindet der Mensch Frieden, liegt es daran, dass die Katze ein wohliges, gnadenvolles »Alles ist okay!« über den Telepathie-Kanal sendet. Empfindet der Mensch Unruhe, liegt es daran, dass die Katze ein giftiges, vorwurfsvolles »Du bist schuldig!« auf den Weg bringt.

Im Münsterland angekommen, durchschritt Gobi das neue Haus mit arrogantem Blick und zur Schau gestelltem Widerwillen. Nur ihr hoch aufgestellter, aber *nicht* aufgeplusterter Schwanz verriet, dass sie in Wahrheit hoch erregt und voller Vorfreude war. Sie erkannte natürlich in Sekunden, dass sich ihr Revier verdoppelt hatte. Verdreifacht, wenn man den Garten mitrechnet. Ein Garten, in dem sich sogar ein Teich befindet. Schwanz und Gesichtsausdruck drifteten bei der Erstbegehung der neuen Heimat kolossal auseinander. Wie der Mensch verrät sich auch die Katze durch ihre Körpersprache, solange sie noch nicht ausreichend viele Kurse über *Body Language* bei international renommierten Dozenten belegt hat. Doch selbst dann kann es ihr passieren, dass der Schwanz wider besseren Wissens und Trainings trotzdem eigenständig macht, was er will.

Seit dieser Erstbegehung hat Gobi sich noch nicht dazu herablassen können, ihre Freude über die maßlose Größe der neuen Umgebung offen zu zeigen. Sie nutzt die räumlichen Möglichkeiten lieber aus, um unsere Abbitte noch ein wenig in die Länge zu ziehen.

»Gooooooooobiiiiiii??!!«

Ich rufe immer verzweifelter. Zeige Schwäche.

Sylvia versucht es mit gutem Zureden: »Liebes, bitte. Wir haben es ja verstanden. Oliver arbeitet ab sofort auch schneller, um mit mir endlich alle Möbel aufzubauen.«

Sylvias Argumente sind gut. Und natürlich verstehen Katzen jedes Wort. Sie tun nur so, als wären sie unseres Vokabulars nicht mächtig, um sich vor einer Menge Arbeit und Verantwortung drücken zu können. Wie Männer. Wie Büroangestellte. Wie Politiker oder Teenager. Antworten können sie in unserer Sprache natürlich nicht geben, und würden sie es versuchen, verstünde man nicht, was sie eigentlich gerade sagen wollen. Wie bei Männern. Bei Büroangestellten. Bei Politikern oder Teenagern. Wo immer Gobi gerade sitzt – sie hört ganz genau, was Sylvia ihr verspricht.

»Gobi, Schatz. Wir machen heute noch die Schreibtische fertig! Versprochen!«

Ein gutes Versprechen.

Als Mensch mit Katzen muss man nach dem Einzug bei der Frage, welche Möbel man zuerst aufstellt, andere Kriterien anwenden. Ein Single-Mann ohne Katzen würde nach einem Umzug als Allererstes seine Medienecke errichten. Stereoanlage, Flachbildfernseher, Subwoofer, Videospielkonsole und das Sofa. Eine Single-Frau ohne Katzen begänne in aller Ruhe Karton für Karton und würde nach dem Aufbauen der ersten Möbel in Raum X bereits passende Bilder aufhängen. Ein Ehepaar kümmert sich als Erstes um die Küche und um das Bett. Menschen mit Katzen hingegen müssen – ganz egal, ob Single oder Paar – zuallererst die Möbelstücke aufbauen, auf denen die Katze am liebsten liegt. Zum Beispiel den Schreibtisch mit den schnaufenden Laptops, aus deren Lüftungen immer so schöne warme Luft rauskommt.

»Ich hole auch Poularde!«, trage ich nun zu Sylvias Bestechungsversuchen bei. Das ist eine von Gobis Lieblingssorten aus der Produktreihe von Sheba. Geschnetzeltes mit Poularde in feiner Soße. Darauf steht sie so, wie wir Menschen auf Currywurst stehen. Oder auf Gyros überbacken. Es ist okay, und man kann es essen, aber wirklich gut sind ganz andere Sorten. Tüten und Dosen mit reinem Fleisch, nahezu ohne Zusätze, Nebenerzeugnisse oder diesen ganzen unsinnigen Füllstoff aus Getreide, mit dem manche Hersteller werben, um die Müsli-Synapsen der Menschen anzuregen. Als ob Katzen selber Getreide bräuchten. Was machen sie denn in freier Wildbahn im Weizenfeld? Jagen sie zwischen den Ähren die Mäuse, oder knabbern sie die Körner aus den Fruchtständen? Gut, vielleicht hat die ein oder andere Maus an einer Ähre geknabbert, und ihr Mageninhalt füllt daraufhin automatisch auch den Magen der Katze, die sich denkt: »Warum nur war diese Maus besonders schmackhaft?« Vielleicht stellen sich die Futterhersteller das so vor. Damit die Katze den Getreideanteil im Futter verdauen kann, sollte er dann allerdings doch besser aus Mausmagensäure statt aus ganzen Ähren bestehen.

Ein kaum hörbares Geräusch huscht für eine Tausendstelsekunde durch die Luft. War es oben? War es unten? War es Einbildung? Man weiß es nicht. Sylvias Ohr jedenfalls tanzt unter den roten Haaren auf und ab.

»Hast du das gehört???«

Ich nicke zaghaft.

Sylvia fragt: »Wo? Wo? Wo?«

Ich zucke mit den Schultern.

»Männer! Ich denke, ihr seid Jäger und geschult im Häuserkampf? Da müsst ihr doch Richtungen raushören können!«

Ich seufze. Gejagt habe ich in meiner Kindheit nicht einmal die Spinnen in der Wohnung. Immer wenn eine auftauchte, zerrte meine Mutter mich hinter sich, um mir Deckung vor der Bestie zu garantieren. Währenddessen schoss mein Vater den Achtbeiner aus der Distanz mit einer Badeschlappe von der Wand. Und was den Häuserkampf angeht, verhielt es sich in meiner Erziehung wie mit jedem anderen Kampf auch: Ich ging ihm aus dem Weg und folgte Mutters Credo, mich in keinem Fall »auf das Niveau der Schläger hinab zu begeben«. Im Ergebnis begab ich mich also – falls die Flucht vor Stefan, Kevin und Dominik auf dem Schulweg nicht gelang – statt auf deren Niveau lieber auf den Asphalt vor ihren Füßen hinab und fühlte mich unter ihren Tritten angenehm intellektuell überlegen.

Das Geräusch hallt erneut durch unsere neuen vier Wände. Es war also kein Versehen von Gobi. Sie will, dass wir sie finden, da sie unsere Angebote von eben akzeptiert hat. Leicht macht sie es uns deswegen trotzdem nicht.

»Da!«

Sylvia hebt den Finger.

»Unten«, rate ich ins Blaue.

»Gibt's hier irgendwo noch einen Hohlraum?«, fragt Sylvia.

Das ist eine berechtigte Angst in Häusern, die man übernimmt und die zuvor schon von zwei, drei anderen Parteien bewohnt wurden. Menschen klatschen ganze Gebäudeteile mit Rigipsplatten oder hauchdünnen Sperrholzwänden zu. Klopft man mal aus Spaß alle vorhandenen Wände und Ecken behutsam mit der Faust ab, entdeckt man mehr versteckte Bonushöhlen als in *Super Mario Land*. Es scheint eine westfälische Sitte zu sein. Immer wieder hört man zwischen Paderborn, Münster und Telgte von wundersamen Hausvergrößerungen um bis zu 150 Quadratmeter, sobald die Bewohner die Hälfte ihrer Wände entfernt haben und dahinter unerwartet ganze Geheimwohnungen vorfanden.

»Gobi!!??«, rufe ich erneut. Dabei stelle ich mir ganz fest das appetitlich glänzende Fleischmenü vor. Die Katze soll das Bild in meinem Kopf telepathisch empfangen und unwiderstehlichen Appetit bekommen.

»Ich gehe auch sofort los und hole zur Poularde noch Hühnchen in Kräutern dazu. Und Putenhäppchen in heller Soße!«

Langsam bekomme ich selber Hunger bei der Aufzählung. Ich verfüttere sowieso nichts, was ich nicht grundsätzlich selber probiert habe. Die Kräuterkomposition von Sheba ist reizvoll. Die helle Soße an der Pute ist auch nicht übel, aber ein wenig zu bitter. Wie angebratene und wieder kalt gewordene Leber vom Grill.

»Mäh!«

Gobi steht auf den Treppenstufen hinter uns. Als hätte sie die ganze Zeit da gehockt oder wäre eben wie bei *Akte X* aus der Wand heraus teleportiert. Sie betont das »Mäh!« so, als wäre sie immer noch beleidigt, wüsste aber auch, dass sie es mit dem Verstecken ein wenig übertrieben hat.

FEINE LAUTE

Das berühmte »Miau« kommt im Alltag mit Katzen viel seltener vor als unzählige Versionen von »Mau!«, »Meh-au!«, »Miek!« oder eben »Mäh!«, um nur die häufigsten zu nennen. Letzteres darf man sich nicht wie das Mähen von Schafen vorstellen, sondern wie eine einzige putzige Patzigkeit. Von jedem Laut, den die Katze von sich gibt, existieren unzählige Varianten. Durch Feinheiten in der Betonung bringt es die Katzensprache auf ebenso viele Vokabeln wie die Menschensprache durch ihre Vielfalt der einzelnen Wörter. Wobei mit »Katzensprache« lediglich die Kommunikation mit dem Menschen gemeint ist. Untereinander verständigen sich Katzen – vom Fauchen einmal abgesehen – rein telepathisch sowie durch Gestik und Mimik. Die Deutung der Körpersprache kann man als Mensch schnell lernen. Für den Gedankenkanal der Telepathie wird man erst mit der Zeit offen.

»So«, sagt Sylvia, »dann aber flott. Wenn wir unsere Versprechen jetzt nicht halten, verschwindet die Süße das nächste Mal für Tage im Schornstein.«

Gobi schaut Sylvia entsetzt an, als sie das sagt. Nicht, weil es eine unfaire Unterstellung wäre. Eher, als wolle sie sagen: »Mist, das mit dem Schornstein kann ich jetzt vergessen.«

»Gut«, fasse ich zusammen, »wir haben 17 Uhr. Ich muss zu Edeka und Poularde holen. Danach sollten wir die Schreibtische aufbauen.«

Sylvia nickt und fügt hinzu: »Heute mindestens die Schreibtische. Streng genommen haben wir ja eben versprochen, dass du mit mir im Eiltempo alle Möbel aufstellst.«

»Aber ich muss auch noch Artikel abgeben!«, protestiere ich.

Der Chef des Magazins, für das ich zurzeit arbeite und jeden Tag nach Dortmund in die Redaktion fahre, hat mich für vier Wochen von der Anwesenheitspflicht freigestellt. Ich darf Home Office machen. Mit Betonung auf Office. Von Home-Baustelle war nur die Rede, wenn ich dennoch pünktlich meine Texte abliefere. Plattenkritiken zum Beispiel. Die Musik, die ich dort bespreche, hat sehr häufig damit zu tun, dass Männer sehr wütend schreien. Das kann kein Mensch nebenher hören, wenn er Möbel aufbaut. Vor allem keiner, dessen räumliches Denkvermögen im Vergleich zu dem seiner Frau ungefähr den sprachlichen Kapazitäten eines Lukas Podolski entspricht.

Gobi sagt: »Mauk!«

Das ist ein ganz seltenes Wort. Scharf wie Chili und streng wie ein richterlicher Beschluss.

»Mauk!« heißt: »Ich weiß, was du gerade denkst, aber wegen Kinkerlitzchen wie dem Beruf wird hier nicht verhandelt. Kopfhörer auf und Möbel bauen! Zack! Aber vorher Poularde holen. Poularde, Kräuterhuhn und Putengeschnetzeltes!«

»Siehst du«, sagt Sylvia und zeigt auf die Katze: »Sie sagt ›Mauk!‹«

»Ich weiß«, seufze ich.

Eine Stunde später zieht Gobi ihre Zunge durch die Soßen des Drei-Schälchen-Auswahlbüfetts, während im Obergeschoss der Akkuschrauber röhrt. Die Schrauben zwischen Schreibtischbein und Platte direkt vor den Augen, denke ich an die Tische, unter denen ich mich als Kind versteckte, wenn ich mit meinen Eltern zu Gast in der Wohnung ihrer besten Freunde war. Nichts konnte mich beruhigen, als sie ungefragt diese kleine Welt auflösten. Ich protestierte. Verfluchte das neue Stadtviertel. Weigerte mich, das teure Mietshaus mit den japanischen Nachbarn zu betreten. Versteckte mich aus Protest im Treppenhaus in einer gigantischen Vase. Erst ein Büfett bei McDonald's konnte mich beruhigen. Mit drei Soßen.

Der Mensch und die Katze, sie teilen mehr als nur ein paar Gene.

»Ein Kätzchen ist für die Tierwelt,
was eine Rosenknospe für den Garten ist.«

Robert Southey

Heißt auf Deutsch:

Die Rosenknospe wächst nicht einfach so in der Luft des Gartens. Sie ist üblicherweise an einem Rosenstock befestigt. Und die Rose sticht. Lernt man nicht den richtigen Umgang mit ihr, blutet man schnell aus allen Löchern. Rosen sind keine Tulpen. Ihre atemberaubende Schönheit ist hart erkauft.

Wäre eine Rose wie eine Katze, würde sie sich schon gegen das Einpflanzen wehren. Natürlich wüsste sie, dass man es gut mit ihr meint und der neue Garten der richtige ist, damit der Stock wächst und gedeiht, aber gestochen würde allein aus Prinzip.

Wäre eine Rose wie eine Katze, käme sie voller Misstrauen von ihrem ursprünglichen Züchter in ihr neues Zuhause. Sie würde den Menschen, der verspricht, sich um sie zu kümmern, unerbittlich auf seine Fähigkeiten als Gärtner testen.

Den Passanten, die am Gartenzaun vorbeispazieren, böte sich ein unnachahmliches Schauspiel. Ein Mann in Latzhose und Strohhut oder eine Frau in geblümter Bluse kämpft – dicke Handschuhe an den Händen – mit der widerspenstigen Rose. Er streitet, diskutiert und redet auf sie ein, während sie ihn sticht. Erdkrume fliegt durch die Gegend. Blutstropfen tränken den Randstein. Vögel sitzen in den Bäumen und Hecken und geben Wetten darauf ab, wer gewinnt. Die Spatzen setzen auf den Menschen, die Rotkehlchen auf die Rose. Ein Kleiber läuft als Buchmacher umtriebig zwischen ihnen die Äste auf und ab. Ist die Rose schließlich eingepflanzt, wird sie erblühen. Der Mensch hat es mit Narben in der Haut bezahlt, die er sein Leben lang liebevoll als Erinnerung streichelt.

DIE INTEGRATION (1) ODER WIE MAN EINEN MISSTRAUISCHEN SCHEUNENTIGER ZÄHMT

Die Katze braucht Gesellschaft. Die Katze braucht Gefährten. Allerdings gilt für alle Beteiligten, dass für eine gelungene Integration viele Sensibilitäten beachtet und faire Geschäftsbedingungen ausgearbeitet werden müssen. Diese Aufgabe erfordert kluge Entscheidungen, vollen Einsatz und besten Willen aller beteiligten Menschen und Tiere. Eine strenge Erziehung spielt dabei ebenso eine Rolle wie bedingungslose Liebe und das Wissen darum, dass wir alle die Welt immer noch wie ein Wunder betrachten, solange wir klein genug sind.

Wenn Gobi durch das Wohnzimmer läuft, hört man es im ganzen Haus. Es klingt wie die Sohlen von Lackschuhen bei einer Vernissage. Sehr leise Schuhe natürlich. Dafür durchdringend spitz und klar in ihrem Klang auf den Dielen. Gobi hat sich angewöhnt, beim Laufen die Krallen draußen zu lassen. Bei jedem Schritt klackern sie auf dem harten Holz.

Kla-Klack.

Kla-Klack.

Kla-Klack.

Im hohen Alter haben Katzen häufig keine Wahl. Sie verlieren ihre Fähigkeit, die Krallen überhaupt wieder einzuziehen. Gobi kann das noch. Kuschelt man mit ihr im Bett und sie verlegt sich aufs Stampfen, kommen weniger Krallen zum Einsatz als beim Spazieren zwischen Bibliothek und Sofas. Macht sie einen auf »unschuldiges Baby«, sind die scharfen Waffen sogar vollständig verschwunden und die Pfoten nur noch reinster, herzerweichender Flausch.

»Muuu-arrrk!«

Ihr Klagelaut.

Üblicherweise nutzt sie ihn, wenn sie das »beseelte Bällchen« im Maul spazieren trägt. Ein einzigartiges Drama. Seit wir hier leben, spielt sie es uns vor. Sie hat einen kleinen, bunten Spielball aus weichem Filz zu ihrem »Baby« auserkoren. Dieses winzige Schutzobjekt schnappt sie sich und trägt es durchs Haus. So, wie eine Mutterkatze ihren Nachwuchs am Nacken tragen würde. Sie legt das Bällchen irgendwo ab, hebt den Kopf und fängt an, zu wehklagen. Kommt man endlich nachsehen, was los ist, hört sie augenblicklich damit auf und tut so, als sei nichts gewesen.

Der Klagelaut von heute meint allerdings nicht das Bällchen-Drama.

Auch keine Bettelei, nach draußen zu dürfen. Ich muss nicht bei ihr im Wohnzimmer sein, um zu wissen, wie sie jetzt dort vor der Scheibe der Terrassentür steht. Ich stelle die Tasse ab, die ich in der Hand habe, da ich gerade die Spülmaschine ausräume, und gehe aus der Küche hinaus zu ihr. Oliver trainiert gerade Kondition im eigenen Haus. Er rennt schwitzend die Treppen auf und ab.

»Muuu-arrrk!«

Gobi hebt das Köpfchen wie ein winziger Wolf, der den Mond anheult. Das beseelte Bällchen hat sie nicht bei sich, und wie erwartet, kratzt sie auch nicht an der Scheibe.

Würde sie die Tatzen über das Glas ziehen und dabei ganz normal miauen, hieße das: Ich will raus. Aber den Kopf in den Nacken zu werfen und den Klageruf ertönen zu lassen bedeutet: Ich bin einsam! Ich brauche endlich wieder eine zweite Katze im Haus!

Die Gefährten und Gefährtinnen, mit denen Gobi früher meine Wohnung teilte, sind alle mit den Jahren verstorben. Sie und ihr Bruder Ovid waren damals die jüngsten unter den bereits vorhandenen Katzen, als sie zu mir kamen. Sie lernten sogar noch sechs Wochen lang meinen ersten Kater Padouar kennen, der mich seit meinem achten Lebensjahr begleitet hatte. Ihren Bruder Ovid und vor allem ihre »Ziehmutter« DJ sterben zu sehen traf sie besonders. Doch auch der Abschied von »Opa« Padouar, »Tante« Dali und sogar von der nur kurz bei uns gelebt habenden alten Dame »Paulinchen«, die auf einem Bahnhof ausgesetzt worden war, war schwer für sie. Bis sechs Monate vor meinem Umzug ins Haus auf dem Land mit Oliver teilte sich Gobi ihr Leben mit der letzten übrig gebliebenen Katze Maxine, einem zauberhaften, sensiblen Herzchen. Sie erlag einem Tumor. Es brach mir das Herz, denn ich hätte sie gerne mit Gobi den Garten erkunden sehen. Dessen Vorzüge sowie die Größe des Hauses haben Gobi mittlerweile überzeugt, dass sie sich wohntechnisch verbessert hat und glücklich sein kann, nun hier zu leben. Aber nicht länger ohne ein Gegenüber gleicher Spezies.

Oliver betritt schwitzend das Wohnzimmer. Er keucht. In seiner Lunge rasselt es, als wären Entrümpler zu Gange, die den wertvollen Metallschrott vom Unrat trennen.

»Gobi braucht einen Gefährten«, sage ich.

Oliver schaut zur klagenden Katze.

Im Garten taucht eine Nase zwischen den Lebensbäumen der Hecke auf. Ein Kater auf Rundgang. Merlin. Riesig gewachsen, solides Bäuchlein, ein Kopf wie ein Handball und nur noch ein Auge. Er lebt irgendwo ganz oben in der Siedlung, die Einheimische liebevoll »den Hypothekenhügel« nennen, weil außer uns jeder hier gekauft hat. Wir kennen Merlins Namen, da sein Herrchen den gemütlichen, alten Freigänger drei Mal die Woche sucht. Dann läuft der Mann über die Wege und Felder und verkündet lautstark den zauberhaften Namen.

»Meeerlin!«

»Meeeeeerliiin!«

»Meeeeeeeeeeeeerliiiiiin!«

Entlang der runden Palisaden unserer Terrasse stolziert Merlin unter der Weide hindurch um die Ecke zur Vorderseite des Hauses. Gobi flippt aus. Wie von der Tarantel gestochen rennt sie zu den Erkerfenstern. Dass auf der kurzen Route ein Sofa im Weg steht, quittiert sie beiläufig mit einem Zwei-Meter-Sprung. Ihre Pfoten berühren das Möbelstück kaum, so eilig rast sie darüber hinweg. Sie rammt alles, was sie hat, gegen die Scheiben. Tatzen, Kopf, Bauch, Schwanz. Wie im Wahn stürzt sie sich gegen das Glas. Es wirkt, als wolle sie ihr Revier gegen den Eindringling verteidigen. Als wolle sie sagen: Lasst mich raus, damit ich ihn aus der Rabatte verjagen kann. Es heißt allerdings das Gegenteil: Ich will zu ihm, damit wir Freundschaft schließen.

PASSENDE GEFÄHRTEN

Kaum jemand würde eher als wir unterschreiben, dass Katzen genauso einen individuellen Charakter ausbilden wie Menschen. Deswegen kann es natürlich auch unter ihnen Einzelgänger und Eigenbrötler geben, die tatsächlich ohne weitere Artgenossen am besten klarkommen. Wie bei den Menschen stellen diese Eremiten allerdings eine Minderheit dar. Es gibt schließlich auch bei uns einen Grund, warum sich die Provinz entvölkert, die Städte wachsen und in den Bergen die Pächter nicht gerade zu Hunderten die Alm herunterpurzeln, weil sich Tausende um die eine verfügbare Hütte prügeln. Was die Mehrheit der Katzen allerdings mit der Mehrheit der Menschen teilt, ist, dass sie nicht einfach so jeden Neuankömmling auf der Stelle und ohne zu verhandeln als ihren Nachbar oder Mitbewohner akzeptieren. Die Grundregeln, die viele Ratgeber zu diesem Thema verbreiten, können wir allerdings nicht als eherne Gesetze bestätigen. Da heißt es dann etwa, dass man einer bereits vorhandenen Katze nahezu problemlos einen neuen Kater beiseitestellen könnte, aber nicht umgekehrt. Oder es wird behauptet, dass ältere weibliche Katzen jüngeren Katern gegenüber grundsätzlich die Rolle der Mutter einnähmen, während ältere Kater kleine Jungs weniger als Sohn denn als Bruder betrachten. Derlei Pauschalisierungen mögen hilfreich sein, wenn man Ratgeber schreibt. Außerdem mag es der Mensch, wenn er prinzipielle Verhaltensaussagen über Geschlecht und Alter treffen kann. Das macht er auch innerhalb seiner eigenen Spezies sehr gerne. In der Praxis sieht es allerdings so aus, dass Katzen untereinander immer irgendeine Rollenverteilung finden. Die kann erstaunlich vielfältig sein. Mal werden sie Brüder, mal Freunde, mal lediglich Mitbewohner, die sich gegenseitig dulden. Manche nehmen die Rolle des strengen Vaters, der überbehütenden Mutter oder der gütlichen Oma ein. Manche entscheiden sich dafür, die verrückte Tante aus dem Odenwald zu geben, deren Exzentrik legendär ist. Natürlich kann es auch passieren, dass die Integration einer neuen Katze vollständig fehlschlägt und die »Einheimischen« den Zuwanderer in den Haushalt selbst nach Wochen und Monaten nicht akzeptieren. Das kommt allerdings seltener vor, als man befürchtet. Ich habe in meinem Leben sogar das absolute Gegenteil davon erleben dürfen. Meine Katze DJ und mein Kater Ovid wurden aus reiner Zuneigung zueinander zum Liebespaar. Beide waren kastriert. Die Biologie gab ihnen keinerlei »Grund« dazu. Es waren ausschließlich ihre Gefühle füreinander. Wenn sie miteinander schliefen, hatte das nichts mit dem kurzen, extrem ruppigen Akt zu tun, den Sex unter Katzen darstellt, wenn es tatsächlich um die Vermehrung geht. Der ist kein echtes Vergnügen für die Tiere und schon gar nicht für die Katze. Bei Ovid und DJ durfte man im wahrsten Sinne des Wortes davon reden, dass sie »Liebe machten«. In einer Ruhe und Zugewandtheit, die kein konventioneller Verhaltensforscher für möglich halten würde.

Es geht also sehr individuell zu, wenn Katzen einander als neue Mitbewohner begegnen. Nur eine Faustregel kann man nennen: Es ist immer leichter, wenn zu einer erwachsenen Katze ein Tier im Babyalter hinzukommt. Nicht Kleinkind. Nicht Vorschulalter. Wirklich: ein Baby. Sobald sie angefangen haben, ihre ersten Worte zu sprechen oder eine Folge von *Bob, der Baumeister* zu begreifen, ist es schon zu spät.

Ein Baby weckt in jeder erwachsenen Katze den Instinkt, sich um das hilflose Wesen zu kümmern. Ähnlich wie der Mensch kann sie nicht anders. Stellen Sie sich den gröbsten und härtesten vor dem Leben geflüchteten Mann vor, der mit seinem Flanellhemd, seiner Schrotflinte und seiner Axt in den Bergen lebt. Einen Erwachsenen würde er mit der Flinte vom Hof jagen. Einen Teenager ebenso. Einen Neunjährigen brächte er mit seinem rostigen Pick-up in die nächste Stadt. Aber fände er ein Baby vor seiner Haustür, ausgesetzt in der Kälte und eingewickelt in Plüsch ... der harte Mann würde schmelzen.

Wie eingangs gesagt. Die meisten Katzen sind keine Einsiedler. Trotzdem müssen sie, zieht nicht gerade ein Baby bei ihnen ein, im allerersten Schritt ihr Revier beschützen. Sie müssen verhandeln und diskutieren, kämpfen und streiten. In den meisten Fällen führt das mindestens zur friedlichen Koexistenz. Vor allem dann, wenn die Katze im Vorfeld sehr deutlich gemacht hat, dass sie einen Gefährten vermisst.

Ist man sich der Chancen, der Risiken und der wenigen Regeln bewusst, sollte man jeder Katze einen Gefährten oder eine Gefährtin gönnen. Auch wenn der Mensch der beste Freund der Katze ist, gilt trotzdem, dass nur Wesen gleicher Spezies wirklich auf voller Augenhöhe aufeinander eingehen können. Katzen brauchen einander, um zu spielen, zu toben, zu plaudern und zu beratschlagen, wie der Mensch noch besser in den Griff zu kriegen ist. Um sich abzuwechseln bei

Aufgaben wie »die Wäsche durcheinanderbringen«, »Gläser vom Tisch werfen« oder »im Baumwipfel einen amüsanten Feuerwehreinsatz verursachen«. Geteilte Pflichten sind halbe Pflichten. Der Mensch kann unterm Strich trotzdem gelassener durchs Leben schreiten und vor allem mit einem viel besseren Gewissen tagsüber das Haus verlassen. Er weiß: Ich habe zwar keine Zeit, aber die Katzen kümmern sich gegenseitig umeinander. Oder, wie Gerd Schmitt-Hausser in seinem Katzenratgeber bei Kosmos schreibt: »Zwei Katzen – halbe Arbeit und doppeltes Glück.«

Die Bäuerin hält uns die Kiste mit den kleinen Katzen hin, als wären die Tiere Kartoffeln. Oder Eier. Der weiße Kater mit den grauschwarzen Flecken an Flanken und Ohren sowie dem komplett grauschwarzen Schwanz entscheidet sich auf der Stelle für uns. Zwar glauben wir in diesem Augenblick, dass *wir* uns *für ihn* entscheiden, doch das ist selbstverständlich ein Irrtum. Wie seine Geschwister aus dem zehnfachen Wurf ist er gerade mal sechs Wochen alt. Diese ersten 42 Tage seines Lebens hat er vollständig auf dem Speicher der Scheune verbracht. Der einzige Kontakt mit Menschen bestand in dieser Zeit darin, dass dem kleinen Kater immer, wenn so ein Riese die Leiter hinaufkletterte, eine Nadel in den Leib gestochen wurde. Die gesamte Spezies des Menschen besteht für ihn also bislang ausnahmslos aus Veterinären mit Zeitnot und Spritzen. Als wir mit ihm ins Auto steigen, fahren wir nicht direkt los, sondern bleiben erst mal fünf Minuten sitzen, reden dem Kater gut zu und kraulen ihn am Bauch sowie hinter den Ohren. Er schnappt nach den Fingern, die dort so Rätselhaftes tun, und erwartet jeden Augenblick, dass eine lange Nadel aus unseren Fingerkuppen hervorschießt. Seine Verwirrung darüber, dass es ohne Pieksen beim Kraulen bleibt, ist endlos.

Als wir daheim ankommen und mit der Katzenkiste aus dem Wagen steigen, schleicht sich unser ältester Nachbar heran. Friedrich. Ein eingeborener Urwestfale von beträchtlicher Statue, schlohweißem Haar und der Stimmfarbe eines sumpftiefen Bass-Baritons zwischen Tom Jones und Johnny Cash. Der große Friedrich bekommt alles mit, was im Viertel passiert oder sich verändert. Er beobachtet, bewertet und beeinflusst das Geschehen. Seine natürliche Autorität lässt das Wachstum der Bäume und Büsche beschleunigen oder stagnieren, je nach Erfordernis. Die Verbindungen, die er in der Kommune, in der Region, im gesamten Bundesland und darüber hinaus bis an die Küsten des Nordens und die Alpenränder des Südens vorweisen kann, übertreffen locker das Netzwerk der Telekom. Nur in Bayern gilt sonst noch, was man auch im westfälischen Münsterland über Männer wie Friedrich sagen kann: Theoretisch haben wir zwar einen Bürgermeister und eine Polizei, aber praktisch hat Friedrich das Sagen.

»Na? Habt ihr eine neue Katze geholt?«, brummt er.

»Es ist ein Kater«, antworte ich.

Friedrich wippt von den Fersen auf die Ballen und zurück, die Hände in den Taschen. Oliver trägt die Katerbox, in welcher das kleine Tier fast verschwindet.

»Ah, ein ganz junger«, stellt Friedrich fest. »Von Forsthövel?«

Forsthövel ist kein Familienname, sondern der Ortsteil des Hofes, von dem der Kater stammt. Eine Bauerschaft. Es war nirgendwo öffentlich ausgeschrieben oder in den Kleinanzeigen annonciert, dass dort gerade ein frischer Wurf an Privathaushalte verteilt wird. Wir haben es über Bekannte erfahren. Aber wie gesagt: Friedrich weiß alles. Er platziert seinen großen Kopf vor dem Gitter der Box. Aus Sicht des Katers füllt Friedrichs Antlitz nun die gesamte sichtbare Welt aus. Der kleine Kater versteckt sich hinter dem zusammengeknuffelten Handtuch.

»Scheu isser ...«, dröhnt es aus Friedrichs Stimmritze.

»Das wird nicht einfach mit dem Kleinen«, plappert Oliver, obwohl es Friedrich nicht zwangsläufig etwas angeht. Doch der brummende Riese hat diese Wirkung auf ihn. Oliver empfindet gegenüber älteren Männern grundsätzlich die Pflicht, in Sachen Information in Vorleistung zu treten. Munter erzählt er Friedrich von der Scheune, den Spritzen und dem Misstrauen des Katers gegenüber menschlichen Wesen. Ich schließe derweil die Haustür auf und klimpere laut mit dem Schlüssel.

Friedrich brummt: »Nicht einfach? Oliver, das ist doch bloß eine Katze! Da machst du ein paar Mal die Dose auf, und die ist zufrieden.«

Oliver lächelt mit schmalen Lippen. Er würde jetzt gerne widersprechen. Mir liegen erst recht Aufsätze auf der Zunge. Aber was bringt es? Für Männer wie Friedrich sind Tiere allenfalls putzige Automaten. Keine Persönlichkeiten mit Seele. Er gehört zu denen, für die der Verlust eines Haustiers nicht tragischer wäre als der letzte Röchler eines Zylinderkopfes, der den Gang zum Autohändler nötig macht. Ist der alte kaputt, holt man sich eben »einen neuen«.

Oliver trägt die Box zur Tür. Gobi steht im Hausflur und macht große Augen. Friedrich holt seine rechte Hand aus der Hosentasche, zeigt hoch zum hölzernen Giebel unseres Hauses und sagt: »Beim Raiffeisenmarkt haben sie jetzt frische Farbe im Angebot. Habt ihr gesehen?«

Die ersten Tage verbringen wir mit dem kleinen Kater im Schlafzimmer. Aus einer Decke und einem neben dem Bett stehenden Stuhl bauen wir eine Höhle. Näpfe mit Futter und Wasser sowie das Zweitklo sind im Raum verteilt. Mehren sich die Anzeichen, dass der Kater ein Geschäft verrichten muss, setzen wir ihn in den Sand. Er lernt schnell. Die meiste Zeit bleibt er allerdings im Bett. Wir nutzen die dringend notwendige Intensivbetreuung als Vorwand, selber den Großteil des Tages zwischen den Kissen zu verbringen. Ab und an verschwindet der Kater. Von jetzt auf gleich. Das erste Mal erschrecken wir uns fürchterlich, bis wir seine Ohren aus der Ritze zwischen dem leicht hochgestellten Kopfende der Matratze und der Rückseite des Bettes ragen sehen. Er ist noch dermaßen klein, dass er in die Fugen rutscht. Gobi holen wir in begrenztem Zeitrahmen hinzu, damit die beiden sich schrittweise aneinander gewöhnen. Dieser Prozess geht in den ersten Tagen meistens wie folgt vonstatten …

Gobi betritt den Raum und läuft langsam auf das Bett zu. Da sie dabei wie immer die Krallen ausgefahren lässt und ein kleiner Berberteppich auf den Dielen liegt, klingt der Weg zum Bett so:

Kla-Klack.

Kla-Klack.

Kla-Klack.

Flusch.

Flusch.

Flusch.

Kla-Klack.

Kla-Klack.

Sie steht vor der Deckenhöhle und schnuppert.

Der kleine Kater lugt neben der Decke hervor.

Sie faucht.

Er faucht.

Sie haut mit der Pfote von außen auf die Decke.

Er faucht.

Sie faucht.

Sie springt ein Stückchen rückwärts, legt kurz die Ohren an und schenkt uns einen empörten Blick, der sagt: »Habe ich etwa Einwanderung erlaubt?«

Er faucht ein letztes Mal.

Sie dreht sich um und geht.

Er macht einen halben Schritt aus der Decke heraus und schaut ihr nach, als sage er: Bleib doch hier.

Sie lächelt heimlich, wenn sie das Zimmer verlässt, und denkt, wir würden es nicht bemerken.

Die schwerste Zeit folgt etwas später. Der Kater wächst rasant. Noch rasanter steigert er sein Selbstbewusstsein. Er hat seinen Namen bekommen. Tenhi. Klanglich ist es ein perfekter Katzenname aufgrund des harten Anfangs auf einen Konsonanten, dem beliebig langziehbaren, tragenden Vokal »e« und dem so wichtigen »i« am Ende. Inhaltlich haben wir das Wort einer unserer liebsten Musikgruppen entlehnt. Das Quintett aus Finnland spielt verwunschenen, dunkel romantischen Folk, der selbst erwachsenen Menschen das Gefühl vermittelt, dass nicht nur wild wuchernde Wälder oder Betten mit über Stühle drapierten Decken, sondern die ganze Welt noch aus geheimnisvollen Höhlen besteht. Der Name bedeutet so viel wie »weiser Alter« oder »Seher«. Ein Schamane, der auf der Schwelle zwischen Diesseits und Jenseits steht, in engem Kontakt mit der Natur und den Geistern. Jetzt gerade allerdings ist Tenhi weder alt noch weise. Der winzige Wildfang müsste eher »der Beißer« genannt werden.

»Nein! Nein! Krallen rein!«

Ich sitze im Schneidersitz auf dem Bett und tue, was getan werden muss.

Es ist anstrengend, für uns beide.

Tenhi muss jetzt lernen, dass es einen Unterschied gibt zwischen »kraftvoll spielen« und »brutal attackieren«. Den hat er noch nicht drauf. Das liegt an seiner Prägung. Es war schon schwer für ihn, zu verstehen, dass man manchen Menschen anscheinend doch trauen kann. Dass wir ihm keine Spritzen geben, sondern ihn Tag für Tag einfach bloß füttern und kraulen und ihm mit Wattestäbchen die restlichen Milben aus den Ohren pulen, die sich in der Scheune gebildet haben und die unsere Tierärztin mittels eines Medikaments abgetötet hat, auf dass wir sie nun restlos entfernen. Also, ich. Im Pulen hat Oliver so seine Probleme. Tenhi liebt es, von den Milben befreit zu werden. Seine Augen verdrehen sich vor Genuss, sobald das Wattestäbchen flauschig in seinen Ohren kratzt. Er liebt alles hier und fragt sich doch weiterhin: Wo ist der Haken? Im Ergebnis spielt er mit uns, aber mit übertriebener Härte. Immer und immer wieder greift er meine Hand an, jagt die Krallen in meinen Arm und beißt mit aller Kraft, die sein kleiner Kiefer bislang aufbringen kann, in die Finger. Wäre er nicht zehn Wochen, sondern schon zehn Monate alt, würden diese Bisse mich in dieser Entschlossenheit zur antibiotischen Behandlung ins Krankenhaus bringen. Damit er lernt, den richtigen Modus zu finden, ist speziell in diesem jungen Alter Konsequenz gefordert.

»Nein!«

Der Kater beißt.

Ich schubse ihn zurück und fauche. Es ist wichtig in der Erziehung, die Sprache des Kindes zu sprechen. Sage ich nur »Nein!«, merkt er sich zwar den Klang dieses so wichtigen Wortes, aber gebe ich direkt den kätzischen Laut dazu, verknüpfen sich in dem Köpfchen die passenden Synapsen.

Tenhi nimmt Anlauf und greift wieder an. Springt auf meine Hand, die harmlos auf den Oberschenkeln liegt. Rammt Krallen und Zähne in jeden Millimeter Haut.

»Nein! Krallen rein! Chhhrrrrrr!!!«

Ein glaubwürdiges Fauchen klingt hell und nur leicht kratzig. Eher wie ein Windstoß in einer Baumschule voller Eschen. Ich schubse ihn zurück. Er purzelt über die Matratze. Rappelt sich auf. Sieht mich empört an.

Mir tut es leid, dass diese Maßnahme nötig ist, und sie stresst mich mehr, als sich ein Mensch ohne Katzen es vorstellen kann. Akribisch achte ich darauf, das Schubsen weich und schmerzfrei zu gestalten sowie den Schubsweg des Katers so zu berechnen, dass er nicht vom Bett fällt. Das Netz und den doppelten Boden bildet Oliver. Er hat den weichen Berberteppich direkt vors Bett geschoben, hockt im Flausch und achtet darauf, den Kater zu fangen, sollte er aus eigener Kraft ein paar Rollen rückwärts machen, um aus Protest aus dem Bett zu fallen. Außerdem passt Oliver auf, dass Gobi sich an der Maßnahme nicht aktiv beteiligt. Die beiden Katzen müssen separat lernen, miteinander klarzukommen.

Tenhi startet die nächste Attacke.

Es kann noch Stunden dauern, bis er aufhört. Nicht ein einziges Mal darf ich Schwäche zeigen und seinen Biss mit Zärtlichkeit quittieren. Jedenfalls keinen echten Biss. Es gibt auch eine sanfte Art, wie Katzen »beißen«. Den Liebesbiss. Sie wenden ihn beim Menschen ebenso an wie bei Artgenossen. Die Zähne kommen dabei nur symbolisch zum Einsatz. Sie legen sich eher sanft aufs Fleisch oder zwicken allenfalls. Die stoischen Attacken des jungen Katers haben damit nichts zu tun. Auf sie muss ich immer wieder damit reagieren, ihn vorsichtig, aber nachdrücklich auf die Matte zu legen. Wären wir beide Boxer, würde der Kurze sich bis zur Erschöpfung an meinem ausgestreckten Klitschko-Arm abarbeiten. Dazu passt auch, dass ich mir zur Schonung meiner Haut sowie seiner Zähne und Krallen als Handschuh ein Frotteetuch um die Hand gewickelt habe.

»Nein! Krallen rein!«

Beißen.

Schubsen und Fauchen.

Beißen und Krallen.

Schubsen und Fauchen.

Sturmböen in den Eschenwipfeln.

Empört gucken.

Ohren anlegen.

Beißen.

Schubsen.

Fauchen.

DIE ERZIEHUNG DER UNERZIEHBAREN

Die Aussage, man könne Katzen im Gegensatz zu Hunden überhaupt nicht erziehen, ist falsch. Sie haben lediglich eine völlig andere Natur. Hunde suchen nach einem Führer des Rudels und gehorchen gerne dessen Befehl, falls er seiner Rolle gerecht wird. Katzen versuchen grundsätzlich, ihren Kopf durchzusetzen, sind aber auf vier verschiedene Arten dazu zu bewegen, Kompromisse zu machen.

a) Man findet etwas, das sie unglaublich gut unterhält, anregt, fordert und bereichert. In dem Fall kann man sie sogar zu Kunststücken bewegen. Hauskatzen nehmen die Herausforderung ihres Dompteurs je nach Persönlichkeit genauso gut an wie Raubkatzen, die durch Reifen springen. Sie bleiben während sämtlicher Nummern der eigentliche Chef im Ring. Aus ihrer Sicht nutzen sie den Menschen, der sich alle diese Übungen ausdenkt, als Spielprogramm. Er denkt zwar, es wäre eine Dressur und er hätte das Sagen, aber ebenso gut könnte ein Computerspiel denken, es lenke während des Prozessierens seiner Algorithmen den Spieler.

b) Man bietet den Katzen eine feste zeitliche Struktur an, wann es zu essen gibt, wann man sie bespielt oder wann der begleitete Ausflug in den Garten stattfindet, falls es sich nicht um Freigänger handelt. Diese Struktur übt man mit den Katzen ein, wobei das Schwerste daran ist, sich selber strikt an den Plan zu halten. Denn nur eines ist entscheidend: Keine Ausnahmen. Gar keine. Wer mag, kann den Beginn der Fütterungen oder der Spielerunde mit Hilfe eines Clickers signalisieren. Dabei handelt es sich um ein kleines Handgerät aus Kunststoff mit einer gebogenen Blechplatte in der Mitte, die beim Drücken ein lautes Klickgeräusch von sich gibt. Sie dient üblicherweise dem Trainieren von Hunden, kommt mittlerweile aber auch erfolgreich bei Katzen zum Einsatz. In zahlreichen Ratgebern lässt sich nachlesen, wie man mit Hilfe dieses Klangerzeugers sowie gezielt eingesetzter Zeigestäbe die Katze spielerisch konditionieren kann. Theoretisch. Praktisch müssen der Katze sowohl das Klicken wie der meist damit verbundene Zeitplan überhaupt erst mal zusagen. Sie muss sich denken: Astrein, ich brauche nicht mehr selber an all die Termine denken, denn jetzt habe ich einen klickenden Sekretär. Kann sie auf diese Weise ihre Würde bewahren, lässt sie sich darauf ein.

c) Man lobt das Verhalten, das man sich wünscht, und ignoriert das Verhalten, das man der Katze abgewöhnen möchte. Die beste aller Varianten. Eine systemische Methode, die auch bei menschlichen Teenagern zum Einsatz kommt. Motto: Wenn die pubertierende Bestie merkt, dass ich mich über ihr Verhalten aufrege und ihr deswegen Aufmerksamkeit schenke, freut sie sich erst recht. Schenke ich stattdessen nur den guten Noten oder versehentlich auftretender Höflichkeit meine Aufmerksamkeit und bestrafe umgekehrt alle provokanten Handlungen, die das Pubertier anstellt, mit Ignoranz, stärke ich damit das Gute. Das funktioniert durchaus. Es erfordert allerdings die Geduld, während des geflissentlichen Ignorierens unerwünschten Verhaltens um sich herum den gesamten Haushalt sowie die nähere Umgebung im Chaos versinken zu sehen. Außerdem kann es vorkommen, dass die fünfzehnjährige Tochter mit einem Rapper namens Bitchmaster oder Horny Dogg nach Amerika oder, schlimmer noch, nach Berlin Tempelhof auswandern will. Da wäre es dann an der Zeit, das pädagogisch sinnvolle Ignorieren womöglich doch mal zu unterbrechen.

d) Man quittiert ein früh auftretendes und absolut indiskutables Verhalten wie hartes Zubeißen oder Abhauen mit einem Mann, der sich Bitchmaster nennt, mit eiserner Ablehnung. Entscheidend ist hierbei, der Katze oder dem Teenager wortlos zu vermitteln, dass diese Ablehnung nicht sie als Person, sondern nur ihre Handlungen betrifft. Pädagogisch sinnvolles »Wegstoßen« bedeutet nicht Liebesentzug! Wer echte Stärke vermitteln möchte, bis das unerwünschte Verhalten endet, sendet während seiner eisernen Strenge gleichzeitig das Signal aus: Ich liebe dich, ich respektiere dich, und gerade deswegen schütze ich dich und mich vor einem Weg, der ins Verderben führen könnte. Diese Gleichzeitigkeit von Liebe und Strenge haben viele Erziehungsberechtigte verlernt. Sie betrachten den Teenager oder den Vierbeiner eher als Teil ihres eigenen Körpers, als die sprichwörtliche »rechte Hand«. Oder den ganzen Arm. Entwickelt dieser Arm eines Tages einen eigenen Willen und bewegt sich entgegen der Befehle seines »Besitzers«, entstehen tiefsitzender Frust und biestige Bitterkeit. Sie machen aus sinnvollen Maßnahmen konsequenter Strenge sinnlose Maßnahmen zeitweiligen Liebesentzugs. Das Ergebnis sind schwer traumatisierte und von Minderwertigkeitskomplexen geplagte Wesen, die von

devoter Gefallsucht getrieben bei ausnahmslos jedem Ge
genüber nach Liebe betteln und in Panik verfallen, wenn sie
es verärgern. Selbst, wenn es sich bei diesem Gegenüber um
einen Verkäufer an der Theke für Reklamationen oder einen
Konkurrenten im Beruf handelt.

Es hat geklappt.
Wie erwartet.
Insgesamt 428 Mal musste ich Tenhi zurückschubsen. Oliver
hat mitgezählt. Er war früher kein As in Mathe, wie er freiwillig
und nahezu stolz jedem berichtet, aber er mag Listen und Statisti-
ken. Beim 429. Anlauf kam Tenhi endlich langsam auf mich zu,
gab Köpfchen und rammte seine Zähne nicht mehr in meine Hände, sondern legte sie nur noch spielerisch und sanft um die Frot-
teehand. Was folgte, waren Streicheln und Kraulen ohne Frottee,
größtes Lob, bekräftigender Jubel und ein Büfett der leckersten
Kostbarkeiten, die einem jungen Katermagen zugeführt werden
dürfen.

Seither sind ein paar Wochen vergangen, und unser junger »Seher« sitzt gerne am Fenster und beobachtet die Geschehnisse im
Garten und auf dem Vorplatz. Vom Schlafzimmerfenster Richtung Osten kann man als Mensch wie als Katze den Wendehammer sowie sämtliche Häuser entlang der Straße und schräg oben
auf dem Hügel mit der Wildwiese beobachten. Der große Friedrich
läuft dieses Gebiet täglich ab. Die linke Hand in der Tasche, zupft
er mit der rechten an Zweigen und prüft, was sich in Flora, Fauna
und Population so tut. Unseren Giebel haben wir noch nicht ge-
strichen. Das Angebot mit der Farbe im Baumarkt ging ungenutzt
an uns vorbei. Friedrich quittiert es mit einem skeptischen Blick.
Sitzt Tenhi nicht gerade am Fenster, fordert er Gobi auf, mit
ihm zu spielen. Sie ist froh, endlich einen Mitbewohner zu haben.
Gar keine Frage. Seit Tenhi bei uns lebt, ist sie kein einziges Mal
mehr in die Fenster des Erkers gesprungen. Streift der alte Kater

Merlin jetzt durch Buchsbaum und Haselnussstrauch, nimmt sie es mit einem Schulterzucken hin. Was ihr allerdings überhaupt nicht passt, ist die unkontrollierte Raserei, die Tenhi als »Spielen mit einer Artgenossin« bezeichnet.

So wie jetzt.

Gobi betritt das Schlafzimmer, wie eine Katzendame gehobenen Alters es nun mal tut. Gelassen, gediegen, gemächlich. Als ginge sie im Park von Sanssouci spazieren und trüge dabei einen Mantel mit Brotkrumentüte für die Vögelchen in der Tasche sowie ums Handgelenk einen Knirps für alle Fälle. Tenhi sitzt auf der Fensterbank, dreht sich um, spannt den Körper an. Sein Hintern richtet sich auf und beginnt zu wackeln. Seine Augen fokussieren das Ziel.

Gobi.

Die Mitbewohnerin.

Die Mama.

Die Gefährtin.

»Los geht's, spiiieeeeeeeeeeeeeeeeeeleeeeeeeeeeeeeeeeeeeeeen!!!«

Mit einem gewaltigen Satz springt er von der Fensterbank auf die Dielen und rennt von dort auf Gobi zu. In einem Tempo, als triebe ihn der Leibhaftige auf den Innenhof. Gobi legt die Ohren an, senkt den Hintern und faucht. Tenhi hebt ab und springt einfach auf sie drauf, ohne einen Gedanken an sinnvolle Landetechniken oder einen weiteren Plan für die nähere Zukunft. Es sieht aus, als tauche aus den Büschen des Parks in Potsdam plötzlich der zehnjährige Enkel der gemächlich spazierenden Rentnerin auf und rase, wahnsinnig vor Enthusiasmus, auf sie zu: »Oma, Oma, Oma, das musst du sehen, was ich gefunden habe, und überhaupt, komm mit, komm mit, komm mit, ich habe eine Idee, was wir spielen könnten, das ist so super hier, guck, guck, guck!« Der Enkel bremst nicht, denkt nicht, federt nichts ab. Er ist reine Energie. Bevor er seine Großmutter erreicht, nimmt er noch zusätzlich Schwung mit Hilfe der Lehne einer Parkbank, wirft sich mit ausgestreckten Armen und Beinen auf die arme Frau und reißt sie runter auf den Kies. Dort kugeln beide noch zwei, drei Umdrehungen herum. Der Mantel der alten Frau füllt sich mit Zweigen und Steinchen. Der Knirps fliegt ins Unterholz. Knochen knacken. Das Gebiss löst sich. Der Enkel johlt und blickt mit flackernden Augen gen Himmel.

So läuft das, wenn Tenhi mit Gobi zu »spielen« versucht.

Die alte Katzendame rappelt sich auf und faucht. Heftig. Tenhi weicht zurück. Gobi schüttelt den Kopf, macht ein paar Schritte in den Flur und setzt sich dort zwischen die Türen von Schlafzimmer, Bad, Atelier und Büro, um nachzudenken. Man kann es nicht anders formulieren, wenn man sie jetzt so beobachtet. Sie denkt nach. Sie überlegt, wie sie es hinbekommen kann, ein gutes Leben mit ihrem neuen Mitbewohner zu führen, ohne dass er sie vor lauter Begeisterung umbringt. Sie hebt die rechte Pfote und leckt sich die Zehen sauber. Wirft einen Blick ins Atelier, geht ein paar Schritte. Schaut sich um, als ob sie etwas sucht. Dann verdrückt sie sich ins Büro. In dem Regal mit den Ordnern, den Papieren und den Hüllen der Nintendospiele steht eine weiche Stoffkatze. Ich besitze sie seit Langem. Graues Fell, weißes Schnäuzchen, weiße Pfoten und kleine, schwarze Knopfaugen. Gobi geht zu ihr, zieht sie aus dem Regal und hebt sie mit den Zähnen im Nacken hoch. Sie trägt die Katze zu Tenhi, der leicht konsterniert im Schlafzimmer steht, und legt sie ihm vor die Füße.

Ich traue meinen Augen nicht.

Der Dialog zwischen beiden Katzen steht förmlich wie Sprechblasen über ihnen in der Schlafzimmerluft.

»Was ist das?«

»Das ist Susi.«

»Eine kleine Katze?«

»Ja. Fortan sollst du dich um sie kümmern. Du bist jetzt alt genug.«

»Ich bin doch nicht alt.«

»Nein, aber es wird Zeit, dass du Verantwortung übernimmst. Sieh nach Susi. Putze sie. Geh mit ihr durchs Haus. Achte darauf, dass sie genug trinkt. Und wenn du deinen Anfall kriegst und so heftig toben musst, dass man quer durch die Gegend fliegt – Susi macht das alles klaglos mit! Sie ist flexibel.«

»Ja, sicher, weil sie ein Stofftier ist! Sie ist doch nicht lebendig!«

»Bist du dir da ganz sicher?«

Gobi schaut Tenhi lange in die Augen. Sie blinzelt nicht mal. Tenhi bekommt Zweifel. Seine Phantasie springt an. Gobi hat genau die richtige Zeit gewählt. Tenhi ist noch jung genug, um sich vorstellen zu können, dass dieses Stofftier womöglich doch beseelt ist. Vom Menschen weiß die psychologische Forschung, dass wir während unserer Kindheit zwar nach und nach lernen, rational zu denken, die Welt aber dennoch weiter häufig »magisch« wahrnehmen. Wir staunen. Wir sehen Mysterien in einem Gartengebüsch. Wir glauben an Legenden und Märchen. Wir nehmen wörtlich, was die Leute erzählen, und haben noch keinen Sinn für typisch erwachsene Techniken wie Ironie oder Sarkasmus. Vor allem aber empfinden wir entgegen des analytischen Verstandes, den man uns antrainiert, immer noch alles Mögliche als beseelt. Tiere, Pflanzen, Dinge. Wieso sollte das im Kopf eines kleinen Katers anders ablaufen?

Vor allem, wenn er bereits erlebt hat, was Gobi ihrerseits mit dem »beseelten Bällchen« macht?

Gobi guckt.

Tenhi überlegt.

Wahrscheinlich denkt er sich: Gobi hat ihren bunten Ball, den sie wie ein Baby durch die Gegend trägt. Meine Menschen gehen sogar mit den komischen Kästen auf oder unter ihrem Schreibtisch um, als hätten die Dinger eine Seele. Wenn da was nicht mehr funktioniert, fangen sie an, mit den Kästen zu schimpfen. Oder sie führen den Kopf nahe heran und flüstern ihnen beschwörend zu. Draußen vor dem Fenster wiederum streicheln sie hin und wieder das große Metallungetüm, in dem sie durch die Gegend rollen. Wenn all diese Sachen also eine Seele haben, dann auch sicher die Stoffkatze Susi. Auch wenn sie sich nur selten ohne Hilfe durchs Haus bewegen kann.

Tenhi legt den Kopf schief.

Gobi nickt.

Susi sitzt zwischen den beiden und betört Tenhi durch den Blick ihrer Knopfaugen. Er beugt sich hinunter, schnüffelt ihr zwischen den Ohren und leckt ihr den Kopf. Gobi dreht zufrieden ab. Nun kann sie endlich bald in aller Ruhe in Sanssouci spazieren gehen, ohne durch den harten Kies gerollt zu werden.

Tenhi packt seine neue Gefährtin Susi im Nacken, wie Väter es mit ihren Katzenkindern tun, und springt mit ihr im Maul übers Bett auf die Fensterbank. Sorgsam platziert er sie so, dass sie mit dem Köpfchen über den Rahmen ragt und alles sehen kann, was draußen vor sich geht.

Auf dem Vorplatz schreitet Friedrich sein Revier ab. Der Nachbar radelt vorbei, dessen Haus am oberen Rand des Hügels steht. Der Mensch von Kater Merlin. Seinen Garten begrenzen hohe Bäume. Friedrich hebt seinen langen, machtvollen Zeigefinger und dröhnt: »Die müssen aber auch mal gestutzt werden.«

Der Nachbar wackelt auf seinem Rad mit dem Kopf und verlangsamt die Fahrt. Halbherzig eiert er über das Pflaster. Eine westfälische Gestik, die aussagt: Meine männliche Ehre erlaubt es mir nicht, dir auf der Stelle zu gehorchen, aber ich werde sicherlich in 14 bis 21 Tagen meine Bäume stutzen, als hätte deine Bemerkung nichts damit zu tun gehabt.

Oliver und ich treten an die Fensterbank heran und tätscheln Tenhi und seiner Susi die Köpfchen. Gobi legt sich aufs Bett.

Fensterbank-Idylle | Beseelte Stofftiere in heimlichem Dialog

»Guck«, sage ich, »da läuft der Mann, der denkt, dass ihr keine Seele habt.«

Tenhi schmunzelt.

Und wenn ich es nicht besser wüsste, könnte ich schwören, dass Susi ihren Stofftierkopf ein wenig in Richtung des flauschigen Katers geneigt hat.

»Die Freundschaft zu einer Katze ist
eine Freundschaft, die nicht erschüttert
werden kann.«

(Japanische Weisheit)

Heißt auf Deutsch:

Keine Freundschaft unter Menschen ist derartigen Prüfungen ausgesetzt wie die zwischen einem Humanoiden und einer Katze. Oder nur sehr selten.

Erinnern Sie sich. Wann hat ein menschlicher Freund jemals die Freundschaft zwischen ihm und Ihnen getestet, indem er sich immer genau dann, wenn Sie in der Wohngemeinschaft geduscht haben, aufs Klo setzte? Nicht bloß, um mal eben schnell zu pinkeln, sondern um seinen infernalisch stinkenden Bierschiss vom Vorabend loszuwerden, in aller Ruhe, das fünfhundertseitige Kompendium deutscher Fußballnationalspieler als Lektüre in der Hand?

Wann hat ein menschlicher Freund zuletzt ausgetestet, wie sehr Sie ihn lieben und loyal zu ihm stehen, indem er mitten in der Nacht in Ihr Zimmer schlich, auf dem Teppich vor Ihrem Bett in die Knie sank und lautstark begann, sich zu übergeben? Um Sie dann fertig und erleichtert auf den Fußboden niedersinkend, keuchend, ein paar Bröckchen noch im Mundwinkel klebend, mit einem Wink seiner Hand zu bitten: »Du bist doch gestern Abend nüchtern geblieben und hast keine Kopfschmerzen. Machst du das bitte eben weg?«

DAS KACKEN UND
DAS KOTZEN
ODER
DIE LIEBEVOLLE SORGE
UM SICH SELBST
UND ANDERE

Die Katze pflegt sich. Von innen wie von außen. Gesunder Stuhlgang und das regelmäßige Auswürgen von Haaren und Unrat ist für die konsequente Innenreinigung unverzichtbar. Zu diesem Zweck sucht sich die Katze ganz bestimmte Zeiträume und Orte, um ihr Erbrochenes und ihren Kot so zu präsentieren, dass der Mensch etwas davon hat. Was scheinbar nur dem Terror dient, ist in Wahrheit ein Akt der Liebe, der Fürsorge und der Kommunikation. Man muss ihn nur in aller Schönheit und Zuneigung zu begreifen lernen.

Wenn ich von den vierundzwanzig Stück, die wir täglich zur Verfügung haben, meine Lieblingsstunde nennen müsste, würde die zwischen drei und vier Uhr nachts wohl Platz 1 einnehmen. Die Stunde, in der fast jeder schläft und alles in einem stillen Dunkel liegt, das die Zeit verlangsamt und die Sinne schärft, ähnlich wie der Schnee. Ist man wach zu dieser Zeit, fühlt es sich grundsätzlich besonders an. Sei es, dass man von einer Feier durch die Straßen ins

Bett schleicht, während die Bäcker bereits ihren Dienst angetreten haben. Sei es, dass man am Flughafen seine Tasche auf eine Kaffeetheke legt und ein Abenteuer bevorsteht. Im Normalfall schläft man. Tief und fest. Das Gehirn hat die Muskeln ausgeschaltet, und man liegt schwer wie ein Stein unter der Decke, während man im Traum durch den Stadtwald vor dem Haus seiner Kindheit kraxelt.

»Oliver. Hey. Komm mal rüber!«

Mein Freund Sven ruft mich zu einer Höhle zwischen den dichten Bäumen. Dichter Bewuchs aus alten, knorrigen Stämmen und neuen, frischen Trieben aus dem Unterholz. Über uns ein grünes Blätterdach. Vor uns die wandhohe Wurzel einer vor Jahren im Sturm umgestürzten Eiche. Pilze wachsen aus dem Geflecht, und Käfer krabbeln darin wie bewegliche Organe.

Sven zeigt auf eine Stelle rechts neben der Wurzel. Eine Senke, reichlich mit faulem Blattwerk bedeckt.

»Hör mal«, flüstert er, »da ist was.«

Ich lausche.

Unter den alten Blättern raschelt es. Ein seltsames Geräusch ertönt. Wie ein Glucksen, aber zugleich mit Rhythmus und Druck. Wie ein Würgen, aber mit System.

»UNGH!«

Wir zucken zusammen. Sven macht einen Schritt rückwärts.

»Was ist das?«

»UNGH!«

Ich fühle mich schwerer. Das ist seltsam. Ich bin elf Jahre jung, es ist ein sonniger Nachmittag, und ich konnte ausschlafen, da wir an diesem Samstag keine Schule hatten. Dennoch ziehen mich meine Arme und Beine langsam nach unten. Unter dem Blattwerk nimmt das Glucksen und Würgen an Fahrt und Lautstärke auf.

»UNGH!«
»UNGH!«
»UNGH!«

Das Unterholz verschwimmt. Die Wurzel der umgestürzten Eiche verwandelt sich in Raufaser. Ein Sausen in meinen Ohren setzt ein, und meine schwer gewordenen Arme und Beine spüren plötzlich den Stoff von Matratze und Bettdecke um sich herum. Das glucksende Würgen ist immer noch da. Klarer und lauter sogar als eben im Wald. Sylvia, die gleichzeitig aus dem Schlaf gerissen wurde, sagt: »Der Teppich!«

Ich schalte mein Nachtlicht ein und werfe die Beine aus dem Bett.

3:34 Uhr.

»UNGH!«

»UNGH!«

»UNGH!«

Das glucksende Würgen entstammt der Kehle von Gobi. Sie muss kotzen. Wie immer, wenn sie sich dazu entschließt, die innere Reinigung vorzunehmen, wählt sie als Zeitpunkt die Stunde zwischen drei und vier und als Ort den schönen, alten Berberteppich.

»UNGH!«

»UNGH!«

»UNGH!«

»Gleich kommt es!«, sagt Sylvia und wirft ebenfalls die Decke von sich, doch ich bin eher bei der Katze und schnappe sie mir. Für einen Moment stelle ich mir das Ganze aus ihrer Sicht vor. Es muss nicht schön sein, beim Kotzen auch noch ein Stückchen getragen zu werden. Da es mitten in der Nacht ist und mein Gehirn noch halb im Traummodus, sehe ich mich selbst vor einer Spüle stehen und würgen. Eine Party vielleicht, mir ist übel, und ich kann das Bad in dem fremden Haus nicht finden. Mein ganzer Körper verkrampft sich. Ich habe Luftnot. Die ersten Spritzer beißende Säure schießen in meinen Rachen. Ich will nur, dass es endlich rauskommt. Da packen mich die Hände eines Riesen, reißen mich in die Luft, tragen mich durch den Flur ins Badezimmer und setzen mich vor die Kloschüssel.

»UNGH!«

»UNGH!«

»UNGH!«

Ich habe Gobi ins Treppenhaus vor der Schlafzimmertür getragen. Sie ist so weit. Das Erbrochene kommt. Das glucksende Geräusch verwandelt sich in den finalen Schwall. Wenn er mit Wucht aus der Katze schießt, klingt es so, als würde man barfuß in einer tiefen Pfütze aus schwarzem Schlamm und glitschigen Gedärmen ausrutschen.

»WRRGGGIIISCH!«

Ein schleimiger Ballen aus Haaren, Nahrungsresten und Pflanzenteilen erscheint auf den Fliesen. Es ist kaum verdautes Gras zu erkennen. Gobi hat auch wieder an den Blättern des Ficus benjaminii geknabbert.

»Fein«, lobe ich sie. »Fein auf die Fliesen gekotzt. Brave Katze.«

Sylvia fragt, die Augen verschlafen und halb geschlossen: »Und? Wie sieht's aus?«

»Sehr gut«, antworte ich mit der frischen Routine eines Laboranten in Ausbildung. »Grünlich, gelblich, bräunlich. Kaum Stückchen. Viel Haar.«

Zu einer guten Katzenbetreuung gehört es nicht nur, das Tier rechtzeitig von Teppichen, Sofas oder Tastaturen wegzuheben, wenn es kotzt, sondern auch, zu überprüfen, ob sich in seinem Erbrochenen Spuren von Blut befinden. Man kann ja nie wissen.

Ich stemme mich hoch und hole Klopapier aus dem Bad. Mit einem Knubbel aus vielen Blättern nehme ich den ausgewürgten Klumpen von den Fliesen auf. Derweil torkelt die noch angeschlagene Gobi weiter und platziert drei weitere Pfützen direkt vor der Bürotür. Eine größere und zwei Nachtropfer, aber alle drei ohne Feststoffe. Nur noch saures Wasser. Das ist ganz normal. Man müsste sich umgekehrt Sorgen machen, würde sie beim Kotzen keinen Nachwürger ausführen. Mit einer zweiten Ladung Klopapier nehme ich auch die nasse Nachhut auf. Dann feuchte ich weitere Ballen am Waschbecken an und wische die Fliesen nach. Schließlich trockne ich mit der dritten Runde Zellstoff ab. Das ist ein weiterer Grund, sofort aufzuspringen, wenn die Katze mitten in der Nacht zur blauen Stunde das Kotzen beginnt. Man kann auf diese Weise nicht bloß den Teppich retten, sondern auch das Erbrochene leichter entfernen. Denn selbst, wenn man das Unmögliche geschafft und die Katze so erzogen hätte, dass sie von selber direkt auf die Fliesen kotzt, gibt es nichts Lästigeres als Kotzlachen, die viele Stunden Zeit hatten, in aller Ruhe am Boden anzutrocknen. Immer wieder rammt man auf Knien den Spachtel unter die höllisch angetrocknete Kotze, die sich bloß Krümel für Krümel löst. Was sich in frischem Zustand in Sekunden aufwischen lässt, ist luftgetrocknet anstrengender als der Bergbau mit Hacke und Schaufel. Man schabt und meißelt, ohne dass es wirklich vorangeht, und versteht, was die Kumpels des Ruhrgebiets meinten, wenn sie früher sagten: Vor der Hacke ist es immer dunkel. Es ist das Dunkel eines Tunnels ohne Licht am Ende. Ohne Hoffnung, dass man jemals noch etwas anderes tun wird, als – die Nase dicht über der teuflischen Struktur – Kotze zu kratzen. Bis man beigebracht bekommt, dass man die getrockneten Lachen auch erst mal eine Weile mit nassen Küchentüchern einweichen und so in ihren Urzustand zurückversetzen kann, als sie in der Nacht frisch und glitzernd aus der Katze kamen. Ich habe schon viel gelernt, seit ich mit Sylvia und den Katzen in einem Haus zusammenlebe. Nichts davon habe ich vorher gewusst.

Ich tapse zum Klo und spüle das Klopapier in drei Portionen runter, damit der Abfluss nicht verstopft. Die Augen halb geschlossen und voller Vorfreude darauf, wieder einschlafen und träumen zu können, krieche ich ins Bett zurück. Sylvia hat die Decke bis unter die Nase gezogen und tippt mir lobend auf den Arm.

»Beim nächsten Mal bin ich dran«, sagt sie.

In Sekunden schlafen wir ein.

Selbstverständlich habe auch ich meine Kindheit und Jugend mit einer Katze verbracht. Allerdings vollbrachte meine Mutter das Kunststück, mich ausschließlich die bequemen Freuden des Katzendaseins erleben zu lassen. Als Kind und Teenager war mir zwar theoretisch klar, dass eine Katze auch isst, trinkt, pinkelt, kackt und kotzt. Dass sie krank wird und kratzt, Mäuse mordet und haart. In der Praxis aber machte sie das immer nur außerhalb unserer Wohnung. Das kam so: Dem Mietshaus, in dem wir mit zwei weiteren Parteien lebten, war eines Tages eine Katze zugelaufen. Nicht uns, nicht den Nachbarn unter dem Dach oder den Nachbarn im Erdgeschoss. Nein, dem ganzen Haus. Mit großen Augen saß sie eines Winters im Heizkeller, durch dessen auf Kipp stehendes Fenster sie wie durch ein Wunder eingedrungen war, ohne sich darin zu erwürgen. Das ganze Haus adoptierte sie daraufhin. Wir nannten sie Mäuschen. Sie sah uns zwar ein wenig konsterniert an, klagte aber auch nicht gegen den Namen. Was der Mensch braucht, braucht der Mensch, wird sie sich gedacht haben. Das für Spaziergänger und Einbrecher nicht sichtbare Fenster unter der nur einen Meter über dem Boden hängenden Terrasse der Erdgeschossbewohner blieb fortan immer offen. Mäuschen wurde zum Freigänger mit sicherem Unterschlupf. Ihr Futter, ihr Wasser und ihr Klo standen ebenfalls im Heizkeller, der gepflegt war und außerdem meine Tischtennisplatte beherbergte. Zum Kuscheln und Spielen kam die abgeklärte Outdoor-Dame, die schon beim Zuzug um die zehn bis zwölf Jahre alt gewesen war, in alle Wohnungen des Hauses und somit auch in unsere. Ihre Näpfe füllten und leerten allerdings nur die Nachbarn aus dem Erdgeschoss. Ebenso vor allem ihr Katzenklo. Ich kannte den Kasten mit dem Streusand natürlich. Manchmal flog beim Tischtennisspielen sogar der kleine weiße Ball hinein und landete formschön neben der braunen Spitze eines Häufchens, die neckisch aus dem Sand herauslugte. Trotzdem kam ich mit der Verantwortung, die man als Katzenmensch übernimmt, niemals in Berührung. Auf die Idee, ihr etwa auch innerhalb unserer Wohnung ein Klo hinzustellen, damit Mäuschen vom Kuscheln beim Fernsehen nicht plötzlich in den Keller hinablaufen muss, kam meine Mutter nie. Ich kann mich nicht einmal erinnern, dass sie sich jemals in der Wohnung übergeben hat. Wobei das eigentlich unmöglich ist. Denn wo eine Katze sich wohlfühlt, da kotzt sie auch.

Ich bin wieder unterwegs.

Mit Sven.

Wir sind erwachsen und längst nicht mehr mit dreckigen Hosen im Stadtwald unterwegs. Jetzt gerade gucken wir auf einen Wald, von oben. Malerisch liegt er im Tal. Bussarde kreisen über den Fichten. In dem riesigen Landhaus hinter uns haben Sven und ich einen Handel für antike Möbel und nostalgische Videospielautomaten eröffnet. Heute veranstalten wir auf der Terrasse einen Verkauf unter offenem Himmel. In der Sonne reihen sich teure Tische und prachtvolle *Pac Man*-Maschinen aneinander. Sie sind verkabelt und eingeschaltet. Wohlgelaunt dudelt die Chip-Musik vor sich hin, während die alten Bildschirme blinken. Aus einer riesigen chinesischen Vase springt eine Katze. Eine zweite steigt aus einer Kommode. Zwei weitere erscheinen am Geländer der Terrasse. Vor dem Haus fahren die ersten Limousinen der gut betuchten Kunden vor. Die Katzen springen auf die edlen Tische und zwischen die Joysticks und knallroten Knöpfe der Spielgeräte. Als hätten sie sich verabredet, beginnen sie mit dem Würgen.

»UNGH!«

»UNGH!«

»UNGH!«

Sven und ich sehen uns an.

»Die Tische!«

»Die Automaten!«

Sven reißt die erste Katze vom Nussbaum. Ich schnappe mir eine, die kurz davor ist, ihren Auswurf in die Ritzen der wertvollen Elektronik fließen zu lassen. Doch es sind vier Katzen, und wir haben nur zwei Hände. Weitere Türen von Kommoden und Deckel von Kisten springen auf und lassen Katzen frei. Würgende Katzen. Kotzende Katzen. Der erste Schwall ergießt sich über das Bedienfeld eines Automaten. Funken fliegen aus der Elektrik. Der Bildschirm flackert und wird schwarz.

DAS SORGENVOLLE TRÄUMEN

Sobald der Mensch mit Katzen zusammenlebt, verändern sich seine Träume. Sämtliche Sorgen, die man sich im Zusammenhang mit den Vierbeinern machen kann, werden in der Nacht verarbeitet. Angenehme innere Ausflüge in die Ferien, erotische Phantasien oder kindliche Märchenwelten gehören der Vergangenheit an. In unendlichen Variationen kennen die Drehbücher der REM-Phase nur noch ein Thema. Dabei unterteilen sich die sorgenvollen Träume grob in drei Kategorien.

a) Sorgen um das Verschwinden der Katze
Wenn die Katze in Wirklichkeit ein reiner Stubentiger und kein Freigänger ist, wird sie im Traum ständig zwischen Ihren Beinen hindurch aus der Haustür flitzen und kaum mehr einzufangen sein. Sie folgen ihr und jagen sie durch Straßenschluchten, Wälder oder verwinkelte fremde Gebäude. Mal flutscht Ihnen die Katze durch die Hände hindurch wie ein Stück Seife. Mal kriegen Sie das Tier für Sekunden zu fassen, doch dann zerkratzt es Ihnen die Arme und flüchtet erneut. Zu Ihrer Sorge, sie nicht mehr einfangen zu können, gesellt sich die Enttäuschung, dass sie überhaupt aus ihrem Zuhause flieht. Sie fragen sich, was Sie falsch gemacht haben, während Sie die Katze am Schwanz festhalten und zu sich ziehen wollen. Sie fragen sich, warum sie vor Ihnen flieht. Für den Fall, dass die Katze in Wirklichkeit sowieso ständig draußen ist, kehrt sie im Traum nicht zurück. Sie suchen nach ihr und finden Sie nicht. Sie laufen meilenweit, fliegen sogar, weil Sie das im Traum können. Besorgt und getrieben, erheben Sie sich übers Land und scannen die Bäche, Flussufer, Felder und Gewerbegebiete nach dem kleinen, pelzigen Fleck ab, der Ihre Katze sein könnte. Vergeblich.

b) Sorgen um die Gesundheit der Katze

In der Wirklichkeit ist die Katze gesund und in bester Verfassung. Im Traum fallen ihr die Zähne aus, oder sie torkelt mit milchigen Augen auf Sie zu. Der Bauch ist verhärtet, und wenn sie kotzt, kommt kein gesundes Gemisch aus Glibber und Gras heraus, sondern blutrote Klumpen wie aus einer Konservendose mit dem billigsten Gulasch, den der Restpostenmarkt anbietet. Sie wissen, dass Sie mit ihr zum Tierarzt müssen und rennen nach draußen, um das Auto aus der Garage zu holen. Beim Versuch, den Schlüssel ins Schloss des Garagentors zu stecken, wirkt eine abstoßende Magnetkraft vom Schloss auf den Schlüssel ein. So fest Sie auch drücken – Ihre Hand wird nach links, rechts, oben oder unten abgelenkt. Sie können es sich nicht erklären, wissen aber, dass die Zeit rennt. Also rufen Sie das örtliche Taxi-Unternehmen an. Sie nehmen Ihr Mobiltelefon in die Hand und beginnen die Nummer einzutippen. Die Vorwahl kriegen Sie noch hin, aber bei den weiteren Ziffern verschwimmen Ihnen die Tasten vor Augen. Alles wird milchig und schwer. Sie geben »6« ein und tippen »2«. Sie treffen eindeutig die »1«, doch auf dem kleinen Display erscheint die »7«. Währenddessen kratzt die Katze von innen am Ornamentglas der schmalen Scheibe neben der Haustür. Ein Nachbar erscheint mit seinem Hund an der Leine. Sie wollen ihn darum bitten, seinen Wagen anzuwerfen und Sie mit der Katze zum Arzt zu fahren, doch er hört und sieht Sie nicht. Sie laufen zu ihm und schreien ihm ins Ohr, bleiben für ihn aber vollkommen unsichtbar.

c) Sorgen um die Gesundheit der Wohnung

In der dritten Gattung von Träumen geht es nicht um die Unversehrtheit der Katze, sondern um die Unversehrtheit Ihres Zuhauses. Die Katze bleibt daheim und strotzt vor Gesundheit, während sie ihre Kraft dazu nutzt, alles zu zerstören, was Ihnen lieb und teuer ist. Sie wirft Vasen und Kristallgläser zu Boden und schält sämtliche Bezüge und Polster von den Sesseln. Aus den Vorhängen gestaltet sie moderne Fransenkleider, indem sie die edlen Fenstertextilien in Stoffbahnen mit Breiten von zwei, vier, acht und sechzehn Zentimeter zerteilt und diese dann wie eine Modeschöpferin neu zusammenfügt. Das weiche Holz der Einbauküche speichelt die Katze ein und zerkaut es, sodass jede Ecke und Kante aussieht wie ein geschmolzener Kegel. Dem Glas in der schmalen Scheibe neben der Haustür verhilft sie mit ihren diamantscharfen Krallen zu einer Ornamentverzierung. In diesen Träumen besitzen Sie außerdem Dinge, die Sie in Wirklichkeit gar nicht haben, nur damit die Katze sie zerstören kann. Uralte Manuskripte und heilige Schriftrollen, auf welche sich die Katze unerbittlich übergibt, sodass das Papyrus aufweicht. Offene Ferraris mit Sitzen aus rotem Leder, die in aller Gelassenheit aufgetrennt und von ihrem Innenfutter befreit werden. Und immer, wirklich immer, sind Sie einen Schritt, einen Griff oder eine Sekunde zu spät, um die Katze bei ihrem Zerstörungswerk aufzuhalten.

Es ist acht Uhr morgens. Ich folge dem Vorbild der Katzen – ich pflege mich. Das war in meinem Leben nicht immer selbstverständlich. Früher stürzte ich meist in den Tag, so wie ich war. Ein bisschen Wasser ins Gesicht und mit viel Glück in die Ohren. Dazu die spezielle Technik des Zähneputzens, die einige Männer praktizieren. Zahnbürste mit Zahnpasta füllen, kurz anfeuchten, in den Mund stecken, ein Fußballmagazin in die Hand nehmen, Zahnbürste im Mundwinkel hängen lassen, zwei Artikel im Magazin lesen, Zahnbürste wieder rausnehmen und spülen.

Seit ich jeden Tag die Katzen beobachte, ist mir der Wert ausgiebiger Selbstsorge bewusst geworden. Die Katze verbringt den Großteil ihres Tages mit Schönheitsschlaf und Körperpflege. Über drei Stunden am Tag putzt sie ihr Fell. Wenn sie ihre Zunge wie einen rauen Waschlappen mit Peeling-Funktion über ihren Leib zieht, entfernt sie damit nicht nur Schmutz, Unrat, Krümel und überflüssige Haare, sondern regt auch ihre Talgdrüsen an, ein Sekret abzugeben, welches ihr Fell imprägniert. Ihr bei dieser Hingabe zuzusehen ist inspirierend und das Ergebnis kolossal. Katzen sehen grundsätzlich würdevoll aus. Außerdem duftet ihr Fell wie von selbst nach frischer Bettwäsche und Rosenwasser.

Da stundenlanges Schrubben meines Körpers mit dem Waschlappen bei mir als Mensch ineffizient wäre, werfe ich die Dusche an. Warm und wonnevoll prasselt das Wasser auf mich herab. Ich versuche, ganz bei der Sache zu sein und beim Duschen nicht an die anstehenden Termine des Tages zu denken, sondern nur ans Duschen selber. Konzentriert halte ich den Kopf schräg unter den Strom. Linkes Ohr. Rechtes Ohr. Ich quetsche Duschgel in meine Hände und reibe es unter die Achseln. Duftrichtung: Rose. Aus einer zweiten Flasche mische ich kühlblaues Arktisgel für Männer unter. Die Duftstoffe mischen sich mit den Millionen winziger Tröpfchen warmen Wassers, die in der Luft schweben. Vor meinem inneren Auge sprießen Tausende von Rosen aus dem Boden der Antarktis. Gleißendes Weiß, kristallklares Blau und kräftiges Rot an grünen, stacheligen Stängeln.

Ist das herrlich.

Mit geschlossenen Augen bleibe ich in der erblühenden Landschaft des kalten Kontinents stehen, auf dessen Eisschichten zischend warmer Regen fällt. Nur ein paar leise Schritte stören das paradiesische Prasseln. Sie sind kaum zu hören. Eher schon das Scharren, das auf sie folgt und immer lauter wird. Als hätte ein Seehund begonnen, seine Krallen in den felsigen Boden einer Landzunge zu graben, direkt zwischen dem magischen Rosenbeet und der Schelfeiskante.

Schrrraaat.

Schrrraaat.

Schrrraaat.

Eine Weile gräbt und buddelt der Seehund in dem harten Boden herum, dann ist erst mal Ruhe, und es prasselt erneut nur der warme Regen. Bis ein Geräusch ertönt, als würde der Seehund drei kleine, mit Granulat gefüllte Stoffsäcke in die selbst geschaufelte Grube fallen lassen.

Plock.

Plock.

Plock.

Der Seehund beginnt wieder mit dem Scharren und Schaufeln, als die Luft sich verändert. In den Duft von Rosen und antarktischer Frische mischen sich säuerliche Süße und durchdringende Fäulnis. Mit jeder Millisekunde erobern sich die neuen »Duftrichtungen« die Herrschaft über die schwebenden Wassermoleküle in der Luft. Gestank ist keine Welle wie etwa der Klang, sondern tatsächlich eine Wolke aus echten, physischen Teilchen. Was sich nun also gerade an die Millionen kleiner Wassermoleküle hängt, mit ihnen durch Badezimmer und Dusche schwebt und mich vollkommen einhüllt, ist nicht bloß der Geruch nach frischer Scheiße im Katzenklo neben dem Waschbecken, sondern tatsächlich die frische Katzenscheiße selber – aufgeteilt in Millionen winzige Partikel.

»Oh Gott!«, stoße ich aus, während das Wasser prasselt.

Vor meinem inneren Auge stirbt die eben erst neugeborene Antarktis. Die Rosen lassen die Köpfe hängen und welken in Sekunden. Zu Tausenden fallen ihre Blätter auf den Boden hinab. Das Schelfeis schmilzt und fließt über den Felsboden. Albatrosse und Schneesturmvögel, die eben erst am Horizont im Anflug waren, drehen entsetzt wieder ab. In die süße Fäulnis mischen sich Noten fauler Eier und menschlichen Durchfalls nach einer durchzechten Nacht, die man um vier Uhr morgens mit dem Verspeisen billiger, halbherzig aufgewärmter Frikadellen vom Discounter krönte, im Ruhrgebiet auch treffend »Bierschiss« genannt. Außerdem rieche ich den bitteren Anklang von Jauche aus den Spritzdüsen der gnadenlosen Landwirtschaft sowie einen Komposthaufen auf der Rückseite eines seit 250 Tagen verlassenen Flachdach-Bungalows, hinter dessen Fenstern die Leichen der Bewohner liegen, während die Sonne bei 37 Grad auf das Gebäude und den Kompost brennt. Ach was, ich »rieche« das alles nicht – die Fäulnis, den Bierschiss, die Jauche, den Kompost und die Verwesung –, ich atme es ein und nehme es auf mit jeder Zelle meiner nassen Haut. Wer duscht, während ein junger Kater scheißt, wird selbst zum wandelnden Ausfluss. Er übernimmt alles, wovon sich das Tier eben befreit hat, während es nach dem Zuscharren des Katzenkastens zufrieden und glücklich aus dem Raum spaziert.

150 OLF

Das Urinieren erledigt eine Katze vielfach am Tag je nach Füllstand der Blase. Unauffällig, leise, dezent und schnell. Sie bekommen gar nichts davon mit. Manchmal, wenn Sie mit der Katze auf dem Sofa sitzen, werden Sie sich sogar fragen, ob sie überhaupt jemals pinkeln geht.

Mit dem Koten wiederum wartet die Katze ab, bis Sie selber etwas im Badezimmer zu tun haben. Am liebsten lässt sie ihre intensiven Haufen unter sich in die Streu plumpsen, wenn Sie gerade Ihre Zähne putzen oder wehrlos und wie Gott Sie schuf, unter der Dusche stehen. Auch ein genussvolles Einsteigen in die Badewanne garantiert Ihnen wenige Minuten später ein ausgiebiges Katzenkoterlebnis. Umgeben vom duftenden Schaum des Vollbades können Sie Ihr geliebtes Tier in aller Ruhe beobachten, wie es drei, vier mächtige Kolosse abseilt und Sie dabei ebenso stolz wie zufrieden ansieht. Befinden Sie sich gerade im Bad, und die Katze muss eigentlich gar nicht, wird sie dennoch alles versuchen, um sich wenigstens einen kleinen Klumpen abzupressen. Als Faustregel gilt allen Katzen Europas, die ihr Klo im Badezimmer stehen haben: Mindestens einmal pro Tag muss der Mensch im Badezimmer seine olfaktorische Rundumversorgung erhalten.

Was aber nun, wenn der Mensch das Katzenklo empörenderweise nicht in sein Bad gestellt hat, sondern etwa in den Keller? In den unteren Flur?

In diesem Fall gibt es für die Katze zwei Möglichkeiten. Erstens: Sie kackt so lange auf die Fliesen ins Badezimmer, bis die Menschen begreifen, dass dieses Missverhalten erst endet, wenn sie dort ihr Klo hingestellt bekommt. Zweitens: Sie erhöht die Intensität und Reichweite ihres Duftes.

Die erste Option wird nur von Katzen ergriffen, denen ein sehr forsches Temperament angeboren ist. Diese Forschheit muss das Grundbedürfnis der Katze nach Sauberkeit deutlich übertreffen. Das kommt selten vor. Der Instinkt, stets so reinlich wie möglich zu handeln, hält die meisten Katzen davon ab, auf diese Weise Kommunikation zu betreiben. Das »gezielte Scheißen«, da sind sich die meisten Katzen einig, ist das »letzte Mittel«. Sie nutzen es entweder, um ein Katzenklo an seine richtige Position befördern zu lassen, oder um nachdrücklich darauf aufmerksam zu machen, dass die Unordnung im Haus indiskutable Ausmaße angenommen hat. Ausmaße, die nicht nur der Katze selber, sondern auch dem Menschen zu schaden beginnen. Das ist der wahre Grund dafür, wieso besonders in Haushalten von Messies oder Menschen, die auf der Kippe zum Messie-Verhalten stehen, die Katzen kraftvoll in herumliegende Müllberge oder Wäscheknubbel scheißen. Sie versuchen mit letzter Kraft, ihren Menschen zu retten und ihn mit Hilfe der Scheiße davon abzuhalten, sich in dieselbe zu reiten.

Viel lieber aber greifen Katzen, die »nur« ihr Katzenklo nicht länger fernab des Menschenbadezimmers stehen haben wollen, zu Option B, der Reichweitenverstärkung ihres Duftes. Sie schaffen es, in ein Katzenklo, das zwei Etagen vom Badezimmer des Menschen entfernt ist, mit einer vielfach potenzierten Olf-Stärke hineinzumachen, als ob das gleiche Klo direkt neben dem Zähne putzenden Menschen stünde. Die Maßeinheit »Olf« für die Stärke eines Gestanks existiert tatsächlich! Sie ist im Gegensatz zu Dezibel bei Lärm oder Scoville bei Schärfe weitgehend unbekannt. Als wissenschaftliches Maß für Geruchsemission definiert sich »1 Olf« als der Geruch, der von einem Menschen ausgeht, der einen »Hygienestandard von 0,7 Bädern pro Tag bei 1,8 m² Hautoberfläche und sitzender Tätigkeit« einhält. Ein Büromensch, der sich nur zwei Mal die Woche wäscht, kann folglich stärker stinken als ein Malocher, der jeden Tag vor und nach der Arbeit auf der Baustelle unter die Dusche steigt. Jungs im beginnenden Teenager-Alter kommen selbst gereinigt grundsätzlich auf zwei Olf im Ruhezustand. Ein Raucher dünstet zwischen 20 und 25 Olf aus, selbst wenn er gerade keine Zigarette angezündet hat. Eine kraftvoll kackende Katze treibt die Geruchsemission auf 30 Olf hinauf, falls der Mensch im Badezimmer direkt neben ihr steht. Allerdings hält die Belastung im Gegensatz zum Raucher nur wenige Minuten an. Verbannt der Mensch das Katzenklo aber nun wie beschrieben in den Keller, die Kammer oder den unteren Flur, produziert die Darmflora der Katze über Wochen und Monate spezielle, noch weitgehend unerforschte Bakterien der Gattung *Diabolicus odor*, die den Kot bis zu einer Geruchsstärke von 150 Olf treiben können. Hierbei handelt es sich um Emissionen, die laut Emissionsschutzgesetz der Europäischen Kommission nicht einmal im Inneren von Müllverbrennungsanlagen erreicht werden dürfen. Die Genfer Konvention der Vereinten Nationen setzt den Einsatz von Waffen, die eine Gestankemission von mehr als 120 Olf freisetzen würden, unter vergleichbar hohe Strafen wie Uranmunition und Streubomben.

Die Entvölkerung ganzer Landstriche in der deutschen Provinz geht daher auch größtenteils nicht, wie von der Politik angenommen, auf mangelnde Berufschancen oder Überalterung der Bevölkerung vor Ort zurück, sondern auf Haushalte, die einfach nicht begriffen haben, dass sie ihr Katzenklo endlich ins Badezimmer stellen müssen. In diesen Haushalten kommt es durch die verzweifelte Katze zu Olfstärken in genannter Höhe, die schließlich den gesamten Ort sowie Teile des jeweiligen Landkreises für lange Zeit unbewohnbar machen.

Würgend schiebe ich die Duschtür auf, torkele aus der Kabine, schnappe mir eilig ein Handtuch und fliehe aus dem Raum. Das Textil aus Frottee ist zu klein, um meine Scham vollständig zu umhüllen. Ich habe in der Hektik nicht das Badetuch, sondern nur ein kleines Handtuch erwischt. Ich werfe es ins Waschbecken und stehe tropfend im Treppenhaus. Der Kater ist längst durch die offene Tür ins Atelier gelaufen, wo Sylvia gerade ein Bild in Arbeit hat. Sie ist umgeben vom schöpferischen Chaos aus Pinseln, Spachteln, Paletten, Tuben, Dosen und Eimern mit Farbe, Masse und Sand. Gerade entsteht Struktur auf der Leinwand. Wie eine Luftaufnahme zerklüfteter Berg- und Wüstengebiete an der Grenze zwischen Atlasgebirge und den ersten Ausläufern der Sahara.

Ich fluche.

Der Kater versteckt sich unter der Staffelei.

»Tenhi! Muss das denn sein? Verdammt noch mal!«

Sylvia fragt: »Was hat er denn getan?«

Ich zeige auf meinen offensichtlich halbnackten, tropfenden Leib: »Na, gekackt hat er. Während des Duschvorgangs!«

»Und deswegen schimpfst du mit ihm?«

Sylvia zeigt sich empört.

Ich werde unsicher.

Wie gesagt. Mein gesamtes jugendliches Leben bin ich mit den Vorteilen einer Katze aufgewachsen, ohne die Unbequemlichkeiten zu kennen. Ich lerne immer noch.

»Ja, sicher schimpfe ich! Ich muss zu diesen wichtigen Terminen und kann nicht zu Ende duschen. Wahrscheinlich stinke ich jetzt überall nach Kot.«

Sylvia sagt: »Bad lüften. Weiterduschen. Das verflüchtigt sich.«

Tenhi nickt unter der Staffelei.

Ja, so ist das. Sei offen.

Ich sage: »Er hat keinen Durchfall oder so was. Und wir haben zwei Katzenklos. Wieso kann er nicht unten auf die Toilette gehen, wenn jemand duscht?«

Sylvia hebt den Spachtel in ihrer Hand, aber ich warte die Antwort gar nicht erst ab. Zornig stapfe ich wieder ins Bad, schließe die Tür, öffne das Fenster und bringe meine Reinigung zu Ende. Die Uhr tickt. Die Termine sitzen mir im Nacken. Als ich eine Viertelstunde später die Haustür öffne und schon auf der Schwelle nach draußen per Fernbedienung das Auto öffne, scharrt Gobi auf dem Katzenklo im Gäste-WC herum. Geht doch, denke ich grimmig, als ich die Tür zuknalle.

Während meiner Termine überfällt mich das schlechte Gewissen, weil ich so geschimpft habe. Das ist nicht von Vorteil. Ich bin abgelenkt, und das eröffnet meinen Gesprächspartnern Räume. Leider habe ich an diesem Tag keine Lesung zu geben oder ein Interview zu führen. Es geht um Geschäftliches. Man sitzt an Tischen, trinkt Wasser mit viel zu viel Kohlensäure aus viel zu kleinen Flaschen und spielt sich gegenseitig zuvorkommende Freundlichkeit vor, während man in Wirklichkeit hart verhandelt. Das fällt mir ohnehin selten leicht und erst recht nicht, wenn mir das Schuldgefühl im Nacken sitzt, meine Familie angemotzt zu haben. Zwischen den beiden Terminen, die ich heute absolviere, rufe ich daheim an und erkundige mich über den Fortschritt im Atelier. Sylvia hat meine Schimpferei nicht vergessen und signalisiert mir durch einen ebenso detaillierten wie enthusiastischen Bericht, dass alles in Ordnung ist. Im Hintergrund wirft der Kater derweil zwei Bücher aus dem Regal und trifft damit anscheinend fast seine Mitbewohnerin auf dem Boden. Gobi faucht, knurrt und setzt ohrenscheinlich zur Jagd auf den Kater an. Dieser ist – »pock!« – aus dem Regal auf die Dielen gesprungen und dort wie ein aufgezogenes Duracell-Häschen losgelaufen. Pfoten nehmen scharrend Anlauf auf dem Boden. Beide Katzen rasen durch die Architektur.

Den zweiten Termin kann ich aufgrund dieser erfreulichen Geschehnisse daheim etwas beschwingter wahrnehmen. Dennoch erschöpft er mich ebenfalls sehr. Zum einen, weil er quälend lange dauert und die Menschen nicht auf den Punkt kommen. Zum anderen, weil mein Telefonat die gesamte Zeit zwischen den Terminen ausgefüllt hat und ich nicht auf die Toilette gegangen bin. Das vermeide ich sogar nach dem Treffen, denn es sieht nicht gut aus, wenn man eine solche Verhandlung damit beendet, »nur noch eben Ihre Toilette zu benutzen« und dort dann eine Note zu hinterlassen, die der eines Katers nahekommen könnte. Der erfolgreiche Mann muss immer so tun, als ob er solche Kinkerlitzchen wie Verdauung und Ausscheidung überhaupt nicht nötig hat. Wie Agenten in Filmen, die selbst bei Echtzeit-Drehbüchern niemals aufs Klo müssen und außer Kaffee aus Bechern nichts zu sich nehmen, hat sich auch der erfolgreiche Mann der Realität vollständig von leiblichen Zwängen gelöst, mal abgesehen vom Sex.

Gegen 18 Uhr stürze ich ins Haus und augenblicklich aufs Gäste-WC im Erdgeschoss. Ich habe auf der Rückfahrt nirgendwo haltgemacht, weil ich dermaßen viel Druck auf Darm und Blase hatte, dass der Weg vom Parkplatz in einen Rasthof schon bedeutend zu weit gewesen wäre. Hektisch reiße ich den Klodeckel hoch und die Hose herunter. Ich sitze kaum, da schießt alles aus mir heraus. Es ist nicht schön, aber es muss so gesagt werden.

Ich seufze.

Ich stöhne.

Was für eine Erleichterung!

Und nicht nur eine körperliche. Auch sonst suche ich nach Terminen wie diesen grundsätzlich als Allererstes den Ort auf, den man nicht ohne Grund »das stille Örtchen« nennt. Es ist zehrend, den ganzen Tag zu reden, zu verhandeln und sich neue Namen zu merken. Vor allem aber ist es zehrend, den ganzen Tag die Sätze zwischen den Zeilen heraushören und die ironischen Feinheiten erkennen zu müssen, durch welche Männer untereinander Hierarchien festsetzen. Diesen indirekten, mehrfach codierten Mist habe ich bereits in der Schule gehasst. Da ist es so unglaublich heilsam, einfach eine ganze Viertelstunde auf dem Klo zu sitzen, zu lesen und die Welt auszusperren. Einfach ungestört in der Meditation des stillen Örtchens zu versinken. Auf der Fensterbank liegen aktuelle Ausgaben abonnierter Magazine. Videospiele, Rockmusik, Kunst und Umweltschutz. Ich nehme das Spielemagazin zur Hand und genieße die schlicht untertitelten Bilder.

»Körperlos. Dieses Monsterhirn wird gleich von Lei Yuns Schwert gespalten.«

Es kratzt an der Tür.

Chhhrrra.

Chhhrrra.

Chhhrrra.

Tenhi zieht seine Tatze bei halb ausgefahrenen Krallen über das Holz. Er beschädigt es nicht und verzichtet ebenfalls darauf, Muster und Logos hineinzuschnitzen. Das ist alles gar nicht nötig. Er weiß: Der Pfotenballen in Kombination mit halber Kralle erzeugt ein helles, durchdringendes Geräusch, das meine Menschenohren fast so gereizt zucken lässt wie das Liebkosen einer Schultafel mit den Fingernägeln.

Chhhrrra.

Chhhrrra.

Chhhrrra.

Ich versuche es zu ignorieren und wieder in den Bildschirm-Schnappschüssen des Videospiels und den paradiesisch dämlichen Beschreibungen zu versinken.

»Gnadenlos: Selbst Frauen haut Lei Yun mit seinen Klingen in kleine Stücke.«

Krock!

Palock!

Krock!

Tenhi ändert die Taktik.

Er legt sich vor die Tür und stemmt seine nun voll ausgefahrenen Krallen in den Spalt unter der Tür. Es klingt, als würde er versuchen, in allerletzter Verzweiflung die gesamte Tür auszuhebeln. Dieses Geräusch ist noch schlimmer als das Holzkratzen. Es erinnert an einen Menschen, der seine Fingernägel einsetzt, um Hebelwirkungen zu erzeugen, und sie sich dabei abbrechen wird. Ich weiß, dass Katzenkrallen nicht so leicht brechen, doch allein der Gedanke geht mir durch Mark und Bein.

Krock!

Palock!

Krock!

Ich öffne die Tür.

Tenhi schleicht herein, gibt mir Köpfchen an beiden Beinen und springt dann auf den schmalen Vorsprung hinter dem Klo. Man weiß nicht genau, wieso die Erbauer des Hauses dieses knöchelhohe und etwa buchbreite Fliesenpodest errichtet haben. Wahrscheinlich verkleidet es Rohre. Dem Kater dient es als Sitzgelegenheit, um ersten Kontakt mit meinem Geschäft aufzunehmen. Neugierig schnuppert er am Brillenrand, was da so aus der Kloake aufsteigt.

»Tenhi …«, maule ich und greife nach hinten.

Er weicht aus.

Schnüffelt weiter.

Ich spüre seine Schnurrhaare an meinem Hintern kitzeln.

»Jetzt lass es doch!«

Der Kater lässt es nicht. Im Gegenteil. Er springt vom Fliesenvorsprung auf die Klobrille hinter mich und kraxelt in meinem Rücken herum. Fast rutscht er ab und landet im Klo. Er fängt sich nur mit Hilfe seiner Krallen in der Haut über meinem Steiß.

»Aua! Mann!!!«

Der Kater zuckt kurz zusammen, bleibt aber immer noch sitzen. Er hat seine Stabilität gefunden. Tief und genussvoll steckt er nun den Kopf ins Klo und schnuppert mit seiner Nase direkt an meinem Anus.

Das stille Örtchen.

Der wertvolle Kokon der Intimität nach Stunden öffentlicher Spannung.

So still.

So ungestört.

Ich werfe das Magazin auf den Boden und stehe auf.

»Runter da! Runter!«

Ruppig schnappe ich mir den Kater und setze ihn auf den Boden. Ich höre Schritte auf der Treppe, hocke mich wieder hin und ziehe die Tür an. Auf den Fliesen liegt das Magazin, dessen bunte

Bilder von Videospielen mich so beruhigen. Ich lese grundsätzlich immer nur die Testberichte von mittelmäßigen Titeln, wenn ich nach Hause komme. Spiele, die mit 67 oder 45 Prozent bewertet wurden und über welche die Redakteure immer die gleichen Phrasen schreiben wie: »Grundsolide Genrekost für Fans.« Oder: »In diesem Genre gibt es weitaus Besseres. Absolute Die-Hard-Fans dürfen dennoch einen Blick riskieren.« So einen profanen Kram zu studieren bringt mich runter und schafft ein Gelenk zwischen draußen und drinnen, zwischen öffentlich und privat, zwischen Rolle und Wesen. Wenn man mich lässt.

In Eile beende ich meine Sitzung und ziehe die Hose hoch.

Tenhi beginnt bereits wieder mit dem Kratzen.

Ich stoße so ruckartig die Tür auf, dass der Kater senkrecht in die Luft springt.

Sylvia, die sich gerade in der Küche Teewasser ansetzt, schimpft nun mit mir: »Hey! Das reicht!«

Der Kater macht ein paar Schritte in die Flurecke, als hätte er Angst vor mir. Sylvia hat den Blick, bei dem man weiß, dass sie es so ernst meint, wie man nur irgendwas auf Erden ernst meinen kann. Es ist ein Blick, der jede Ironie und Zweideutigkeit meidet. Hätte sie vorhin in den Verhandlungen mit den Männern gesessen, die von hinten durch die kalte Küche argumentieren, und dabei diesen Blick eingeschaltet, wären alle anwesenden Alphatiere augenblicklich klar und verbindlich geworden.

»Was ist eigentlich mit dir los?«, sagt sie.

Ich meckere: »Ja, immer diese Aufdringlichkeit hier. Ich kann nicht duschen. Ich kann nicht kacken. Nichts kann ich …«

Gobi schleicht aus dem Wohnzimmer herbei und schaut um die Ecke. Wo sie ihrem Mitbewohner sonst so gerne eine verpasst oder ihn anfaucht, wenn er ihr zu schnell zu nahe kommt, geht sie nun zu Tenhi hin, setzt sich ganz dicht neben ihn und schaut mich an. Große Schwester. Beschützerin. Anwältin.

Sylvia sagt: »Willst du ihn aussetzen? Ins Tierheim bringen, weil's dir zu viel ist?«

Die Augen beider Katzen werden immer größer.

Ich gebe einen Klagelaut von mir. Keine Konsonanten. Nur Gebrumme.

Tenhi legt sich auf den Boden und platziert sein Schnäuzchen tief deprimiert auf den Fliesen. Gobi leckt ihm zwischen den Ohren. Das hat sie noch nie getan. Erschrocken über den Anfall von Fürsorge, hört sie auf und reinigt als Übersprunghandlung die Zwischenräume ihrer Pfoten.

Mein Herz wird wärmer.

Der Zorn verflüchtigt sich langsam. Dennoch wünschte ich mir, ich könnte eines Tages wieder ungestört das stille Örtchen genießen.

Sylvia sagt: »Glaubst du ernsthaft, die machen das, um dich zu ärgern?«

Ich schaue die Katzen an. Wangen. Ohren. Schnurrhaare. Augen. So viel Auge. Überall Katzenauge. Hach …

Sylvia sagt: »Sie haben dich lieb. Was meinst du, warum die das tun?«

Ich zucke mit den Schultern und will mich hinunterbeugen zu dem vielen Auge mit Katze dran. Gobi faucht. Noch bin ich nicht rehabilitiert.

Sylvia erklärt es mir: »Wenn sie an deinem Arsch schnuppern, während du dein großes Geschäft erledigst, lesen sie Zeitung.«

»Sie lesen Zeitung?«

»Ja. Sie erkundigen sich mittels Geruchs deiner Ausscheidungen, ob es dir gut geht. Ob du gesund bist. Wie deine Stimmung ist. Was du am Tag gegessen hast oder ob überhaupt. Was du erlebt hast. Hattest du Stress? Müsste man dich trösten? Oder einen Arzt rufen?«

»Die können riechen, wie es uns geht?«

»Nicht so gut wie Hunde, aber ja. Katzen haben sechzig Millionen Geruchszellen. Wir haben zwanzig Millionen. Der Hund hat zweihundertfünfzig Millionen Geruchszellen.«

Ich senke den Kopf.

Da will der Kater nur wissen, wie es mir geht. Da sorgt er sich, der Kleine, und ich werfe ihn aus dem WC.

»So«, sagt Sylvia, »und dass die Katze immer dann so gerne für ihr eigenes großes Geschäft in die Streu steigt, wenn wir gerade im Bad sind, liegt daran, dass Sie uns die Möglichkeit geben möchte, bei ihr Zeitung zu lesen.«

Ich begreife.

Mein Herz wird immer wärmer.

Ganze Disneyfilme laufen in mir ab.

Ich flüstere gerührt: »Wenn sie uns zuscheißen, wollen sie nur sichergehen, dass wir wissen, dass es ihnen gut geht? Dass wir uns keine Sorgen machen müssen?«

»Ja.«

Ich falle zu Boden und kraule die Katzen, bevor sie sich weiter dagegen wehren können. Schluchzend und mich entschuldigend, grabe ich mein Gesicht tief in ihr Fell. Gobi faucht ein letztes Mal aus Prinzip und tritt einen Schritt zur Seite. Tenhi lässt es geschehen und leckt mir über den kahlen Schädel.

Ich schaue zu Sylvia auf und frage: »Aber wieso wählen sie immer den Teppich, wenn sie sich übergeben müssen? Was wollen sie uns damit sagen?«

»Das ist ungeklärt«, antwortet sie. »Ich vermute, sie wollen nur flauschig stehen, wenn das Kotzen selber schon so anstrengend ist.«

Ich erinnere mich daran, wie schrecklich es für mich ist, wenn ich mal mein Innerstes nach außen stülpen muss. Da ich kaum noch Alkohol trinke, kommt das nur noch bei Migräne-Attacken oder Krankheit vor. Die Katzen überstehen die Kotzerei weit häufiger.

»Ihr armen Häschen!«, stoße ich auf dem Boden des Flurs aus, reiße die Hände zum Himmel und vergrabe mein Gesicht erneut in des Katers weißgrauem Fell.

In der Nacht träume ich wieder. Ich bin mit meinem Kindheitskumpel Sven im Wald zurück. Ich träume in Fortsetzungen. Manchmal werden sie sogar mit kurzen Rückblenden eingeleitet, wie bei Fernsehserien. »Was bisher geschah …«

Wir stehen vor der wandhohen Wurzel des umgestürzten Baumes. Unter ihr tut sich eine Höhle auf, die so klein ist, dass nur ein Kaninchen hineinpasst. Höchstens ein Fuchs, ein sehr kleiner. Da es ein Traum ist, betritt Sven allerdings die Höhle und winkt mir im Eingang zu, ihm zu folgen.

Ich sage: »Und wenn ein Seeungeheuer drin ist?«

Sven sagt: »Die leben nur in tundrischen Waldhöhlen.«

Ich weiß, die Dialoge meiner Träume sind verbesserungsbedürftig.

»Nun komm schon«, sagt Sven. Da ertönt ein Glucksen in der Höhle. Mit lautem Echo schallt es durch den Bau.

»UNGH!«

»UNGH!«

»UNGH!«

Ich wache auf.

Sylvias Nachtlicht ist an. Die Decke zurückgeschlagen. Eben pflückt sie Gobi vom Berberteppich und trägt sie in den Flur. Ordnungsgemäß kotzt die Katze auf die Fliesen. Es ist 3:42 Uhr. Sylvia holt Klopapier. Ich murmle: »Uhhhm. Warte, ich komme ... Tundra ... Wurzelwald ...«

Sylvia sagt: »Schlaf weiter! Ich bin dran! Ist okay!«

Dankbar sinke ich in die Kissen zurück.

Gobi setzt, eins – zwei – drei, die feststofffreien, nassen Nachtropfer auf den Boden.

Sven winkt in der Höhle.

Ich mache die Taschenlampe des Abenteurers an und folge ihm.

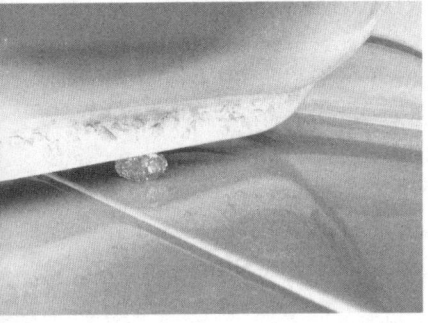

Gesundes Häufchen
Mit spitzer Kralle präzise
platziert

DAS SCHNECKENBECKEN

Die Katze muss trinken. Das teilt sie mit dem Menschen. Zwei Liter am Tag wären für den Haustiger zwar deutlich zu viel, aber nur ab und zu ein bisschen H_2O aus dem Feuchtfutter zu ziehen ist ebenso definitiv zu wenig. Hört die Katze eines Tages mit dem Trinken auf, sind die Sorgen groß. Nierenprobleme? Stoffwechselstörung? Depressionen? Die Suche nach Lösungen erfordert Konsequenz und Kreativität. Und die Fähigkeit, für wirklich alles offen zu sein.

»Na komm. Komm, Süße. Na komm, nur ein bisschen …«

Wir hocken auf den Dielen des Wohnzimmerbodens und versuchen, Gobi an die Trinkschalen zu locken. Der kleine Buddha beobachtet uns aus dem Bücherregal heraus, ebenso ein Holzschaf und die Venus von Willendorf. Sie stehen in verschiedenen Fächern, aber ich kann hören, wie sie miteinander tuscheln.

»Süße? Herzchen!«

Die Trinkschalen stehen vor der geöffneten Terrassentür. Tenhi hockt draußen und knabbert am Gras. Üblicherweise regt ein offener Durchgang zum Garten die Katze wenigstens an, nach draußen zu gehen und es dem Mitbewohner gleichzutun. An den grünen Halmen knabbern. Sich auf die warmen Steine legen. Vögel zur Strecke bringen oder zumindest davon zu träumen. Geht sie raus, muss sie an den Trinkschalen vorbei. So lautet der Plan. Doch Gobi guckt nur. Von uns zur Tür. Nach draußen zu Tenhi. Zu den Schalen. Wieder zu uns. Dann setzt sie sich auf ihre Hinterpfoten.

Wir lassen die Köpfe sinken.

»Dann will ich doch mal einen Blick auf meine Goldelritzen werfen!«, ertönt eine tiefe Stimme. Wenig später erscheinen große Schuhe im Gras. Es ist Friedrich. Tenhi springt unter den Thujen neben dem Teich in Deckung. Die Sohlen unseres Nachbarn verlassen den Rasen und knirschen im Kies neben dem Ufer. Mit verschränkten Armen prüft er den Fischbestand. Die Goldfische waren bereits im Teich, als wir einzogen. Die Elritzen hat er gespendet, da sein Sohn daheim zu viele hatte. Trotzdem bleiben es aus Friedrichs Sicht »seine« Wassertiere. Der Rasen ist knöchelhoch und mit Gänseblümchen, Sauerampfer und Löwenzahn durchsetzt. Wir haben länger nicht gemäht. Die Wiese hat einen Zwei-Wochen-Bart.

»Beim Raiffeisenmarkt haben sie jetzt ganz moderne Mäher im Angebot. Habt ihr gesehen?«

Wir ignorieren seinen Einkaufshinweis.

Besorgt sitzen wir neben Gobi auf den Dielen hinter der offenen Terrassentür.

»Was macht ihr denn da?«

Wir stehen auf.

»Die Katze will nicht trinken.«

»Aha«, sagt Friedrich. Er deutet mit dem Kinn vor sich aufs Ufergestein.

»Vielleicht mal aus dem Teich?«

»Sie will nicht mal nach draußen«, sagen wir, doch kaum, dass das letzte Wort verklungen ist, stolziert Gobi, den Schwanz erhoben, an uns vorbei nach draußen, als wolle sie sagen: »Was wisst ihr denn, was ich will?« Der Buddha, die Venus und das Schaf im Regal spenden Beifall. Tenhi beobachtet es im Schutz der sibirischen Bäume. Gobi nimmt auf dem Natursteinfelsen Platz, den wir extra für sie ins Teichufer gebaut haben, und wirft einen kurzen Blick auf Friedrich. Ans Trinken denkt sie dennoch nicht.

»Vielleicht ist der Teich ihr zu algig«, sagt Friedrich.

»Das ändert sich bald«, sage ich. »Sylvia hat Schnecken bestellt.«

»Schnecken?«

»Ja. Teichschnecken. Die beste Art, Algen zu bekämpfen. Schnecken fressen Algen. Natürlich, gründlich, gut. Außerdem schenkt man ein paar süßen Tierchen Lebensraum.«

»Ihr habt Schnecken bestellt …«, wiederholt Friedrich und prüft derweil den Schnitt der Hecke.

»Ja«, sage ich, »bei der Schneckenpost.«

Friedrich beugt sich nach unten und versucht, Gobi am Kopf zu streicheln. Sie weicht zurück, legt die Ohren an und faucht. Friedrich hebt die Brauen und zuckt mit den Schultern.

»Na gut, dann will ich mal wieder.«

Er schreitet davon durchs hoch gewachsene Gras. Neben der Weide hält er kurz an. Gleich wird er noch zu einem beherzten Heckenschnitt raten. Oder von der neuesten Bosch berichten, die es zu diesem Zweck nächste Woche im Angebot gibt. Ich warte schon auf die Bemerkung, als er sich doch in Bewegung setzt. Rasen und Algen, denkt er sich wahrscheinlich, das war für heute genug der Anregung. Will ich den Oliver mal nicht überfordern.

Am Abend hat Gobi immer noch nichts getrunken. Der Fernseher läuft. Christian Rach testet eine Kellerwirtschaft in Cottbus. Wir schauen allerdings kaum zu, da wir versuchen, Gobi etwas anzubieten, das ihr Gaumen als Getränk akzeptieren kann. Den Nachmittag über haben wir recherchiert, ob das Trinkwasser im Münsterland einen Stich bekommen hat. Der Anbieter versicherte uns, dass die Kläranlagen unverändert filtern wie die himmlischen Brunnen des Herrn. Sämtliche Mineralwässer, die der Getränkemarkt hergibt, haben wir ebenfalls schon probiert. Der Hahn an der Badewanne, aus dem Gobi sonst immer gerne schleckt, läuft seit Tagen durch, in der von ihr üblicherweise gewünschten Stärke. Ein fadendünnes, aber stetiges Rinnsal.

»Vielleicht trinkt sie heimlich«, sage ich.

»Das gesamte Gericht ist verpfeffert«, sagt Christian Rach.

»Wir haben sie doch den ganzen Tag im Blick«, sagt Sylvia.

Ich tippe mit dem Fingernagel gegen die Näpfe, damit es klimpert. Gobi macht einen Schritt in Richtung Sofa. Auf dem Boden daneben steht ein wahres Trinkbüfett.

Katzenmilch von Whiskas.

Katzenmilch von Pet Balance.

Katzenmilch von Fit+Fun.

Des Weiteren Bananensaft, Cola und sogar Fassbrause. Holunder und Zitrone. Jeweils von Veltins, Krombacher und Gaffel.

»Immerhin frisst sie den Thunfisch«, sage ich.

»Das reicht nicht«, sagt Sylvia. »Im Hochsommer muss sie trinken.«

»Mir brennt der Mund richtig, und ich muss einen anständigen Schluck Bier nehmen«, sagt Christian Rach.

Gobi schnuppert an den Brausen. An der Milch. Überlegt. Sieht unsere Hoffnung. Die weit aufgerissenen Augen der Menschen, die auf ihren Sofas sitzen und sich an die Lehnen klammern wie Kinder an die Sicherheitsbügel einer Achterbahn.

Sagt: »Mäh!«

Schüttelt den Kopf, dreht ab und tapst aus dem Zimmer.

»Weißer gemahlener Pfeffer tut dem Gericht überhaupt nicht gut«, sagt Christian Rach.

»So, morgen gehen wir mit ihr zum Tierarzt«, sagt Sylvia.

»Miiiiiäääääääääääääääääääääääääääääähhhhhhh!«

Rack! Rack! Rack!

Gobi beschwert sich. Zornig kratzt sie von innen an der Transportbox. Sie streckt die Pfoten aus dem Gitter wie ein Entführter in einem grobkörnig geschossenen Afghanistan-Thriller. Eine Frau, die mit einem Dackel im Wartezimmer der örtlichen Tierarztpraxis sitzt, schaut mitleidig und verständnisvoll nach unten.

»Tja«, sage ich. »Wer nicht trinken will, muss eben fühlen.«

»Sie trinkt nicht?«, fragt die Frau. Sie hat ihren Hund auf den Schoß genommen und krault ihn am Hals wie einen Kater. »Mein Erster hat auch irgendwann aufgehört zu trinken. Vier Wochen später ist er … aber das will ich gar nicht erzählen.«

Die Frau schluchzt.

Sylvia schüttelt sachte den Kopf und nimmt sich ein Prospekt über Zecken aus der Auslage. Ein altes Regal mit schrägen Fächern, aus dunkler Eiche gezimmert.

»So, die Schriftsteller bitte!«, ruft Karin quer durch den Flur, noch bevor ihre Assistentin im Türrahmen selber den Mund aufmacht. Karin ist die Tierärztin des Dorfes. Sie duzt alle Stammkunden. Wir folgen ihr in den Behandlungsraum.

»Was haben wir denn?«, fragt Karin, während wir die Box öffnen, um Gobi zu offenbaren. Die macht sich flach wie ein Perserteppich.

»Sie verweigert das Trinken.«

Karin beugt sich hinab und läuft so lange um den Tisch herum, bis Gobi ihrem Blick nicht mehr ausweichen kann. Dabei simuliert sie Katzenschnurren. Sanft und weich rollt es aus ihrer Kehle.

Man muss dazu sagen: Doktor Karin Stillhain ist eine ganz besondere Veterinärin. Zwar beherrscht sie wenn nötig den Umgang mit Nadel, Pipette und Skalpell perfekt, und irgendwo hinten in ihrem Regal stehen auch die Medikamente, an denen die schulmedizinische Industrie Geld verdient, aber eigentlich hat sie ganz andere Methoden. Statt mit weißer Tapete ist der Untersuchungsraum mit Waldmotiven beklebt. In der linken, oberen Ecke des Fensters klimpert ein Windspiel. Aus winzigen Boxen plätschert Mozart ins Zimmer. Immer. Er sei der einzige Musiker, dessen Ur-Ton auf gleicher Welle mit dem Ur-Ton des gesamten Universums schwinge, hat Karin uns einmal erklärt. Und da im Innersten der Elementarteilchen, aus denen wir alle bestehen, stets auch alles schwinge, beginne Heilung bereits dort, wo man eine harmonische Stimmgabel ansetzt. Umgekehrt sei es deswegen auch kein Wunder, dass Katzen, die bei Fans von Heavy Metal wohnten, stets besonders entschlossen die Einrichtung filetierten.

»Mhm, mhm …«, sagt Karin nun. Sie lässt davon ab, weiter die Katze zu hypnotisieren, tastet an ihr herum und sieht uns an, während sich ihre Finger so flüssig wie präzise durch den pelzigen Körper graben.

»Fließend Wasser aus dem Hahn?«

»Nein.«

»Teichwasser, draußen?«

»Nein.«

»Abgestandenes Wasser, auf der Spüle, in alten Schüsseln?«

»Nix.«

»Wir haben's mit Katzenmilch versucht, aber ...«

»Tschhhhht!!!«

Karins linker Zeigefinger schnellt in die Höhe, während ihre rechte Hand unter Gobis Vorderläufen haltgemacht hat. Die Ärztin hält inne. Lauscht mit den Fingerkuppen. Dreht die Augen nach links oben.

»Was?«

Karin grabbelt weiter.

»Doch nicht.«

»Ja, wir haben's jedenfalls auch mit Katzenmi...«

»Ja, ja, ja. Teufelszeug. Zuckerwasser. Da könnt ihr auch direkt Fassbrause hinstellen.«

»Äh, ja, nein, das würden wir ja niemals ...«

Karin legt ein Ohr in Gobis Brustfell. Die beschwert sich nicht mehr und fängt zur eigenen Überraschung nun selbst mit dem Schnurren an. So kuschelig hier. Und diese angenehme Musik.

Karin hebt den Kopf wieder aus der Katze und sagt: »Ich glaube, wir müssen uns jetzt mal in Ruhe unterhalten.«

»Okay ...«, sage ich zögerlich. »Das heißt?«

Karin runzelt die Stirn.

»Ja, *wir*. Die Katze und ich.«

Wir waren schon öfter hier, aber das ist neu.

Vor einigen Wochen war die Praxis drei Wochen geschlossen. Da hat Karin eine Fortbildung gemacht. In Indien, hieß es. Andere meinten Andorra. Sie selbst sprach nach ihrer Rückkehr von der Schweiz. Freilich nicht, ohne zu zögern.

»Ja, nun?«, sagt Karin und zeigt uns ihre beiden erhobenen Handrücken, die uns aus der Tür wedeln.

Wir schauen uns an und lassen uns drauf ein. Bevor ich behutsam die Tür schließe, frage ich: »Wie lang, ungefähr?«

»Ich sage Bescheid!«, schimpft Karin, die sich bereits wieder runtergebeugt hat. Neben ihr hebt Gobi vorwurfsvoll den Kopf von der Liege, als sage sie: »Was macht ihr denn noch in der Tür?«

Wir warten auf den alten, knarrenden Dielen des Flurs. An der Wand hängt ein Pferdekalender. Kraftvoll rennen die Hengste den Hügel hinab und schütteln sich in Zeitlupe Wasser aus der Mähne. Neben dem Treppenaufgang steht eine große Tierwaage.

»Nicht«, sagt Sylvia. »Die ist für Hunde.«

Ich steige auf die schwarze Fläche. Das digitale Ziffernblatt auf dem Beistellschränkchen daneben zeigt die aktuelle Lage der Dinge an. Räuspernd steige ich wieder hinab.

Karin öffnet die Tür: »Ihr könnt wieder reinkommen.«

Gelassen sitzt Gobi auf dem Behandlungstisch und präsentiert sämtliche ihrer Kurven in aller Pracht. Von wegen flach wie ein Teppich.

Karin setzt sich an den Schreibtisch und tippt die Diagnose in ihren altertümlichen Computer mit 3,5-Zoll-Diskettenschacht. Als sie fertig ist, klatscht sie die Hände zusammen.

»So. Es ist folgendermaßen. Die Katze will … etwas Spezielles.«

»Wie, etwas Spezielles? Was denn?«

»Kann ich nicht genau sagen.«

»Na toll.«

»Es ist noch nicht jede Vokabel zwischen Tier und Mensch enthüllt«, sagt Karin.

Sylvia nickt, als wäre das offensichtlich.

Ich schürze die Lippen.

Karin sagt: »Was die Süße mir vermittelt hat, ist, dass sie auf etwas ganz Besonderes wartet. Es ist gut möglich, dass sie damit auch eure Zuneigung testen will. Eure Zuneigung und eure Kompetenz. Im Alter werden sie so.«

»Super«, sage ich.

»Ihr müsst die Augen offen halten«, sagt Karin. »Die Augen, die Ohren, die Seele. Ganz genau müsst ihr horchen und fühlen. Dann findet ihr heraus, was sie braucht.«

»Aber sie trinkt doch heimlich, oder?«, frage ich.

Karin schiebt ihre Brille auf die Nase, nähert sich dem Monitor und löscht ein paar Zeilen.

»Karin?«, hake ich nach.

Sie schiebt die Brille wieder auf die Nase, schaut zu Sylvia, als wäre ich hier der Patient, und sieht mir kurz in die Augen.

Sylvia sagt: »Komm!«

Sie baut die Transportbox wieder zusammen.

HABITUS UND DISTINKTION

Es ist kein Zufall, dass Katzen seit Anbeginn der Zivilisation besonders gerne mit Künstlern ihre vier Wände teilten. Ganz wie diese Gattung Mensch bildet die Katze mit der Zeit exaltierte Geschmacksgewohnheiten aus und folgt gar uneinsehbaren Launen.

Der Mensch entscheidet sich zum Beispiel irgendwann dafür, nur noch Symphonien von Gustav Mahler zu hören, das Bücherregal mit moderner Lyrik zu füllen oder im Fernsehen französische Filme einzuschalten, in denen die Hauptfiguren fünfzehn Minuten lang schweigend in einem Raum stehen, bevor jemand knisternd an der Zigarette zieht und sagt: »Er hat mit Juliette geschlafen.«

Das dient vor allem der Abgrenzung vom einfachen Volke. Um es mit dem Sozialphilosophen Pierre Bourdieu in der typisch unkomplizierten Art der Geisteswissenschaften auszudrücken: »Nicht nur jede kulturelle Praxis (der Besuch von Museen, Ausstellungen, Konzerten, die Lektüre usw.), auch die Präferenz für eine bestimmte Literatur, ein bestimmtes Theater, eine bestimmte Musik erweisen ihren engen Zusammenhang mit dem Ausbildungsgrad, sekundär mit der sozialen Herkunft. Deshalb auch bietet sich Geschmack als bevorzugtes Merkmal von ›Klasse‹ an.«

Die Katze beweist ihre Zugehörigkeit zur höheren Klasse zunächst mal durch ihre Essgewohnheiten. Am heftigsten beleidigt man sie, indem man ihr Feuchtfutter von Marken mitbringt, die üblicherweise von der breiten Masse konsumiert werden. Whiskas? Felix? Kitekat? Ganz schlimm! Da kann sie noch viel eher das ganz billige Zeug vom Discounter akzeptieren. Diesem begegnet sie mit der gleichen sozialromantischen Toleranz wie der moderne Akademiker dem Trucker-Lied oder dem Gossen-Rap. LUX von Aldi ist für die Katze so etwas wie ein Arbeiterlied oder ein *Tatort* aus der Ruhrstadt. Die Marken, für die am meisten Fernsehwerbung läuft, sind hingegen romantische Vampirkomödien oder Power-Balladen mit Orchester. Außer Sheba. Das ist zwar streng genommen die kulinarische Entsprechung zu Whitney Houston, schmeckt ihr aber einfach zu gut. Richtige, echte Abgrenzung wird der Katze erst durch jene Futtersorten möglich, die nicht einfach so im Supermarkt zu finden sind. Sorten wie Almo Nature, Cosma, Greenwoods, Royal Canin oder Shiny Cat. Sie sind vergleichbar mit Bands, die kaum oder gar nicht im Radio laufen und die man eher durch Hörensagen, das Besuchen von Festivals oder das aufmerksame Lesen von Musikzeitschriften kennenlernt. Die Entsprechung zu Musikern, die noch größere Geheimtipps sind, lediglich in winzigen Clubs spielen und so nischenhaftes Zeug fabrizieren, dass nur ganz wenige es überhaupt verdauen können, sind beim Katzenfutter schließlich Marken, die abseits aller Ketten unabhängig hergestellt und nur in wenigen Spezialgeschäften oder direkt beim Hersteller gekauft werden können. Das Katzenfutter OmNomNom zum Beispiel, mit Herz und Innereien, so pur und rein wie möglich. Eine Herausforderung für jeden durch Junk Food falsch »verwöhnten« Magen, aber eine fantastische Möglichkeit, genauso anzugeben, wie ein Mensch angeben würde, dessen Lieblingsband nur hundert Verschworene auf der Welt kennen und die ihre Alben selbstverständlich ausschließlich als Vinyl verkaufen.

Noch bessere »Distinktionsmöglichkeiten« (wie der Soziologe sagt) hat die Katze beim Verweigern von Spielzeug. Hier dauert es lange, bis man überhaupt etwas gefunden hat, zu dem sie sich herablassen kann.

Klackernde Bälle? RTL!

Federangeln mit Glitter? RTL2!

Aufziehmäuse? Kinderkanal!

Dass die Katze so weit geht, sogar das Trinken von ganz normalem Wasser einzustellen, ist allerdings der Gipfel des übertriebenen Habitus. Wasser gilt üblicherweise sogar unter Katzen als neutral, unangreifbar und in keiner Weise ehrenrührig. Wasser zu mögen ist allen erlaubt. Von der Königin der hoch getragenen Nase bis zum verlausten Straßenrabauken.

Wasser darf jeder gut finden. Solange es nicht direkt neben dem Futter steht, selbstverständlich, denn Trinkstellen brauchen ihren eigenen Platz.

Wasser ist unantastbar.

Wasser kann man nicht schlecht oder peinlich finden.

So wie bei Menschen die Filme von Quentin Tarantino, die Platten von Johnny Cash oder die Romane von Herman Melville.

Sollte Ihre Katze dennoch eines Tages das Trinken verweigern, müssen Sie das zwar beobachten und ernst nehmen, dürfen aber doch eine gewisse Beruhigung mit auf den Weg nehmen: Es gibt solide Indizien dafür, dass Ihre Katze das elende Wasser, diese Plörre des Mainstreams, heimlich und unbeobachtet zu sich nimmt. Den Hauptgrund für diese Annahme bildet die Tatsache, dass 99 Prozent aller Menschen, die offiziell nur noch Symphonien von Gustav Mahler hören, das Bücherregal mit moderner Lyrik füllen und abends im Fernsehen französische Filme einschalten, in denen die Hauptfiguren nach fünfzehn Minuten »Er hat mit Juliette geschlafen« sagen, in Wirklichkeit, sobald niemand hinsieht, eine CD von Chris Rea einlegen, den Lyrik-Schutzumschlag vom Stephen-King-Roman abziehen und statt des

Franzosenkinos auf ProSieben einen amerikanischen Action-Film einschalten, in denen die Hauptfiguren nach fünfzehn Minuten nicht »Er hat mit Juliette geschlafen« sagen, sondern lediglich: »Los, los, los!« Dann preschen sie geduckt mit Gewehren in der Hand hinter einer Mauer hervor. Die Viertelstunde zuvor wurde dabei wie beim Franzosenkino ebenfalls eisern geschwiegen, aber nicht, weil alle betroffen in einem Vorstadthaus herumstanden, sondern weil die ganze Zeit Autos in die Luft flogen.

Zwei Tage später hat Gobi immer noch nicht getrunken. Jedenfalls nicht in unserer Gegenwart. Dafür sind die Schnecken gekommen. Die Schnecken, die bald den Teich reinigen sollen.

Bevor sie in das wilde Leben des Biotops eintauchen dürfen, müssen sie eine Weile im Haus zwischengelagert werden. Sylvia hat nicht damit gerechnet, dass die Schnecken noch so klein sind. Die glitschig wirkenden Fleißbienchen sind bei der Anlieferung dermaßen winzig, dass sie von den größeren Fischen im Teich aus Versehen gegessen werden könnten. Sie sind deutlich kleiner als die rundlich langen, gepressten Teichsticks, die das Fressverhalten der europäischen Zierfischpopulation ähnlich gnadenlos versaut haben wie die Spaghetti-Nudel die Ernährungsweise der Menschen. Hier wie dort wird nur noch mit rundlich gespitztem Mäulchen alles angesaugt, was in die Nähe des Gesichts gerät. Ob Teichstick oder Schnecke, wen kümmert's? Wäre der moderne Goldfisch groß genug, würde er noch einen zum Trinken ans Ufer gehüpften Spatz vom Rheinkies mit spitzem Maul vom Rheinkies saugen.

Die Schnecken müssen also wachsen, bevor sie ausgesiedelt werden können. Zu diesem Zweck gieße ich gerade den letzten Eimer Originalwasser aus dem Teich in einen riesigen, quadratischen Kübel aus Hartplastik in Terrakotta-Design. Eigentlich verkauft der Raiffeisen-Markt diese Dinger, um darin gigantische Zimmerpalmen zu pflanzen. Als Schneckenbecken macht er sich allerdings auch ganz gut.

»Wenn Gobi noch einen Tag lang in meiner Gegenwart *nicht* trinkt, fahre ich mit ihr zur Tierklinik nach Ahlen«, meckere ich.

Gerade eben ist sie nicht einmal bei uns, obwohl im Wohnzimmer Action stattfindet. Wir füllen ein Schneckenbecken, verdammt noch mal! Das passiert nicht alle Tage! Tenhi sitzt angemessen neugierig auf der Lehne des Sofas und beobachtet jeden Handgriff. So macht das eine gute Katze. Gobi hockt wahrscheinlich gerade unten im Sportraum auf der alten Sauna und atmet absichtlich Staub ein, damit sie von innen noch ein bisschen trockener wird.

Sylvia hält die erste Tüte mit Schnecken in der Hand, die bereits seit zwei Stunden zwecks Temperaturausgleichs im Becken hing. Sie öffnet das Behältnis. Sanft lässt sie Beckenwasser in die Tüte. Die Schnecken werden nun langsam von selbst aus der Tüte schwimmen. Das dauert eine Weile, denn Schnecken hetzt man nicht. Es sieht aus wie eine Meditationsübung. Seit Tierärztin Karin unter vier Augen mit der Katze gesprochen hat, ist Sylvia für meinen Geschmack viel zu gelassen.

»Die Tierklinik!«, betone ich noch mal. »Ich fahre mit Gobi zur Tierklinik! Dahin, wo die Wände weiß sind und statt Mozart Werbung für Kastrationen läuft. Jawohl!«

Sylvia kippt Schnecken nach.

Ich habe Pflanzen aus dem Teich im Schneckenbecken platziert und absichtlich einige der quietschgrünen Fadenalgen. Dann können die Kleinen ihren künftigen Job schon mal üben.

Sylvia sagt: »Gobi sieht nicht aus, als ob sie gleich abnippelt.«

Ich grummle und schließe die Terrassentür. Draußen röhren die Motoren der Mopeds. Die Teenager der Gegend rasen über den Acker und den Hügel hinab.

»Was sollen wir heute essen?«, fragt Sylvia.

Ich denke an die Zahl, die mir die Hundewaage beim Tierarzt angezeigt hat. Sie macht mich nervös. Um meine Nerven zu beruhigen, sage ich: »Lass uns beim Pizzamann anrufen.«

In der Nacht träume ich von dem Gewölbekeller in Cottbus aus *Rach, der Restauranttester*, in dem der Koch alle seine Gerichte verpfeffert. Ich hocke in einer Nische und esse Sauce béarnaise. Was darin schwimmt, weiß ich nicht genau. Es könnten Fleischbällchen sein oder Knubbel aus Altpapier. Das ist Männern vollkommen egal, solange nur genug Sauce béarnaise vorhanden ist. Christian Rach sitzt am Tisch gegenüber. Ein tätowierter Kellner bringt ihm eine große Schüssel mit Deckel.

»Ahhh«, sagt er, »da kommt eure letzte Chance!«

Er nimmt den Deckel ab. Es dampft. In der Suppe schwimmen lauter kleine Schnecken sowie grüne Fadenalgen. Der Sternekoch rollt die Algen auf einer Gabel auf, nimmt mit spitzen Fingern eine Schnecke dazu und führt sie in seinen geöffneten Mund.

»Nicht!«, rufe ich und wache auf.

Sylvia schläft.

Es ist 3:30 Uhr.

Unten im Haus höre ich ein Plätschern. Habe ich an der Spüle den Hahn angelassen? Oder schlimmer: Kommt das Geräusch vom Teich, und die Terrassentür steht noch auf???

Ich springe aus dem Bett und eile die Treppen hinab, im Kopf bereits Visionen von Einbrechern, die Buch für Buch unsere geliebte Bibliothek leerräumen.

Wohnzimmer.

Licht an.

Die Terrassentür ist zu.

Stattdessen schaue ich, einen Meter weiter rechts, ohne jede Deckung schamlos auf den Intimbereich unserer Katze. Hoch aufgestellt wie das Perineum eines Menschen, der splitternackt die Yoga-Übung »herabschauender Hund« praktiziert. In kaum begreiflicher Körperhaltung balanciert Gobi auf dem Kübel, die Hinterpfoten auf dem vorderen Rand und die Vorderbeine auf dem linken wie rechten Rand, in einem Siebzig-Grad-Winkel vom Körper abstehend, nahe am Spagat. Der Kopf steckt derweil im Schneckenbecken. Nicht, um Schnecken zu fressen, sondern – um zu trinken!

Gierig saugt sie das Wasser von unten aus dem Becken hinauf in ihren Leib. Eine lebendige Pumpe aus Pelz.

Gluck, gluck, gluck.

»*Was die Süße mir vermittelt hat, ist, dass sie auf etwas ganz Besonderes wartet*«, hat Karin in ihrer Praxis gesagt.

Und da ist es.

Das ganz Besondere.

Das, wonach Gobi gesucht hat.

Schneckenwasser.

Gluck, gluck, gluck.

Gobi tut so, als merke sie nicht, dass ich in der Tür stehe. Ein Geist in der Nacht. Womöglich träume ich nur. Leise schleiche ich wieder die Treppe hinauf und lege mich zufrieden in die Laken.

Kaum eine Sekunde später steht die Sauce béarnaise wieder vor mir. Christian Rach legt Daumen und Zeigefinger zusammen: »Mamma mia, die Schnecken! Fortissimo!«

Ich habe nur geträumt.

Die Katze am Schneckenbecken.

Nur geträumt.

Um neun Uhr werde ich vom freudigen Rufen Sylvias geweckt, die unten im Wohnzimmer steht: »Oliver, das musst du sehen! Gobi trinkt! Aber wie sie trinkt! Das musst du sehen! Sie trinkt aus dem Schneckenbecken! Aus dem Schneckenbecken! Guck dir das an!«

Ich wickle mich aus der Decke, grinse zufrieden und wische mir einen Klecks gelber Sauce béarnaise aus dem Mundwinkel.

»Die Katze ist das einzige vierbeinige Tier,
das dem Menschen eingeredet hat,
er müsse es erhalten, es brauche
aber nichts dafür zu tun.«

(Kurt Tucholsky)

Heißt auf Deutsch:

Der Hund muss das Haus bewachen, die Nachbarn erschrecken und das Stöckchen holen, um das Selbstbewusstsein des Herrchens als Rudelführer zu stärken. Das Schaf muss den Rasen mähen und dabei selbst den leisesten Mäher um 75 Dezibel Lautstärke unterbieten. Die Ziege gibt Milch. Das Huhn legt Eier. Die Bienen lassen sich ihren Honig klauen. Die Katze soll theoretisch die Nager beseitigen, was sie praktisch natürlich nur tut, wenn ihr danach ist. Im Grunde muss sie für ihren Lebensunterhalt beim Menschen nichts leisten. Im Gegenteil. Das Wort »Lebensunterhalt« bekommt bei ihr eine vollkommen andere Bedeutung. Nicht nur, dass sie nichts klassisch »Nützliches« tun muss, um Kost und Logis zu erhalten – sie fordert auch noch umgekehrt, vom Menschen in ihrem Leben stets gut unterhalten zu werden!

Bei allen anderen Lebewesen ist es so: Sie leisten etwas, um im Gegenzug etwas zu bekommen, und versuchen mit der Zeit, das Ausmaß der geforderten Leistung unauffällig herunterzuschrauben. Heißt beim Hund: Ich belle nicht mehr bei jedem Zeugen Jehova, der an die Tür kommt, und kriege trotzdem was zu futtern. Oder beim jungen Menschen: Unsere Lehrerin meinte, die Aufgaben müssten wir nicht machen. Die Katze dreht jede Verhandlungslogik vollkommen auf den Kopf. Sie sagt kackfrech: »Wenn du willst, dass ich bleibe, dann unterhalte mich! Aber pronto!« Sie ist damit eine Inspiration für Kinder, die es auch mal so rum versuchen sollten. »Wenn du willst, dass ich mein Zimmer aufräume, Papa, dann gehe erst mal mit mir Fußball spielen!«

DAS SPIELEPARADIES ODER LICHTSTRAHLEN UND SUPERHYDRAULIK

Die Katze verlangt nach Unterhaltung. Wäre sie ein Mensch, hätte sie Disneyland, den Heidepark Soltau und das Phantasialand schon längst abgehakt und würde sich jedes Wochenende in ihren Kleinwagen setzen, um zu einem aktuellen Rummelplatz zu fahren. Der Zusatz »mit Animation« in der Beschreibung eines Ferienhotels wäre für sie keine Abschreckung, sondern ein zwingendes Kriterium für die Buchung. Bis endlich jemand begreift, was sie wirklich gerne mag.

»Ja, so ist das nämlich. Erst willst du alles haben, und dann liegt es nach zwei Mal spielen wieder in der Ecke!«

Tenhi senkt den Kopf, guckt zur Seite und beginnt sich die Pfote zu lecken. Übersprunghandlung. Meine Gardinenpredigt ist ihm unangenehm. Wären seine Wangen nicht strahlend weiß, würden sie jetzt rot werden. Immerhin verfärben sich gerade die Ohren. Doch ich, der Mann in den Filzhausschuhen, schimpfe weiter.

»Da kannst du ruhig gucken. Es ist immer wieder das Gleiche. Wie bei anderen Kindern mit dem Gitarrespielen. Oder dem Angeln. Hier, unser Nachbarsjunge, der Linus. Wie hat der gequengelt, dass er das Angeln lernen möchte! Und natürlich hat sein

Papa die teuerste Ausrüstung gekauft. Und was war, nach zwei Mal Rausfahren im Boot? Ihm tun die Fische leid! Ich glaube, das würdest selbst du als Kater noch hinkriegen! Würde ich eine Angelausrüstung kaufen, täten dir sogar die Fische leid!«

Tenhi schaut zur anderen Seite des Wohnzimmers. Auf den Dielen liegen die Spielsachen. Ein Katzenball mit glattem Filz in Leopardenmuster, der eine klingelnde Kugel enthält. Ein Katzenball aus glitzerndem Kunststoff, der wie eine Kobra rasselt. Gobis beseeltes Bällchen aus buntem Filz, das keine Geräusche von sich gibt, aber besonders leicht ist und sehr gut in die Luft gewirbelt werden kann, wenn sie es gerade nicht als Babyersatz für ihre dramatischen Klagen benutzt. Ferner drei verschiedene Mäuse. Eine winzige in überzeugendem Grau, die der Größe echter Beutetiere nachempfunden ist. Eine in Knallrot von der Größe eines Schokoriegels. Eine, der ein Faden mit Plastikring aus dem Popo guckt, an welchem man sie aufziehen kann.

»Sei nicht so streng mit ihm«, sagt Sylvia. Sie betritt das Wohnzimmer mit einer Flasche Wasser, setzt sich aufs Sofa und legt sich ihr Buch, ihren Notizblock und den Bleistift zurecht. Das Cover des Buches teilt sich in der unteren Hälfte das Grau mit der Spielmaus. Die obere Hälfte ist blau. Ein Wissenschaftsbuch. Die Schrift, die ich erkennen kann, ist winzig und wird von keinerlei Bildern unterbrochen.

Gobi hält sich aus der Diskussion heraus. Sie sitzt oben auf der zweiten Etage des Bücherregals und hat die Vorderpfoten untergeschlagen. Die Täubchenposition. Mit halb geschlossenen Augen beobachtet sie die Szenerie in ihrem gemütlichen Modus *alte Dame*.

»Aber guck dir das doch an«, erwidere ich Sylvias Ermahnung und zeige auf die Spielsachen. »Da kauft man dem Kind ständig neues Zeug, und kaum, dass es sich im Haus befindet, ist es nicht mehr spannend. Eben habe ich ihm von Linus' Angelausrüstung erzählt.«

»Angeln haben wir auch«, sagt Sylvia. Sie steht auf, öffnet die antike Kiste neben dem Sofa und holt eine Spielangel für Katzen heraus. Am Ende der dünnen Kordel am Plastikstab baumelt eine

Mischung aus Glöckchen und Federn. »Nicht wahr, Tenhi? Angeln haben wir auch! Feine Angeln!«

Sie lässt das Glockenfedergemisch in der Luft tanzen. Und Tenhi? Der springt nicht etwa hin und greift begeistert nach dem flatternden Vogel. Nein. Er trottet lediglich halbherzig in die Richtung, versetzt dem Federvieh ein, zwei Pflichthiebe und setzt sich wieder hin. Stattdessen klettert Gobi vom Regal und schaltet in Sekunden vom Modus *alte Dame* in den Modus *kleines Mädchen* um. Wie wild stürzt sie sich auf das Gefieder und presst die Beute auf den Boden.

»Ja, fein!«, lobt Sylvia, »fein den Vogel niedergerungen!«

Sie schaut mich an, als wolle sie sagen: Geht doch.

Ich zeige auf Tenhi: »Aber hast du eben seine Alibi-Schläge gesehen? Diesen müden Spieldienst nach Vorschrift? Da bewegt sich ja der Klitschko noch motivierter, wenn er einen 1,70 Meter kleinen Amateur gähnend am ausgestreckten Arm verhungern lässt.«

»Du bist zu streng«, wiederholt Sylvia, schlägt mit der rechten Hand ihr Buch auf und sorgt mit der linken dafür, dass sich der halb erlegte Vogel in Gobis Pfoten weiter wehrt.

NICHT SCHON WIEDER USEDOM

Die Hersteller von Katzenspielzeug verstehen eine Sache falsch: Katzen sind keine Menschen. Menschen kann man in der Tat mit mehr des Immergleichen unterhalten. Schon als Kind schauen sie sich ihren Lieblingsfilm gerne zehn Mal hintereinander an. Beginnen Sie mit dem Fußball, dem Basketball oder dem Tennis, bleiben sie meistens ihr ganzes Leben lang dabei, obwohl es noch 785 andere Sportarten zu entdecken gibt. Das Gleiche gilt für Länder, Strände, Inseln und Berge. Eine ganze Welt gibt es da draußen zu entdecken ... und die Familie fährt dreißig Jahre lang jedes Jahr nach Usedom und spielt auf der Terrasse *Kniffel*.

Katzen sind da anders.

Wären sie Menschen, hätten die Sportvereine, Fernsehsender und Touristik-Unternehmen nicht viel zu lachen. »Schon wieder Usedom?«, faucht der Kater im Reisebüro mit aufgestelltem Fell. »Wollen Sie mich verarschen? Ich will diesen Sommer nach Namibia! Und gespielt wird *Kalaha!*« Es gäbe unabsehbare, ständige Mitgliederfluktuationen. Nicht bloß zwischen Vereinen, sondern zwischen ganzen Sportarten. »*Fußballverband am Boden: Der neue Trend heißt Feldhockey!*«

Dreizehn Jahre *Frauentausch,* vierundzwanzig Jahre *GZSZ* oder einunddreißig Jahre *Lindenstraße* wären undenkbar gewesen.

In ihren täglichen Ritualen und dem Ablaufen und Prüfen ihres Reviers ist die Katze ein größeres Gewohnheitstier als jeder Kleingärtner oder Finanzbeamte, aber wenn es an die Unterhaltung geht, steigen die Ansprüche an Abwechslung und Originalität ins Unermessliche. Und was findet die Katze dann vor? Die immergleichen Mäuse, Bälle und Angeln. Oder ganz besonders innovative Konstrukte aus den Laboren der Katzenspielzeughersteller, die zum Testen ihrer Produkte vermutlich die komplette Besetzung der benachbarten Kindertagesstätte, aber sicherlich keine Katzen heranziehen.

»Ja, komm. Ja, komm, Tenhi. Ja, komm.«

Ich stehe neben der neuesten Attraktion, die ich ins Haus geholt habe, damit die Katzen gut unterhalten werden. Oder, besser gesagt: Damit sie sich endlich einmal selbst unterhalten. Ohne aktives Zutun des Menschen. Natürlich müssen wir hier nicht den ganzen Tag ohne Unterlass Bälle durchs Haus rollen. Schließlich schlafen die Katzen viel. Die Spielzeit rufen sie allerdings grundsätzlich dann aus, wenn wir gerade arbeiten wollen. Da ist es an der Zeit, dass sie in ihrem trauten Heim ein paar sinnvolle Spielsachen zum Eigenbetrieb vorfinden. Man kann sie schlecht vor der Videospielkonsole parken, wie es all die lieblosen Rabeneltern tun.

»Gobi, dann du. Na, komm. Komm. Na, komm.«

Die Attraktion, die ich im Tierladen erworben habe, liegt

schwarz und lang im Wohnzimmer. Als hätten die Männer vom Straßenbau ein Rohr ins Haus getragen. Das Rohr ist nicht massiv, sondern aus Ringen, die mit knisterndem Stoff bezogen sind. Ein Rascheltunnel. Die Jungen und Mädchen aus der Kindertagesstätte neben dem Versuchslabor der Katzenspielzeughersteller haben sicher riesigen Spaß gehabt, als sie hindurchgekrochen sind. Unsere Katzen sitzen links und rechts neben den jeweiligen Öffnungen und schauen mich an, als wollten sie sagen: Was will der von mir?

»Jetzt kommt schon«, jammere ich.

Gobi schnüffelt zaghaft am Eingang. Tenhi guckt auf der anderen Seite durch den Tunnel hindurch und sieht Gobi in der runden Öffnung sitzen.

»Pass auf, pass auf«, flüstere ich Sylvia zu, die ein paar Bücher im Regal umsortiert. »Tenhi läuft gleich durch.«

Noch einen Augenblick beobachtet der Kater seine Mitbewohnerin am anderen Ende des Tunnels, dann legt er sich einfach auf den Boden.

»Die Kinder im Testlabor liebten den Rascheltunnel!«, mache ich den Katzen Vorwürfe. »Sie haben sich die Knie abgeschürft, so oft sind sie durch das Ding gekrochen!«

Sylvia fragt: »Wieso steht denn Philip Kerr bei den Krimis? Das ist doch Science-Fiction.«

Ich hocke mich auf den Boden zu den Katzen und versuche es auf die pathetische Tour: »Schaut mal, als ich in eurem Alter war, da wäre ich froh um einen Rascheltunnel gewesen. Was hatten wir denn damals? Wir hatten nix. Mein Kinderzimmer bestand praktisch nur aus Teppich. Wir spielten Fußball mit einer aufgeblasenen Schweinsblase vom Metzger. Und Tunnel mussten wir uns im Stadtwald mit bloßen Händen selber graben.«

Tenhi bleibt ungerührt liegen und bettet die Schnauze auf seine Vorderpfoten. Gobi wackelt mit dem Kopf, steht so gemächlich wie gönnerhaft auf und steckt die Nase in den Tunnel.

Sylvia winkt mit dem dunkelblauen Taschenbuch in der Hand.

Ich sage: »Das ist ein Krimi.«

Gobi stellt ihre rechte Pfote in den Tunnel. Nur die rechte Pfote. Ein erstes Rascheln ertönt. So leise, als hätte auf einem Reisfeld nahe Peking eine Maus gehustet.

»Ja. Genau so, Süße. Ja, komm. Komm.«

Sylvia zitiert den Klappentext: »*Am Ende des 21. Jahrhunderts kommt das Chaos über den Planeten Erde.* Das klingt natürlich nach Krimi.«

Gobi setzt die zweite Pfote in den Tunnel. Es raschelt wieder. Dieses Mal ist es bereits ein Marder, der über das Reisfeld huscht. Falls es in China Marder gibt.

»Du schaffst es!«, feuere ich sie an. »Alles verändert sich!«

Tenhi hebt den Kopf wieder von den Vorderpfoten, bleibt aber liegen.

Sylvia zitiert die erste Seite des Buches: »Prolog. Es war ein weiterer klarer, kalter Tag auf dem Mond, und die Atomuhren zeigten gerade dreihundert.«

Gobi läuft durch den Tunnel.

Einfach so.

Als wäre das ganze Theater vorher gar nicht nötig gewesen.

In nicht mal zwei Sekunden ist sie durch.

Derweil raschelt es so laut, als hätte der Herrgott die Kontinentalplatte gekippt und das chinesische Reisfeld in unseren Garten rutschen lassen. Samt eines heftigen Sturmes, der die Mäuse und Marder wie Pollen durch die Halme fegt.

Tenhi kann kaum so schnell in die Ecke springen, wie ihn das plötzliche Lautgeraschel erschreckt. Gobi schaut über die Schulter zum Tunnel und schlendert hochnäsig zum Sofa. Ich denke, es war das erste und letzte Mal, dass sie mir den Gefallen getan hat, sich zu diesem Kinderkram herabzulassen.

Einige Tage später. Wir sitzen am Schreibtisch und arbeiten. Das Postfach ist geöffnet und enthält endlose Aufgaben. Ich fahre längst nicht mehr täglich in die Redaktion. Ich bin jetzt Freiberufler. Das bedeutet, ich bin manchmal frei von Beruf, aber immer voll von Post. Es ist ein Mythos, dass die Mehrzahl der Mails aus

Werbung besteht. Bei mir verlangt jede zweite Nachricht nach Antwort.

Gerade eben schreibe ich einer Schule in der Schweiz, die mich zu Lesungen einladen möchte und fragt, ob ich ihre Anfrage von vor fünf Wochen nicht bekommen hätte. Ich habe nachgesehen und die Mail gefunden. Sie ist mir durch die Lappen gegangen. Ich tippe:»Sehr geehrte Frau ...«

»MEH-AUK!«

Mit quengelndem Klang springt Tenhi auf meinen Schreibtisch und läuft über die Tastatur. Die Nachricht schließt sich. Das Fenster schließt sich.

»Tenhi«, schimpfe ich, »deswegen verschwindet hier die Post!«

Der Kater drückt seinen Rücken gegen meinen Unterkiefer und macht ein paar Schritte, bis sein aufgerichteter Schwanz meine Nase poliert.

Sylvia schmunzelt am Schreibtisch gegenüber.

Ich sage, das halbe Gesicht im weiß-grauen Katerhaar verborgen:»Ma. Mu maff mut maffen!« Das heißt:»Ja. Du hast gut lachen!« Sylvia kommt immer zum pünktlichen Bearbeiten ihrer Post. Vor ihrer Tastatur haben die Katzen mehr Respekt.

Ich klicke das Fenster wieder auf und suche die Mail, die ich eben angefangen habe. Alles weg. Sogar die Unterordner sind verschoben. Verärgert ziehe ich den Kopf zurück. Frische weiße Haare haften als neuer Schnurrbart an den Stoppeln über meiner Oberlippe.

»Wie macht ihr das bloß immer?«, frage ich Tenhi. »Was sind das für vernichtende Tastenkombinationen?«

Tenhi quengelt erneut.

»MEH-AUK!«

Er will spielen.

Gobi ebenfalls, doch macht sie sich nicht zum Zwecke des Bettelns die Pfoten schmutzig. Sie schickt ihn lieber vor. Als ginge sie das alles nichts an, steht sie in der Bürotür. Dabei beobachtet sie genau, ob er Erfolg hat. Überall im Haus liegen die Mäuse und Bälle, die sie ebensogut alleine durch die Flure bugsieren könnten, aber die Katzen wollen, dass ich das Spiel leite. Und zwar nicht irgendwie nebenbei oder halbherzig. Versuche ich beispielsweise, mit der linken Hand die Angel zu schwingen und mit der rechten zu telefonieren, brechen sie das Spiel sofort ab.

»Irgendwann muss ich auch mal arbeiten«, sage ich zum Kater. »Vor allem die Post beantworten.«

Tenhi beantwortet meinen Vorwurf, indem er aufhört, aufrecht auf der Tastatur herumzulaufen. Stattdessen setzt er sich nun auf sie drauf. Sein gesamter Hintern bedeckt den grünen Laptop. Sein Körper den Monitor.

»MEH-AUK!«

DIE BETTELSTUFEN

Als erfahrener Katzenmensch erkennt man schnell, ob die Vierbeiner die eigene Arbeit wegen Hunger unterbrechen oder wegen Langeweile. Wenn sie den Napf gefüllt haben möchten, halten sie meistens räumliche Distanz zum Menschen und demonstrieren ihr Anliegen in einer dreistufigen Abfolge unzweideutiger Zeichen. Reagiert der Mensch auch nach der dritten Stufe nicht, wird eine vierte eingeleitet, zu der man es allerdings gar nicht erst kommen lassen sollte.

Stufe 1: Die empörte Meldung
Die Katze stellt sich in die Tür oder auf den Boden vor den Schreibtisch, sieht den Menschen an, bis er guckt, und beginnt, kräftig zu miauen. Kein süßes Hab-dich-lieb-Miau, sondern ein schriller, entrüsteter Klang, ähnlich dem einer Gewerkschaftspfeife. Da die Katze Würde besitzt, hält diese Kundgebung nicht lange an und wird auch nur einmal pro Quartal aufgeführt. Sie betrachtet sich schließlich selbst weder als Arbeiterin noch als Angestellte, sondern als Vorgesetzte des Menschen, sodass sie überhaupt keine Kundgebung organisieren müsste. Daher überspringen viele Katzen diesen Schritt und gehen sofort zur zweiten Stufe über.

Stufe 2: Das stoische Kratzen

Die Katze trottet nach erfolgloser Trillerpfeifen-Demonstration zu einem Gegenstand ihrer Wahl und beginnt, daran zu kratzen oder zu scharren. Das kommt auf das Material an. Hölzerne Stempel von Schreibtischen, Kommoden, Regale oder Türrahmen werden bei voll ausgefahrenen Krallen eingekerbt oder in Streifen geschnitten. Hat die Katze Zeit, kommt es vor, dass sie einige Stellen mit Hieroglyphen versieht. Das kann sie, da Katzen seit den großen Zeiten der ägyptischen Göttin Bastet mit dieser bildlichen Schriftart vertraut sind. Die Hieroglyphen, die sich bei genauem Hinsehen an den Türrahmen vieler Wohnungen, Häuser und Höfe finden lassen, erzählen Fabeln und Gleichnisse von Hungersnöten und großen Wanderungen auf der Suche nach Nahrung. Hat die Katze keine Lust auf frische Fabeln, lässt sie die Krallen zur Hälfte eingefahren und wischt lieber mit den lederhaften Ballen der Pfoten über glatte Oberflächen wie Fensterscheiben, Kompakt-Stereoanlagen oder das Gehäuse von Desktop-Rechnern. So erzeugt sie eine für das Menschenohr unerträgliche Klangmischung aus Quietschen und Zerren, die von der Sorge begleitet wird, die Oberflächen könnten Schaden nehmen.

Stufe 3: Das Anknabbern von Gegenständen

Gelingt es dem Menschen, sogar das Kratzen von Stufe 2 zu ignorieren, beginnt die Katze damit, Gegenstände zu essen. Natürlich isst sie die Sachen nicht, sondern beißt nur demonstrativ von ihnen ab, um das Ausmaß ihrer Verzweiflung zu zeigen. Wie ein Raubtier in der Savanne Stücke aus seiner Beute reißt, reißt sie Stücke aus herumstehenden Kartons oder anderen Gegenständen, die für Katzenzähne zu zerfetzen sind. Die Steigerung von Kartons, Katalogen und Büchern ist das Zerbeißen sämtlicher denkbarer Gegenstände aus Kunststoff, Plastik und Folie. Den Menschen treibt in diesem Moment augenblicklich die Sorge aus dem Stuhl, die

Katze könne versuchen, einen halben Zentner Polyethylen zu verdauen. Hat sie einen Brocken im Mäulchen, tut sie so, als würde sie ihn essen und versuchen, aus dem Altpapier das Maximum an Nährstoffen herauszupressen. Dabei schaut sie einen verzweifelt an und hofft, dass man einmal kurz wegsieht, damit sie den eingespeichelten Brocken heimlich in die Ecke spucken kann.

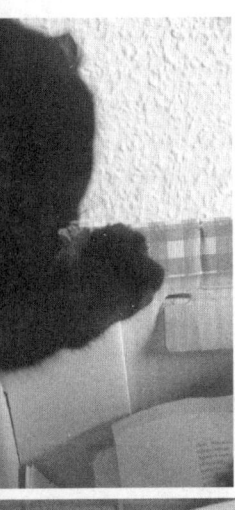

Dezenter Hinweis auf Hunger
Voller Appetit beginnt der Kater mit dem Verspeisen eines Bürokartons

Steuerbuchhaltung
Nach Bearbeitung durch die Katze

Archivkarton
Nach Bearbeitung durch die Katze

Stufe 4: Der Wahnsinn

Haben die Stufen 1 bis 3 allesamt nicht gefruchtet, setzt bei der Katze der Wahnsinn ein. Die Sonderstufe offenbart keinen echten Wahnsinn, sondern einen gespielten. Dennoch sollte man es nicht so weit kommen lassen, denn was nun folgt, ist ungesund für das Tier wie für den Halter. Die Katze legt die Ohren an, geht ruckartig für einen Moment in die Hocke und zuckt, als sei sie selbst überrascht, dass es losgeht. Dann schießt sie los. Wie ein Flummi. In Sekunden rast sie über Betten, Tische, Fensterbänke und sämtliche Möbel. Sie quietscht und jault dabei, als sei sie auf der Flucht vor dem Leibhaftigen. Die Richtungswechsel sind unberechenbar. Mit dem Schwanz reißt sie derweil ein Maximum an Gegenständen mit sich. Ihr Tempo beschleunigt mehr und mehr, bis sie buchstäblich die Wände hochgeht. Sie nutzt dabei die gleichen Fliehkräfte, die auch bei Motorrad-Artisten zum Einsatz kommen, die im Motodrome an der Steilwand entlangfahren. Die Katze demonstriert, dass der Hunger sie endgültig verrückt gemacht hat. Meistens ist die letzte Fütterung zu diesem Zeitpunkt rund dreißig bis neunzig Minuten her.

So sieht das Betteln ums Essen aus.

Am Tag!

In der Nacht oder am frühesten Morgen spielt vor allem Stufe 2 alleine eine Rolle. Sie wird in aller denkbaren Komplexität ausgearbeitet und mit weiteren Schritten der Wohnungsumgestaltung kombiniert, wie wir später in diesem Buch noch sehen werden.

Das Betteln um Unterhaltung und Spiel funktioniert ganz anders. Hier kommt die Katze so nahe wie möglich an ihr menschliches Elternteil heran, um seine Tätigkeit zu unterbrechen. Die stufenweise Steigerung des Vorgangs spielt an dieser Stelle weniger eine Rolle. Eher lassen sich verschiedene Methoden festhalten, die dann so lange am Stück durchgezogen werden, bis der Mensch sich auf das Spielen einlässt.

Methode 1: Vor der Nase herumlaufen
Das ist wörtlich gemeint. Egal, wo der Mensch sich gerade befindet – die Katze springt ihm direkt vor die Nase und drückt den Rücken unter den Riechkolben. Das kann bedeuten, die Tastatur zu besetzen oder auch beim Kochen entlang eingeschalteter Herdplatten zu balancieren. Es kam sogar schon vor, dass Menschen die Dachrinne gereinigt haben und zu ihrem Schrecken plötzlich statt altem Laub die Hand in einen Katzenrücken gruben.

Methode 2: Am Beinkleid zerren
Früher hätte man gesagt: Am Rockzipfel zerren. Doch selbst, wenn die Dosenöffnerin noch Röcke trägt, konzentriert sich die heutige Katze lieber auf die nylonbestrumpften oder nackten Beine. Die Katze fährt sanft die Krallen aus, gräbt sie auf Höhe der Schienbeine oder Waden in das jeweilige Textil oder das nackte Fleisch und zerrt so lange, bis der Mensch schimpft oder zischt. Daraufhin wechselt sie das zu bearbeitende Bein. Trägt der Mensch im Haus keine Pantoffeln, sondern lediglich Socken oder gar nichts an den Füßen, besteht die Alternative darin, ihm in die Zehen zu beißen.

Methode 3: Das Spielzeug heraussuchen
Die eindeutigste wie charmanteste Methode. Die Katze sucht das jeweilige Spielzeug heraus, mit dem sie unterhalten werden möchte, und trägt es zum Menschen. Das hat den Nachteil, in Sachen Deutlichkeit eigentlich unter ihrer Würde zu sein, und den Vorteil, dass der Mensch nicht mehr so tun kann, als wüsste er die ganze Zeit überhaupt nicht, was gemeint ist.

Tenhi sitzt weiterhin schwer wie ein Berg auf meiner Tastatur.

Ich klage: »Nie mehr werde ich jemandem antworten können. Alle Auftritte, alle Verträge – dahin!«

Sylvia sagt: »Pathos steht dir nicht.«

Ich zeige Richtung Treppe zum Erdgeschoss: »Der Rascheltunnel liegt seit fünf Tagen ungenutzt herum. Das ist undankbar. Nicht mal wir lassen ein Spiel ungenutzt herumliegen, wenn es einmal im Haus ist. Denk mal dran: Wir haben sogar *Die Säulen der Erde* insgesamt drei Mal ausprobiert!«

Die Rede ist von der Brettspielversion des historischen Bestsellers. Wir besitzen sie, weil wir eine sehr große Brettspielsammlung haben. Kleine Figuren über liebevoll bemalte Landschaften zu schieben und mit Karten jedweder Art zu hantieren macht uns glücklich. *Die Säulen der Erde* allerdings ist als Brettspiel, sagen wir mal, suboptimal ausbalanciert. Man braucht ungefähr neunzig Minuten, um alles aufzubauen, und zockt den Ablauf dann in fünfzehn Minuten weg.

»Du weißt doch ganz genau, was er spielen will«, sagt Sylvia.

Ja, das weiß ich.

Aber ich muss arbeiten.

Und außerdem spricht vieles gegen dieses Spielzeug.

Ich nehme mir einen Schmierzettel, knülle ihn zu einer Papierkugel zusammen und werfe sie auf den Boden. Tenhi steht von der Tastatur auf und springt dem Kügelchen nach.

Reiner Instinkt, gegen den er nichts ausrichten kann.

Er stößt das Ding zwei, drei Mal über die Dielen. Dann holt ihn sein Verstand wieder ein. Gobi schaut erst ihn und dann mich an und meint lautlos zu ihm: Ich wollte schon sagen. Und zu mir: So leicht speist du uns nicht ab.

Tenhi lässt die Papierkugel liegen, kommt wieder zu mir und jagt die Krallen in meine Jogginghose.

Ich quietsche, weil die Krallen durchkommen.

Sylvia sagt: »Tja. Wer im Haus keine Jeans trägt …«

Sie ist der Auffassung, dass man sich bei der Arbeit immer wie bei der Arbeit kleiden sollte, auch wenn diese Arbeit zu Hause stattfindet. Da hat sie natürlich recht. Ich mache davon auch nur mal aus Bequemlichkeit eine Ausnahme. Heute. Und gestern.

Tenhi zerrt am Stoff.

Ich stehe auf, hole eine Spielangel aus dem Schrank im Schlafzimmer, setze mich schnell wieder hin und klemme sie unter meinen rechten Oberschenkel. So steckt die Angel selber fest, aber die Kordel und das daran befindliche »Vögelchen« bleiben flexibel und bespielbar.

Tenhi verliert wieder seine Disziplin und beginnt mit der rechten Pfote nach dem Vogel zu schlagen. Ich suche die verschwundene Mail aus der Schweiz. Nach fünf Hieben gegen den Vogel bricht Tenhi das Spiel ab, weil Gobi ihn vorwurfsvoll anschaut wie eine Gewerkschaftsvorsitzende einen unverschämten Streikbrecher. Passiv spielen? Ehrlich? Das willst du Oliver durchgehen lassen?

Tenhi sieht es ein und versucht die Angel selbst unter meinem Schenkel hervorzuzerren. Erneuter Kralleneinsatz.

»Aua!«

Sylvia sagt: »Jetzt spiel schon mit ihnen, was sie spielen wollen.«

Tenhi lässt von meinem Schenkel ab. Gobi schaut mich an und nickt. Hör auf den klugen Menschen im Raum. Sylvia könnte das natürlich auch übernehmen. Sie spielt das gefragte Spiel sogar besser als ich. Aber die Katzen wollen, dass ich anfange. Da geht es allein ums Prinzip. Vielleicht haben sie auch einfach was gegen die Schweiz.

Gobi dreht sich um und trottet ins Schlafzimmer zu meiner Seite des Bettes. Das Spielzeug, das sie sucht, habe ich dort zwischen die Bücher gestopft. Ein Laserpointer. Ein hochwertiges, recht schweres Gerät in der Größe eines guten Kugelschreibers. Sie nestelt ihn zwischen meiner Abendlektüre hervor. Krachend fällt das Gerät auf den Boden.

»Bald ist er wieder kaputt«, sagt Sylvia.

Ich stehe auf, hole den Pointer und mache mich bereit. Es ist nicht immer wahr, was wir oben über die Sucht nach Abwechslung geschrieben haben. Sicher wollen die meisten Menschen in den Ferien jedes Jahr nach Usedom, üben ihr Leben lang den gleichen Sport aus und gucken einunddreißig Jahre lang die gleiche Vorabendserie. Und sicher wollen die meisten Katzen beim Spielen ständig etwas Neues. Es gibt aber auch ein paar Menschen, die tatsächlich nach Äquatorialguinea fliegen. Oder Feldhockey spielen. Und es gibt umgekehrt ein paar Katzen, die von *einem* Spiel nicht genug bekommen. Bei Gobi und Tenhi ist das die Jagd nach dem Laserpunkt.

Die beiden Katzen gehen aufgeregt in Stellung.

Ich drücke testweise einmal kurz den Knopf des Laserpointers, um zu prüfen, ob der Sturz ihn beschädigt hat. Für eine Zehntelsekunde erscheint der Lichtpunkt auf dem Boden, doch Gobi und Tenhi zucken bereits, als sie den Knopf auch nur hören. Die Fähigkeit, Geräusche zu identifizieren und abzuspeichern, ist bei Katzen stärker ausgeprägt als bei manchem Konzertpianisten. Sie können das Klicken eines normalen Kulis leicht vom Klicken eines Laserpointers unterscheiden. Oder das Knistern einer Trockenfuttertüte vom Knistern einer Cornflakes-Innenverpackungs-Tüte. Sie schaffen es sogar, die verschiedenen Sorten von Feuchtfutter an der Art zu erkennen, wie ich sie aus den Schälchen kratze. Das ist anspruchsvoll, aber keine Hexerei. Hühnchen in Gelee zerteilt man anders als Lachs in Soße.

Wir legen los.

Der Lichtpunkt erscheint auf den Fliesen des Hausflurs. Gobi lässt Tenhi den Vortritt. Der Kater schießt auf den Punkt zu, den ich schnurstracks die Treppe hinunter lenke. Der Kater nimmt zwei Stufen auf einmal. Der Punkt wandert an der Tapete entlang, und der Kater schlägt nach ihm. Ganz brav, ohne Einsatz der Krallen.

Paff.

Paff.

Paff.

Der Punkt hastet wieder die Treppe hinauf und um die Ecke ins Schlafzimmer. Dort kauert die Mikro-Maus aus hellem Licht knapp hinter der Ecke der Tür und wartet. Tenhi hechelt leise.

Nun ist Gobi dran. In Zeitlupe schleicht sie sich Richtung Tür, damit die leuchtende »Maus« nicht bemerkt, dass sie kommt. Die Maus aus Licht zittert sachte, bleibt aber sitzen. Gobi späht um die Ecke. Die Maus bemerkt es nicht. Erst, als Gobi angreift, schießt sie wieder los, rennt unters Bett und versteckt sich hinter dem mittleren Pfosten.

»Wenn ich Oliver ablösen soll, sagt ihr Bescheid«, ruft Sylvia. Sie richtet sich mit Recht direkt an die Katzen. Sie bestimmen, wann sie welchen Spielleiter haben möchten.

Wieso, kann man sich nun fragen, kauft dieser Uschmann zentnerweise Spielzeug, wenn er doch weiß, dass die Katzen nur auf eine Sache wirklich stehen? Wieso all die Angeln und Bälle? Wieso ein Rascheltunnel, der nun wochenlang im Haus herumliegen und Staub fangen wird, weil er genauso unbequem wieder zusammenzufalten ist wie ein Wurfzelt? Wieso nicht direkt der Laserpointer?

Weil ich eine ängstliche Natur habe.

Ich lese im Internet eine Schlagzeile wie »*Laserpointer: Gefahr für die Augen Ihrer Katze*« und bekomme direkt schmale Augen. Lese den Artikel, die Nase vor dem Laptopbildschirm. Vernehme, dass die Tierärztliche Vereinigung für Tierschutz (TVT) sogar davon abrät, Laserpointer als Katzenspielzeug einzusetzen.

Gleichzeitig weiß ich, dass nichts passiert.

Dass alle es machen, deren Katzen so sind wie unsere.

Denn der Laserpointer ist einfach unwiderstehlich. Und die Warnungen vor seinen Gefahren sind vergleichbar mit den Warnungen, die eingeblendet werden, wenn man die weiße Spielkonsole von Nintendo einschaltet. Vorsicht, Sie könnten epileptische Anfälle bekommen.

Vorsicht, Sie könnten mit der Bewegungssteuerung in der Hand umstehende Menschen erschlagen.

Vorsicht, Sie könnten durch die ganze Spielerei süchtig werden und für lange Zeit mit der Arbeit aufhören.

Natürlich müssen offizielle Tierverbände vor Gefahren warnen. So wie Nintendo es muss. Die Tierärzte hier auf dem Land, die wir nach dem Lichtvergnügen gefragt haben, antworteten dagegen in typisch westfälischer Lebensnähe: »Herr Uschmann, Frau Witt. Ganz ehrlich? Damit Ihre Katze aus Versehen beim Spielen erblindet, müssten Sie sich in einen Psychopathen verwandeln, sich das Tier schnappen, ihm die Lider aufstemmen und direkt mit dem Laser in die Augen leuchten.«

Das mit der Sucht nach dem Spiel stimmt allerdings. Einmal angefangen mit dem Laser, hören Mensch und Tier so schnell nicht damit auf.

Gobi pirscht sich an den Punkt hinter dem Bettpfosten heran.

Voller Jagdmodus.

Körper anspannen.

Mit dem Hintern wackeln.

Angriff!

Der Punkt flüchtet an der anderen Seite des Pfostens vorbei Richtung Tür und Treppe. Tenhi versucht noch, ihn aufzuhalten, und wirft sich wie ein Actionheld auf die Fliesen, doch das Licht huscht wieder ins Erdgeschoss hinab. Gobi rast hinterher.

»Denk an ihr Herz«, sagt Sylvia.

Gobi ist nicht mehr die Jüngste und hechelt schnell, wenn sie dem Laserpunkt nachrast. Das Spiel trainiert sie und ist in Maßen sogar gesund. Meine Technik allerdings kann die Katzen schnell an den Rand eines Herzklabasters bringen. Ich lege mit dem Licht gerne lange Strecken zurück und verstecke ihn dann hinter Ecken und Kanten. Wäre es Fußball, könnte man sagen, ich spiele englisch. Viele hohe Bälle nach vorne dreschen und auf Königin Viktoria hoffen. Sylvia hingegen spielt spanisch. Sie hat eine viel elegantere Technik. Ballbesitz ohne Ende und viele kleine, elegante Schlenker. Lenkt sie den Laser, tanzt er immer in organischer, unberechenbarer Weise rund einen Meter vor der Katze herum. Bis sie das Spiel beendet, indem sie die Katze den Punkt erfolgreich »fangen« lässt. Das ist bei jeder Technik wichtig. Am Ende muss das Kind ein Erfolgserlebnis haben.

Am Abend legen wir uns auf die Sofas und schalten unsere Serien ein. Zum Arbeiten bin ich in der Zwischenzeit nicht mehr gekommen. Ich hatte zu lasern, unterbrochen von Pausen und Fütterungen. Die Mail aus der Schweiz ist unwiderbringlich verschwunden.

Der Festplatten-Recorder surrt leise, und der Vorspann unserer ersten Sendung erscheint auf dem Fernsehschirm. Der Laserpointer liegt gut verstaut in der kleinen Kiste, die zwischen den Topfpflanzen vor dem Terrassenfenster steht. Die Titelmelodie der Serie ist kaum verklungen, da sitzt Gobi vor der Kiste. Entschlossen biegt sie mit der Pfote die Metallzunge des Deckels nach oben. Es quietscht. Tenhi versucht derweil, die Krallen zwischen die Ritze zu bekommen, um die Kiste aufzustemmen.

»Och Leute«, sage ich. »Wir können nicht mehr arbeiten, wir können nicht mehr mailen. Lasst uns doch wenigstens versuchen, das Geld für euer Futter irgendwie durch Seriengucken zu verdienen.«

Auf dem Fernsehschirm beginnt der erste Dialog.

Ein Pärchen stapft durch den Wald auf der Suche nach Romantik. Gleich werden sie die verweste Leiche finden, die Frau wird schreien, und wir werden uns ärgern. So sehr wir moderne forensische Krimis auch mögen – solange es in Hollywood die Frau bleibt, die mit den Händen an den Wangen kreischt, war der ganze Feminismus für die Katz.

Tenhi stemmt so heftig an dem Deckel, dass es knackt. Das Geräusch geht durch Mark und Bein. Man weiß nicht, ob's die Kiste war oder die Kralle.

Ich seufze schwer, stehe auf und starte eine weitere Partie Laserjagd.

Eine Woche später lege ich mich mit einem so breiten Grinsen aufs Sofa, dass Sylvia mich fragt, ob ich Beruhigungsmittel genommen habe.

»Nein«, antworte ich.

»Warum wirkst du dann so, als seiest du sicher, dass wir heute eine ganze Staffel ohne Spielunterbrechung gucken könnten?«

Ich genieße noch einen Augenblick die kommende Überraschung. Dann ziehe ich hinter dem Kissen das neueste Gerät hervor, das ich gekauft habe. Es sieht aus wie ein kleiner Kegel aus Kunststoff, den die Firma Apple designt hat.

»Was ist das denn?«, fragt Sylvia.

Gobi und Tenhi, die bis eben vor der Terrassentür gesessen und Vögel beobachtet haben, kommen näher.

»Das«, sage ich und stelle den Kegel auf den Glastisch, während ich die Beine hochwerfe, »ist ein automatischer Laser.«

Die Katzen schauen gespannt.

Sylvia sieht mich an, als hätte ich einen Mixer bei QVC bestellt.

Ich erkläre: »Das Gerät lässt den Lichtpunkt vollautomatisch über den Boden tanzen. In zufälligen Mustern. Nicht berechenbar. Gleichzeitig lenkt es den Laser erst einmal in seinem Kopfteil über einen Spiegel um. Das soll es unmöglich machen, dass die Katze aus Versehen direkt in den emittierten Lichtstrahl guckt.«

Ich hebe den Kegel und zeige Sylvia den Spiegel.

Sie steht auf Physik.

Die Spiegelungsidee zwecks hundertprozentigem Augenschutz scheint sie allerdings nicht zu überzeugen.

Die Automatik ebenfalls nicht.

»Na dann …«, schmunzelt sie und setzt sich.

»Wie, na dann?«

Sie schaltet den Fernseher ein.

Ich bin leicht konsterniert. Die Erfindung ist doch super. Wir können fernsehen, arbeiten, kochen … und das alles, während die Katzen spielen. Ganz ohne unser Zutun!

»Probier's aus«, sagt Sylvia und sucht unsere aktuelle Serienfolge auf der Festplatte.

Ich stelle den Kegel an den Rand des Wohnzimmertisches und schalte ihn ein. Ein kräftiger, wunderbarer Lichtpunkt erscheint auf den Dielen. Die Katzen sehen ihn sofort.

Ihre Körper spannen sich an.

Ihre Linsen vergrößern sich.

Jagdmodus.

Der Punkt beginnt, sich zu bewegen.

Das Gerät surrt. Ein Geräusch wie bei den Gelenken im ersten Film von *Terminator*.

Srrrrrrrrrrrrrt.

Srrrrrrrrrrrrrt.

Srrrrrrrrrrrrrt.

Der Punkt schlägt glaubwürdige Haken.

Die Katzen jagen ihm nach. Abwechselnd. Gleichzeitig. Aufgeregt.

Ich triumphiere.

»Siehst du? Das Gerät ist ein voller Erfolg!«

Sylvia sagt: »Unsere Katzen sind schlau.«

»Ja«, sage ich, »sie wissen herausragende Erfindungen zu schätzen.«

Die Serie beginnt.

Der Laserterminator surrt.

Dieses Mal sind zwei Pärchen statt nur eines im Wald unterwegs. Die Frauen haben Angst. Die Männer scherzen. Einer lehnt sich gegen eine Kiefer. Der erste schleimige Brocken aus Blut und verwestem Fleisch fällt ihm auf den Kopf. In der Astgabel hängt eine Leiche. Der Mann fragt: »Was ist das für eine Scheiße?«

Die beiden Frauen reißen die Hände in die Luft und fangen an zu kreischen. Womöglich ist es Zeit, die Serie zu wechseln.

Auf den Dielen hinter mir haben sich die Geräusche verändert. Die Katzen jagen nicht mehr. Gobi geht auf den Kegel zu, der den Laser produziert. Sie schnuppert. Beobachtet den Spiegel. Springt auf den Tisch und tapst mit der Pfote an das Gerät.

»Hey!«, sage ich.

Sie stößt den Kegel um. Er surrt weiter. Der Laser wird nun an die Decke projiziert. Sie schaut auf. Tenhi schaut auf. Wortlos sagt sie zu ihm: Siehst du. Habe ich mir's doch gedacht.

Sylvia fragt: »Wie spät haben wir?«

Ich schaue auf die Uhr über dem Kamin: »Zwölf nach.«

»Dann haben die klugen Katzen nur zwei Minuten gebraucht,

um die Funktionsweise zu verstehen. Vor allem aber: Um zu begreifen, dass du deine Pflichten an einen Roboter auslagern wolltest.«

Die Katzen drehen sich zu mir und nicken.

Automatisierung der Bespaßungspflicht?

Dein Ernst???

Ich schalte den Kegel aus. Der Punkt verschwindet an der Decke. Das Telefon klingelt. Ein Schweizer spricht auf den Anrufbeantworter.

DIE VERANTWORTUNG

Die Katze erinnert den Menschen an seine grundlegende Verantwortung: Aktive Zuwendung.

Was tut der Mensch nicht alles, um sie zu vermeiden?

Früher hat er seine Kinder in den Wald geschickt und ihnen hinterhergerufen: »Und kommt nicht eher als zum Abendbrot wieder!« Das ist natürlich vorbei. Heute sind die Wälder abgeholzt oder voll von Verbrechern. Und wer die Kinder »bis zum Abendbrot« stattdessen in die Shopping Mall schickt, bekommt sie mit vollem Bauch und leerer Geldbörse zurück. Schafft sich der Mensch heute Kinder oder Tiere an, bucht er die Betreuerinnen und Betreuer gleich mit. Die menschlichen Kleinen kommen in die Kita, sobald sie das erste Mal begriffen haben, dass das komische Gegenüber im Spiegel am Schrank tatsächlich sie selbst sein könnten. Die Hunde gewöhnen sich von Welpenbeinen an an ihren Hundesitter. Die Katzen bekommen den automatischen Laser und den Futterautomaten angeworfen. Da diese Rundumbetreuung viel Geld kostet, gehen die meisten Menschen von morgens bis abends zu zweit arbeiten, um sich erlauben zu können, Kind und Tier betreuen zu lassen, da sie ja beide arbeiten gehen müssen. Wer das Privileg hat, zu Hause seiner Tätigkeit nachgehen zu können, schließt Kind,

Hund und Katze aus dem Büro aus und hofft, dass der Partner die Bespaßung erledigt. Wer aus Erbschaftsgründen gar nicht mehr arbeiten muss, bräuchte zwar weder Nanny noch Hundesitter, muss sie sich aber anschaffen, da es im Golfclub ärmlich aussähe, wenn man die manikürten Nägel selbsttätig mit Kochschnipseln oder Katzensand beschmutzt.

Während Kinder und Hunde sich in ihr Schicksal der Fremdbetreuung oder der automatischen Bespaßung durch Fernsehen und Spielkonsolen fügen, bleibt die Katze unbestechlich. Sie weicht keinen Deut von ihrem Anspruch ab, dass der Mensch sie persönlich, individuell, einfallsreich und mit vollem Einsatz täglich zu unterhalten hat.

Und womit?

Mit Recht.

» Für eine Katze bedeutet Treue nicht,
immer dazubleiben,
sondern immer wiederzukommen.«

(Klara Löwenstein)

Heißt auf Deutsch:

Getrieben von unerbittlicher Sorge, werden Sie Ihre Katze unablässig suchen. Sie werden rufend durch Felder und Wälder laufen. Sie werden Keller von Nachbarn durchsuchen, die da sind, und Gartenschuppen von Nachbarn, die nicht da sind. Die Lichtkegel Ihrer Taschenlampen werden in der Nacht durch die Straßengräben pflügen, und mit jedem Meter, den Sie erleuchten, fürchten Sie mehr, das Schreckensbild Ihres überfahrenen Gefährten aus dem Dunkel zu schneiden. Mit der Zeit der Katze endet die Zeit der Sorglosigkeit, und größte Unruhe wird Sie erfüllen, sobald der Freigeist auf vier Pfoten das Haus verlässt. Ehen, Freundschaften und Berufsverhältnisse werden an der immerwährenden Sorge um die Freigängerkatze zerbrechen, es sei denn, Sie sind ein grober Klotz, scheren sich nicht um Auto-, Trecker- und Lastwagenreifen und sagen den Kindern, nachdem die Katze überfahren wurde, das sei alles kein Problem, denn Sie holen »eine neue«. So, wie man einen neuen Rasenmäher oder Geschirrspüler kauft.

Aber in diesem Fall hätten Sie wahrscheinlich kaum ein Buch wie dieses gekauft …

DIE GROSSE GARTENRUNDE ODER DAS MAGISCHE WORT UND DER FLUCH VON SACHMETS SÜNDE

Die Katze will raus. Nur wenigen genügt ein geschlossener Haushalt als Revier. Für manche muss es ein ganzes Dorf inklusive angrenzender Landschaften sein. Den Mittelweg zwischen Stubentiger und Freigänger bildet die vom Menschen begleitete Gartenkatze. Sie ist mit dem Campingurlauber oder dem Schrebergärtner vergleichbar. Hat sie in der warmen Jahreszeit einmal pro Tag zwischen Baum und Borke nach dem Rechten gesehen, ist sie zufrieden. Die Grenze zur Außenwelt akzeptiert sie dabei widerspruchslos. Meistens. Im Notfall fällt das magische Wort. Oder es beginnt die Suche ...

Gobi und Tenhi tigern vor dem Terrassenfenster herum. Ich bemerke es, als ich mir gerade eine Flasche Wasser aus der Küche hole. Die Sonne scheint. Glasklares Licht. Die Katzen haben recht. Wir sollten in den Garten gehen. Wozu sind wir sonst Freiberufler? Anstatt die Flasche wieder mit rauf ins Büro zu nehmen, ziehe ich mir meine orangefarbenen Crocs für den Garten aus dem Schuhregal, stelle mich ebenfalls im Wohnzimmer neben die Terrassentür und beginne, laut zu miauen.

»Miii-au!«

»Miii-au?«

»Miii-AU!«

Da ich nun die Aufgabe übernommen habe, Oliver zu rufen, schonen Gobi und Tenhi ihre Stimmen. Gemeinsam legen wir den Kopf schief und lauschen, ob sich oben etwas tut.

Ich betone anders:

»Meeh-au!«

»Meeh-au?«

»Meeh-AU!«

Gobi schaut kurz zu mir hoch, dann wieder geradeaus. Sie nickt bei halb geschlossenen Augenlidern. Wie eine Handwerksmeisterin, die froh ist, dass ihr Lehrling es von selbst begriffen hat.

»Meeh-au« mit »eh« ist selbstverständlich viel passender, wenn man möchte, dass der Mann seine Arbeit unterbricht und einen in den Garten begleitet. »Mii-au« mit »ii« ist bedeutend zu schwach. Im Büro ertönt das Geräusch von Schreibtischstuhlrollen im ruckartigen Rückwärtsgang.

Gobi rammt mir das Köpfchen gegen den Knöchel. Ich soll noch mal rufen.

»Meeh-au!«

»Meeh-au?«

»Meeh-AU!«

Füße auf der Treppe.

Zwei Mal sieben Stufen.

Vierzehn Tapser von blanken Füßen auf kühlen Fliesen.

Patsch, patsch, patsch, patsch, patsch …

Oliver steht in der Wohnzimmertür.

Zu dritt starten wir einen letzten Kanon.

»Meeh-au!« | »Meeh-au!« | »Meeh-au!«

Olivers Blick schwankt zwischen Rührung und Getriebenheit.

»Wir wollen raus!«, sage ich mit Kleinmädchenstimme. Tenhi kratzt an der Scheibe. Gobi haut ihm mit der Tatze auf den Arsch.

Er zuckt zusammen und schöpft Hoffnung. Will die etwa endlich spielen? Begeistert dreht er sich um. Gobi faucht. Er legt die Ohren an.

Oliver sagt: »Ich muss die Buchhaltung machen.«

Ich sage: »Denk an Peter Lustig!«

Er seufzt und holt seine schwarzen Crocs für den Garten.

Es ist schließlich so. Im Kopf von Oliver regiert immer noch ein bürgerlicher Ethos. Der besagt: Ein Arbeitstag beginnt um sieben Uhr und dauert bis drei. Wobei in seinem Kopf damit nicht 15 Uhr gemeint ist, sondern erstaunlicherweise 20 Uhr. Wie das kommt, kann ich auch nicht erklären. Um 9:30 Uhr zweites Frühstück. Um 12:30 Uhr Mittagspause. Vor der Mittagspause produziert man seine Werke. Nach der Mittagspause kümmert man sich um Korrespondenz und Verwaltung. Alles andere ist Anarchie und verboten.

So ist er geprägt.

So hat er es bei allen Menschen seiner Kindheit erlebt. Bis auf die Sache mit 20 Uhr natürlich.

Dabei liebt er es, nach draußen zu gehen, sobald die Sonne scheint. Er liebt es, die Arbeit für eine Gartenrunde mit den Katzen zu unterbrechen. Sie überhaupt unterbrechen zu können, weil er sich seine Arbeit selbst einteilen kann. Er liebt es, Freiberufler zu sein. Künstler. Und natürlich verhält er sich auch wie einer. Schreibt plötzlich mitten in der Nacht, wenn ihm etwas einfällt. Oder lässt einfach so die Mittagspause ausfallen. Dann hat er allerdings ein schlechtes Gewissen.

Außer, man erinnert ihn an den einzigen Mann aus seiner Kindheit, der seine Zeit ebenfalls immer frei eingeteilt und unterm Strich sogar mehr geschafft, mehr gewusst und glücklicher gelebt hat als alle anderen. Peter Lustig aus der Sendung *Löwenzahn*. Der Neugierige mit der Latzhose und dem Bauwagen. Der stand auch mit einem einzigen Schritt unter freiem Himmel. Dass er erfunden war, spielt für Oliver keine Rolle.

Wir öffnen die Terrassentür. Die Katzen strömen nach draußen. Augenblicklich schlagen sie ihre gewohnten Routen ein. Als wären sie kleine Märklin-Lokomotiven, die man auf Schienen setzt. Gobi läuft nach links und um die Ecke an der östlichen Hauswand entlang. Tenhi huscht nach rechts und unter dem Tisch hindurch Richtung Weide und Bambus.

Ich greife mir den langen, schmalen Minigartenrechen, der an der Hauswand lehnt, und tunke ihn behutsam in den Teich, um mit seinen Krallen Algen wie Spaghetti aufzudrehen. Die Fische huschen beiseite. Oliver nimmt seine Position ein. Genau in der Mitte der Wiese, aber so weit wie möglich von der Terrasse entfernt. Mit dem Rücken schon halb in der Hecke aus Lebensbäumen. Diese Position muss er immer als Erstes einnehmen, wenn die Katzen ihre große Gartenrunde machen. Nur von dort aus kann er beide Teile des Gartens gleichzeitig beobachten. Die komplette Westflanke und den ganzen Bereich von Teich, Terrasse und sanft um die Weide nach vorne fließender Wiese, auf dem er steht. So hat er alles im Blick. Es sei denn, Gobi verschwindet entlang ihrer Route am Ende der langen Hausflanke komplett hinter dem Gebäude. Oder Tenhi seinerseits mit dem ganzen Körper in den Büschen.

»Tenhi. Nein. Das ist ein NEIN!«

Oliver hebt den Finger und deutet dem Kater an, dass er auf der Wiese bleiben soll. Der Katerkörper steckt bereits tief im dichten Strauchgebüsch, mit dem die Rabatte vor dem Haus beginnt. Nur sein schwarzgrau geringelter Schwanz und sein weißer Po ragen noch aus den dichten, kleinen Blättern. Gobi befindet sich noch in Sicht. Gemütlich rupft sie ein paar Halme aus der Wiese und versorgt ihren Magen mit vitaminreichem Gras, um die innere Reinigung durch herzhaftes Erbrechen anzuregen.

»Tenhi«, wiederholt sich Oliver. »Raus aus dem Busch!«

Der Kater legt den Rückwärtsgang ein. Das ginge selbstverständlich elegant und zügig. Immerhin ist er eine Katze. Aber Tenhi stolpert absichtlich so ungeschickt und angestrengt aus dem Gewächs wie ein hüftkranker Latein-Lehrer, der den Probealarm in der Schule nur unter Protest mitmacht. Vorwurfsvoll dreht er sich zu Oliver um. Wortlos führen der Kater und der Mann einen Dialog.

Kater: »Die Vereinbarung lautet: Spazieren darf ich innerhalb der Grenzen auf dem ganzen Gelände.«

Mann: »Genau.«

Kater: »Die vordere Rabatte gehört zum Gelände.«

Mann: »Juristisch gesehen, ja.«

Kater: »Siehst du mich Gebüsch und Mulch verlassen? Setze ich auch nur eine Pfote auf den offenen Vorplatz? Will ich das überhaupt?«

Mann: »Nein.«

Kater: »Also, wo liegt das Problem?«

Mann: »Das weißt du ganz genau.«

Kater: »Nö.«

Mann: »Du gehst immer nur dann in die vordere Rabatte, wenn Gobi gleichzeitig die Westflanke prüft. Dann kann ich euch nicht mehr beide beobachten. Das weißt du ganz genau!«

Kater: »Du hast Verlassensängste. Du solltest zum Therapeuten gehen.«

Mann: »Ich kann das Gesetz zur großen Gartenrunde jederzeit widerrufen. Dann seid ihr wieder Hauskatzen.«

Kater: »Das machst du nicht!«

Mann: »Ich habe Verlassensängste. Hast du gerade selber gesagt. Und denk dran – Menschen mit Ängsten sind unberechenbar.«

Tenhi dreht sich wieder um und macht einen Schritt aufs Gebüsch zu.

Oliver sagt, nun laut: »Gut. Dann kaufe ich nachher als Trockenfutter schon mal *In Home* für reine Stubentiger.«

Tenhi hält an.

Er glaubt die Drohung, will sich aber keine Blöße geben. Folglich tut er so, als sei er mit einem Mal von der *gigantischen Gras-Euphorie* befallen. Die empfindet er tatsächlich, nutzt sie aber manchmal auch als Übersprunghandlung. Während Gobi das

Gras lediglich routiniert frisst, um wenig später den ganzen unnützen Krempel aus ihrem Magen auskotzen zu können, wie eine Dame es nun mal tut, hat Tenhi am Geruch und an der Haptik des Rasens einen Narren gefressen. Also gibt er sich bei jeder großen Gartenrunde der gigantischen Gras-Euphorie hin. Einem Anfall, ebenso putzig wie verstörend. So wie jetzt. Mit Anlauf und Wonne rammt er sein Gesicht zwischen die Halme und schiebt seine Wange über den Boden. Um mehr Druck aufs Köpfchen zu bekommen, senkt er den vorderen Teil seines Körpers ab und stemmt seinen Hintern in die Höhe. Nur noch einen Hauch fester, und er bekäme so viel Druck auf seinen Schädel, dass er damit Probebohrungen für Schiefergasvorkommen vornehmen könnte. Wie ein Getriebener fräst er seine Wangen durch die Wiese. Linke Wange. Rechte Wange. Das weiße Fell verfärbt sich grün. Grashalme, Erdbröckchen und die Wildkleeblätter bleiben darin hängen. Ich lege die Algen-Angel beiseite und folge Gobi. Sie ist mittlerweile mit dem konventionellen Grasfressen fertig und macht Anstalten, den Garten der Nachbarn zu betreten.

»Gobi! Nein!«

Die Nachbarn zu dieser Seite des Geländes sind nette Menschen, aber sie besitzen zu viele Versteckmöglichkeiten. Ihr Gelände liegt zwei Meter tiefer. Der Hang ist kunstvoll mit Gattungen von Büschen und Blühpflanzen bestückt, die perfekt dazu geeignet sind, optisch Katzen zu schlucken. Sie haben einen verwaisten Kaninchenbau, tagsüber geöffnete Terrassentüren und gleich mehrere Schuppen zur Verfügung. Einmal verschwand Gobi bei ihnen im hinteren Schuppen und wurde von uns vier bange Stunden lang nicht gefunden. Selbstverständlich hat sie sogar dann, wenn jemand auf der Suche den Kopf in den Schuppen steckte und unter dem donnernden Widerhall der Blechwände ihren Namen rief, nicht geantwortet.

DIE MENSCHENPRÜFUNG

Wenn eine Katze ihr Revier verlässt und sich auf fremdem Terrain verirrt, wird sie augenblicklich von scheuem Schweigen überwältigt. Vollkommen unabhängig davon, ob sie im normalen Leben eine lautstarke Plapperliese ist. In ihrem unfreiwillig aufgesuchten Versteck gibt sie keinen Ton mehr von sich. Wird sie im Haus auch nur eine Sekunde gegen ihren Wunsch in einem Zimmer eingeschlossen, schlägt sie augenblicklich Alarm, demontiert das Mobiliar, sendet Hilferufe aus dem Fenster oder steckt bei geschlossener Scheibe das Köpfchen in den Kaminschacht, um ihre Klagelaute aus dem Schornstein heraus übers Dorf erklingen zu lassen. Verläuft sie sich allerdings in der unmittelbaren Nachbarschaft, setzt sie sich einfach hin und hält die Klappe. Auf diese Weise ist sie fähig, stunden- oder tagelang zu verharren. Lautlos liegt sie da, während die Menschen bis in die tiefste Nacht an ihrem Aufenthaltsort vorbeigehen und die Lichtkegel der Taschenlampen mehrfach ihre Ohrspitze zwischen den Zweigen streifen.

Zum scheuen Schweigen gehört daher notwendig die Sitte, sich beim Verlaufen nicht etwa gut sichtbar auf einen Terrassentisch oder die Fensterbank der Nachbarn zu setzen, sondern ein möglichst blickdichtes Versteck aufzusuchen. Die wissenschaftliche Katzenversteckforschung vermutet darin ein instinktives Verhalten zum Schutz vor anderen umherstreifenden Raubtieren. Schließlich hat das Hocken auf dem Präsentierteller den Nachteil, dass einen dort nicht nur der eigene Mensch, sondern auch jeder beliebige Feind leicht entdecken kann. Andere Auffassungen gehen allerdings in die Richtung, dass es der Katze darum geht, auf komplexe und intensive Weise den Grad der Liebe ihres aktuellen Futtergebers zu testen. Hierbei arbeitet die Katze während ihres lautlosen Sitzens in Wirklichkeit unter Beobachtung der Suchaktionen folgende Prüfpunkte bezüglich ihres Menschen ab.

a) Wie lange und wie beharrlich sucht er nach mir?

b) Sucht er auch nachts durch, ohne zu schlafen?

c) Beginnt er sofort mit der Suche, selbst wenn er barfuß und nur in kurzer Hose herumläuft, oder geht er sich erst mal in Ruhe anziehen?

d) Traut er sich, sämtliche Häuser in der Umgebung zu betreten und mit den Bewohnern zu diskutieren?

e) Bricht er die Häuser auf, falls die Bewohner nicht da sind?

f) Schlägt er Bewohner, die ihn nicht in ihrem Haus oder in ihrem Schuppen nachsehen lassen wollen?

g) Bricht er irgendwann weinend zusammen und fleht die Katzengöttin Bastet an, mich zu ihm zurückzubringen?

h) Bietet er Bastet das »Opfer der hundert Mäuse« an?«

Diese Prüfung des Halters kann in Dauer und Intensität völlig verschiedene Ausmaße annehmen. Es hängt davon ab, wie groß seitens der Katze die Skepsis bezüglich ihres Menschen ist. Außer, es fängt an zu regnen und wird schlagartig usselig*. Dann bricht sie den Blödsinn auf der Stelle ab, wandert zur eigenen Terrassentür und begrüßt den Menschen, der verzweifelt von der Suche wiederkommt, mit dem »Es regnet, wo bleibst du denn?«-Blick.

Sieben formschöne kleine Algenberge liegen auf der Wiese rund um den Teich. Die Fische fressen mit Begeisterung die Kleinpartikel, die meine Reinigung im Wasser aufgewirbelt hat. Gobi hockt auf ihrem Sitzfelsen am Teichrand und beobachtet das wuselige

---

* Im Rheinland sowie am Niederrhein bezeichnet das Adjektiv »usselig« in diversen Schreibvarianten ein ungemütliches Wetter oder das eigene Unwohlsein mit den metereologischen Umständen. Ein ungepflegtes Äußeres wird ebenfalls damit umschrieben. Ein Mann, dem die Haare aus der Nase sprießen und die Schmalzbrocken aus den Ohren fallen, sähe sehr »usselig« aus. Die grundsätzlich grandios gepflegte Katze kann umgekehrt niemals ein »usseliges« Erscheinungsbild haben.

Treiben. Tenhi ist gerade dabei, die Spitze des Apfelbaums zu erklimmen. Die Blätter rascheln. Die Äste wackeln. Krallen graben sich in die Rinde. Ein paar Äpfel fallen auf die Wiese. Ein weicher Klang, wie Kinderfäuste auf Turnmatten.

Bopp.

Bopp.

Der Kater steht auf dem höchstmöglichen Ast, der ihn noch trägt, und schaut zu uns hinunter.

Wir starten das Begeisterungsritual, das er jetzt mit Recht von uns erwartet.

Ich juble in hochtonigem Singsang: »Ja, feiner Kater! Feiner Kletterkater! So ein feiner Kletterkater!«

Oliver startet auf der Wiese vor dem Apfelbaum seinen Klettertanz. Er ist an die Regentänze der Apachen angelehnt. Auf und ab schwingt er seinen Oberkörper, während er die Worte mit rhythmischem Klatschen betont.

»Kletterkater fein! Howgh!

Kletterkater fein! Howgh!

Kletterkater fein! Howgh!«

So tanzt er über den Rasen, immer noch auf nacktem Fuß.

»Kletterkater fein! Howgh!

Oh, Kletterkater fein! Howgh!

Großer Kletterkater fein! Howgh!«

Es gibt einen Grund, warum wir die Hecke für Fremde blickdicht hoch wachsen ließen …

Der Kater kraxelt zwei Äste tiefer und springt aus der Krone auf den Rasen hinab. Seine Vorderpfoten hinterlassen bei der Landung Abdrücke zwischen den Halmen. Er stolziert mit aufgerichtetem Schwanz zwischen uns herum und reibt sein Köpfchen an unseren Beinen. Wir streicheln ihn und loben unverdrossen weiter.

»Ein Meisterkletterer bist du! Ja, ein Meisterkletterer!«

»Wer ist Reinhold Messner? Wer? Wer ist das?«

»So ein großer Kletterer! Ja, Feingroß! Feingroß!«

»Ein Amateur ist Reinhold Messner! Ein blutiger Amateur!«

Gobi rollt auf ihrem Teichfelsen mit den Augen.

Tenhi genießt die ordnungsgemäße Applaus-Orgie.

Alle sind glücklich.

Eine gute Gartenrunde.

Oliver sagt: »So. Jetzt aber wieder rein. Ich muss die Buchhaltung weitermachen. Ihr wisst doch, je mehr Steuern der Katzenvater spart, desto edler wird das Futter!«

Die Katzen machen keinerlei Anstalten, der Aufforderung zu folgen.

Gobi beobachtet konzentriert die Fische.

Tenhi rammt das Schnäuzchen in die Wiese für eine weitere Runde gigantischer Gras-Euphorie.

Oliver geht zur Terrassentür, nimmt Haltung an und ruft die beiden Befehle, auf die allein die Katzen hören, wenn sie ins Haus zurückkehren sollen. Ich weiß noch, wie er diese beiden Begriffe vor einem Jahr nur aus Spaß und Übermut ständig vor sich hin geplappert hat. Damals hatte er überhaupt nicht die Absicht, aus ihnen Befehle für die Katzen zu machen. Wie hätte er auch auf die Idee kommen können? Die Katzen waren ja gar nicht der Grund für seinen Anfall. Der Grund war übertriebene Begeisterung. Er hatte die beiden Männer bei der Weltmeisterschaft im Fernsehen gesehen und war bei der Betrachtung ihrer Fähigkeiten kurzzeitig verrückt geworden. Als jemand, der ihren Sport selbst früher im Verein betrieben hatte, konnte Oliver nachvollziehen, welche Leistung sie dort vollbrachten, und gleichzeitig nicht fassen, dass solch eine Reaktionsschnelligkeit möglich ist. Er saugte die Abläufe von Armen und Händen in sich auf und simulierte sie ohne Spielgerät, so wie andere Männer Luftgitarre spielen. Dabei sprach er immer und immer wieder ihre Namen vor sich hin. Plötzlich standen die Katzen in der Tür und betraten klaglos das Haus, obwohl sie normalerweise bei gutem Wetter kaum dazu zu bewegen sind. Oliver testete daraufhin aus, ob es tatsächlich am Klang dieser Namen lag, die er wie ein Irrer rezitierte, und war ebenso erstaunt wie ich, dass die Katzen wiederholt darauf reagierten. Wie hypnotisiert. Seitdem sind die Namen zweier chinesischer Spitzenspieler im

Tischtennis die Befehlslaute für Gobi und Tenhi, die große Gartenrunde zu beenden und brav ins Haus zu kommen.

»Ma Lin!«

Gobi gähnt, streckt sich auf dem Sitzfelsen und stakst über die Steine den Teichweg zur Terrasse hinab.

»Wang Hao!«

Tenhi hebt den Kopf aus dem Gras und schüttelt die Kleeblätter ab.

Es ist und bleibt unbegreiflich.

Vielleicht liegt es am Klang. Obwohl in »Wang Hao« kein einziges »i« vorkommt.

Das magische Wort

In jede Katze ist von Geburt an ein magisches Wort einprogrammiert.

Niemand kann es erklären.

Niemand kann es beweisen.

Doch es ist so.

Das magische Wort überwindet sogar Raum und Zeit.

Es kann sein, dass eine Katze im Jahr 1998 auf die Welt kommt und eines Tages auf ein Wort reagiert, das erst Jahre nach ihrer Geburt in Umlauf gebracht wurde. Der Name eines chinesischen Tischtennisspielers, beispielsweise. Oder der eines Popstars, der bei ihrer Geburt ebenfalls gerade erst den Windeln entwachsen war. Manche Menschen brauchen Jahre, um das magische Wort ihrer Katze herauszufinden und es mit einem bestimmten gewünschten Verhalten wie dem Reingehen ins Haus zu verknüpfen. Manchen gelingt es nie.

Das magische Wort kann man nicht einfach festlegen und dann der Katze antrainieren, so wie ihren Namen. Daher ist es anders als beim Namen auch unerheblich, ob das magische Wort einen »i«-Laut enthält. Da Katzen im Normalzustand grundsätzlich eher auf hohe Stimmlagen und Vokale reagieren, sind »i«-Laute bei ihrer Namensgebung im Grunde unerlässlich.

Man kann sich das Leben natürlich auch absichtlich schwer machen und seine Katze »Otto« nennen. Oder »Mubarak«. Wenn die Liebe zwischen Katze und Mensch stimmt und der Mensch einen Namen ohne »i« in hoher Tonlage ausspricht, wird der Vierbeiner auch auf ihn reagieren. Der Name ist nützlich, um die Katze zu rufen, auf sich aufmerksam zu machen und sich daran zu erfreuen, dass sie ihre Ohren bewegt und das Köpfchen hebt, wenn sie ihn hört. Doch der Name ist kein Befehl. Befehle sind das klassische »Nein!« mit breitem, gerne lang gezogenem »eiiiii« in der Mitte. Befehle sind »rein!«, »raus!«, »komm!«, »na, komm!« oder »sei lieb!«. Sie funktionieren, wenn die Katze es möchte und es für sinnvoll erachtet, dem Menschen ein gutes Gefühl zu geben. Sonst nicht. Das magische Wort hingegen funktioniert tatsächlich. Ob die Katze will oder nicht. Es ist Hypnose, Trance und Reflex. Rätselhafter Zauberspruch. Die Pfeife des Rattenfängers von Hameln.

Während die Wissenschaft nicht klären kann, wie so etwas möglich ist, hat die Mythologie eine These. Wie so vieles in der Geschichte der Katzen geht auch sie bis ins alte Ägypten zurück. Sie handelt von dem Deal, den die Katzengöttin Bastet mit der Löwengöttin Sachmet ausgehandelt hat. Ein Deal, durch den Sachmet genau genommen überhaupt erst ins Leben trat. Als Göttin der Liebe, des Tanzes, der Freude und der Fruchtbarkeit und somit als Beschützerin der Schwangeren hatte Bastet es satt, neben ihren fürsorglichen Anteilen auch den Zorn in ihrer Persönlichkeit zu verkörpern. So lagerte sie diese Seite ihres Wesens an die Göttin Sachmet aus. Bastet war fortan die reine »Sanftmütige«, während Sachmet als »die Mächtige« zur Göttin des Krieges wurde, die außerdem als Schutzgöttin Krankheiten heilte. Anders gesagt: Sie gab den Bakterien, Viren und Tumoren ebenso Saures wie allen äußeren Feinden. Als ihr Vater, der

Sonnengott Re, Sachmet eines Tages darum bat, alle bösen Menschen auf der Erde zu vernichten, damit diese bekloppte Gattung endlich wieder in Frieden miteinander lebt, schlug Sachmet über die Stränge und vernichtete im Blutrausch wahllos böse wie gute Menschen. Der Sonnengott musste sie mit Hilfe des paviankopfigen Kollegen Thot, Gott des Westens und zuständig für Magie und Wissenschaft, betäuben und im Schlaf unschädlich machen, indem er sie in die friedliche und mütterliche Kuhgöttin Hathor verwandelte. Über die Herkunft dieser gutmütigen und allmächtigen Dame gibt es in der ägyptischen Mythologie auch andere Versionen, doch folgt man diesem Strang der Erzählung, halten moderne Katzenmythologen es durchaus für denkbar, dass Re die Sünde seiner blutrünstigen Löwentochter, beinahe die Menschheit ausgerottet zu haben, damit bezahlte, fortan allen Katzen den Fluch einer einzigen Schwäche gegenüber dem Menschen aufzuerlegen: Der blinde Gehorsam gegenüber dem »magischen Wort«. Da der Mensch lange suchen muss, um dieses überhaupt zu finden, hält sich die Macht, die er als Entschädigung für Sachmets Untaten seiner Spezies gegenüber in die Hand bekommen hat, allerdings in Grenzen.

»Ma Lin! Wang Hao! Ja, fein. Brave Katzen! So brave Katzen!«

Gobi ist bereits mit einer Pfote im Haus und Tenhi auf dem Kiesweg unter der Pagode mit den Weintrauben, als es in der Hecke raschelt. Beide Katzen drehen sich um. Augenblicklich nehmen sie Körperspannung an. Es raschelt erneut, dieses Mal begleitet von einem Geräusch, das rätselhaft zwischen dem Fiepen eines kleinen Hundes, dem Rufen eines Auerhahns und einem Chor-Kanon aus mehreren Dutzend Mäusekehlen changiert. Tenhi rast augenblicklich los.

Erste Präambel im Zugeständnis des Sonnengottes an die Menschen

Das magische Wort gilt nur, solange es nicht im Busch raschelt.

Raschelt es im Busch, ist seine Wirkung auf Katzen aufgehoben.

Pech gehabt, Mensch.

»Nein!«, ruft Oliver. »Wang Hao! Wang Hao!«

Es ist zwecklos.

Wie ein weißer Blitz schießt Tenhi quer über den Teichhügel auf die Hecke zu und verschwindet zwischen den Thujen. Ich schiebe Gobi mit dem Fuß sanft, aber entschlossen ins Haus und schließe die Tür.

»So eine Scheiße!«, ruft Oliver. Er läuft zur Hecke und steckt auf Knien seinen gesamten Oberkörper hinein. Nur noch sein Hintern und seine Beine sind zu sehen.

»Ich sehe ihn nicht mehr!«, ruft er dumpf aus dem dichten Gestrüpp.

Ich laufe zur Stelle neben dem Apfelbaum, wo der Kater herauskommen müsste, liefe er den ganzen Weg zwischen äußerer und innerer Bepflanzung entlang.

Nichts.

Oliver zieht seinen Körper aus den Lebensbäumen. Sein Gesicht und seine Arme sind knallrot. Überall bilden sich kleine Hügel und Pusteln.

Er schimpft: »Der Kater weiß, dass ich gegen Thujon allergisch bin!«

Ich rufe Tenhi mit ebenso sanfter wie entschlossener Stimme: »Tenhi! Komm! Tenhi.« Wenn er nur auf halber Strecke zu den Nachbarn im Buchsbaum oder Storchenschnabel steckt, reicht das meistens aus. Nun aber wird er dem Tier, das im Gebüsch Geräusche gemacht hat, nachgejagt sein und findet den Weg nicht mehr.

Oliver sagt: »Ich gucke am Feld!«

Eilig rennt er aus dem Garten. Kaum zwei Sekunden später höre ich ihn außerhalb des Geländes, während ich mit der Algenkralle vorsichtig im Storchenschnabel stochere.

»Tenhi! Tenhi!«

Gobi beobachtet die Suche am Wohnzimmerfenster mit Sorge.

Oliver raschelt draußen im Weizen und schimpft: »Dieses blindwütige Jagen!« Er ruft über die Ähren, die um diese Jahreszeit bereits brusthoch gewachsen sind: »Tenhi! Wang Hao! Wang Hao!«

Zweite Präambel im Zugeständnis des Sonnengottes an die Menschen

Das magische Wort gilt nur, solange die Katze nicht in den Modus des blindwütigen Jagens schaltet. Tritt dieser in Kraft, verliert sie, die anderenfalls dank ihres eingebauten Radars über Tausende von Meilen den Weg nach Hause finden kann, sogar in unmittelbarer Nähe zum Ausgangspunkt mit einem Mal sämtliche Navigationsfähigkeiten.

Oliver durchpflügt den Weizen.

Ich suche sämtliche Rabatten, die Grenzhänge zu den Nachbarn und den Dschungel hinter der Garage ab. Panik steigt in mir auf. Berechtigte Panik. Es gibt einen Grund dafür, warum Gobi und Tenhi sogar vollkommen freiwillig keine Freigänger sind. Wieso sie am liebsten nur mit uns zusammen rausgehen. Wieso sie zwar gerne stundenlang im Garten bleiben, das Gelände aber so gut wie niemals von selber verlassen, außer ein Rascheln im Gebüsch weckt ihre Neugier. Der Grund heißt: Westfälischer Wahn. Der Wahn des lokalen Mannes, grundsätzlich zu lärmen und zu rasen. Als Teenager auf dem Moped. Als Erwachsener auf dem Motorrad oder mit dem Auto. Bleibt der westfälische Mann ausnahmsweise mal auf den Füßen, wirft er Höllengeräte wie den Laubbläser an, die sensiblen Katzen wie Gobi und Tenhi endgültig das Umherwandern verleiden. Begegnen Tiere wie sie einem solchen Rohr, stellt das die tausendfache Steigerung des ohnehin schon schlimmen Staubsaugers im Haus dar. Mit all diesen dämonischen Bestien aus Stahl, Kunststoff und Gummi, diesen nach Diesel stinkenden Abgründen menschlicher Zivilisation haben die Katzen bereits ihre Erfahrungen gemacht. Da bleiben sie lieber hinter der Hecke. Normalerweise. Wenn sie allerdings das blindwütige Jagen beginnen, sind sie so schnell in der Außenwelt, dass sie sich am Ende der kurzen Jagd wundern, wo sie sich jetzt plötzlich befinden. Die Jagd selber geht meist ohnehin erfolglos vonstatten.

Ich verlasse ebenfalls den Garten, um die Außenwelt abzulaufen. Eine Mutter und ihre Tochter arbeiten sich auf Fahrrädern den Weg hinauf. Die Tochter verwendet noch Stützräder. Oliver steigt vor ihnen aus dem Weizenfeld. Sie steigen ab. Die Tochter fragt: »Mama? Wieso ist der Mann ganz rot im Gesicht? Und an den Armen?«

Ich frage: »Ist Ihnen womöglich eine Katze entgegengekommen?«

»Bedaure«, antwortet die Mutter.

»Bist du krank?«, fragt die Tochter Oliver.

»Nein, ich habe einen Kater«, antwortet er.

Ein kreischendes Geräusch nähert sich vom Gipfel des Hügels. Ohne zu bremsen, rast ein Mopedfahrer auf uns zu.

»Vorsicht!«, ruft die Mutter und reißt ihre Tochter in Deckung. Ich lehne mich in die Hecke.

Der Teenager des Teufels brettert zwischen uns hindurch und streift das linke Stützrad des Mädchens. Es scheppert. Der Mopedfahrer verliert kurz das Gleichgewicht, fängt sich aber wieder und holzt einfach weiter den Hügel hinab, ohne sich umzusehen.

»Dieses verfluchte blindwütige Rasen!«, flucht Oliver.

Das Mädchen ist bleich.

Die Mutter prüft das Fahrrad und sieht dem Mopedfahrer nach.

»318 HLC«, sage ich.

Sie tippt das Kennzeichen in ihr Handy.

Üblicherweise hasse ich es, Leute anzuschwärzen, aber noch

mehr hasse ich bremsfreie Hormonbomben, die bereit sind, Mensch und Tier ohne Vorwarnung über den Haufen zu fahren.

Das Mädchen versteckt sich im Weizen.

Oliver ruft: »Wang Hao!«

Die nächsten Stunden verbringen wir mit der Suche. Dabei herrscht Arbeitsteilung nach Talent und Neigung. Ich telefoniere sämtliche Haushalte in der Umgebung ab und bitte sie, nachzuschauen, ob sich in ihren Kellern, Gartenhäusern oder Schornsteinen gerade ein Kater befindet. Die Leute gehen dieser Bitte viel lieber mit dem Hörer am Ohr nach und berichten live von ihrer heldenhaften Expedition durchs eigene Haus, als spontan einen Fremden hineinzulassen. Oliver streift derweil durch die angrenzenden Wälder und Felder. Seine Kleidung hat er zu diesem Zweck nicht gewechselt. Er will keine Zeit verlieren. Außerdem ist seine obere Hälfte ja ohnehin schon puterrot. In diesem Augenblick werden ihm hüfthohe Brennnesseln auch noch die untere Hälfte entzünden. Denn er ist nach wie vor barfuß. Um die Gärten und Häuser, deren Bewohner gerade nicht zu Hause sind und dementsprechend auch nicht angerufen werden können, kümmert sich Kim, unsere Teilzeittochter.*

Sie ist auf eine SMS hin augenblicklich zu Hilfe geeilt und nutzt ihren schmalen Teenager-Körper, um unbemerkt durch offene Kellerfenster zu schlüpfen. Die Punkte A, C, D und E auf der Prüfliste von Katzen, die die Beharrlichkeit ihrer Menschen auf der Suche testen wollen, sind somit schon mal erfüllt. Auf Punkt B, das Weitersuchen bei Nacht, haben wir uns alle bereits innerlich eingestellt. Punkt F ist gottlob heute noch nicht nötig geworden.

Am Abend ist Tenhi immer noch verschollen. Wir versammeln uns zur Besprechung im Büro. Oliver steht sorgengekrümmt in der Tür und juckt sich an den Beinen, an den Armen und über-

---

* Unter einer »Teilzeittochter« versteht man im Münsterland ein liebenswertes, lebensfrohes und talentiertes Mädchen, das eines Tages samt seiner Geschwister im Garten steht und sagt: »Da bin ich!« Katzengleich kehrt es regelmäßig wieder und wird zum Teil des Lebens seiner nunmehr zweiten Familie, den Teilzeiteltern.

Verzweifelte Suche: Wo ist die Katz?

haupt an sämtlichen Körperstellen. Er sieht aus wie eine Mensch gewordene Stachelbeere.

Ich habe über hundert Telefonate geführt und erfülle nun Punkt G der Menschenprüfliste. Ich weine. Kim versucht mich zu trösten und streicht mir über den Arm.

»Wir finden ihn schon noch«, sagt sie. »Du weißt doch, er kommt immer zurück.«

Es ist lieb von ihr, aber in Wirklichkeit haben wir alle drei die Bilder des Schreckens im Kopf, was in den letzten Stunden alles passiert sein könnte. Tenhi, überfahren von Mopedreifen.

Tenhi, überfahren von Autoreifen.

Tenhi, überfahren von Lastwagenreifen.

Tenhi, erschossen von Jägern, die nach aktueller Rechtslage weiterhin jede Katze töten dürfen, die sich mehr als zweihundert Meter von besiedeltem Wohngebiet bewegt.

Tenhi, entführt von Katzenhändlern, die streunende Tiere einfangen und zu lukrativen Preisen an Labore verkaufen, in denen Experimente gemacht werden, die offiziell verboten sind.

Nicht mehr lange, und es wird dunkel.

Oliver sagt: »Das reicht. Ich gehe jetzt zum Opfer der hundert Mäuse über!«

Kim bewegt sich tatendurstig Richtung Tür. Sie ist in der Zwischenzeit in diverse Keller eingebrochen, da kann sie auch gleich noch Mäuse einfangen gehen.

Ich sage mit feuchten Augen: »Stopp, ihr zwei!«

Das Weinen muss jetzt ein Ende haben. Ich räuspere mich.

»So viele Mäuse bekommt ihr doch gar nicht zusammen. Ihr könnt froh sein, wenn ihr eine fangt.«

Ich wundere mich selbst über das, was ich da sage. Um unseren Kater zurückzubekommen, wäre ich ohne zu zögern in der Lage, hundert Mäuse zu opfern, und sehe darin kein moralisches, sondern offensichtlich nur ein praktisches Problem. Ich schäme mich.

Gobi steht zwischen uns und sagt: »Meehk! Mak! Meehk!«

Ich sage: »Süße, das ist nett von dir, aber hundert Mäuse kriegst auch du nicht zusammen. Am Ende verirrst du dich außerdem auch noch. Mit der ganzen blindwütigen Jagd fing das Problem doch überhaupt erst an!«

»Wir müssen aber irgendwas machen!«, klagt Oliver.

Er fällt zu Boden. Auf die Knie. Wahrscheinlich, um den Programmpunkt »Bastet anflehen!« abzuhaken.

Kim tritt ans Fenster und schaut traurig über die Dächer und Gärten der Nachbarn. Von ihr selbst unbemerkt, spielt ihre rechte Hand mit ein paar Büroklammern. Die Buchhaltung, die Oliver heute Mittag gegen seine eigene Arbeitsmoral für die große Gartenrunde unterbrochen hat, liegt unbearbeitet zwischen Ablagekästen, Kramkarton und Locher.

»Was ist denn das?«, fragt Kim.

Sie zeigt auf das Anwesen der alten Frau Lindemann, direkt gegenüber der Querstraße. Zwischen den Häusern der Nachbarn, deren Gärten direkt an unsere grenzen, fällt der Blick auf das uralte Gelände der Neunzigjährigen. Es ist nur wenige Meter breit, dafür aber lang wie eine Bowlingbahn. Ein Weg aus brüchigen Betonplatten durchschneidet die Wiese in der Mitte und führt auf die Terrasse zu. Sie ist mit Wellblech überdacht. Unmittelbar davor hat Frau Lindemann ein kleines Hochbeet mit Gemüse angelegt, das sie trotz ihrer Gebrechen bis heute pflegt. Es ist mit einem rund einen Meter hohen Holzkasten umrandet und kann auch bewirtschaftet werden, ohne dass die alte Frau sich bücken muss.

Kim sagt: »Gibt es Gemüse, das weiß und lang ist?«

Wir treten ans Fenster und kneifen die Augen zusammen.

Zwischen Kopfsalat und Rosenkohl liegt - flach, still und schmal - unser Kater. Wahrscheinlich schon seit Stunden. Seit dem Ende seiner kurzen blindwütigen Jagd.

Ich höre meiner eigenen Stimme zu, wie sie die Worte der Erleichterung vor lauter Aufatmen viel zu schrill und laut aus den Bändern schleudert: »Und der sagt nichts! Der sagt die ganze Zeit nichts! Der sagt einfach NICHTS!!!«

Oliver sagt zu Kim: »Warst du nicht in dem Garten?«

Sie schüttelt den Kopf: »Der war offen. Ich dachte, ich bin nur für die Einbrüche zuständig.«

»Nicht quatschen!«, sage ich, »den Kater holen!«

Oliver eilt los. Kim will mit, doch ich halte sie zurück, da der sensible Tenhi womöglich flüchtet, wenn sie sich mit an das Gemüsebeet heranschleicht.

Am Fenster beobachten wir, wie Oliver durch die Gärten huscht. In Zeitlupe bewegt er sich über den brüchigen Betonweg auf den Hochbeetkasten zu. Er beschwört den Kater, nach Stunden des reglosen Liegens nun bitte auch noch die letzten zehn Sekunden hocken zu bleiben.

Für einen Augenblick erfüllt uns die Angst, Tenhi könne aufspringen und loslaufen, als wäre Oliver ein Mann mit Laubbläser.

Aber nein.

Der Kater bleibt liegen.

Vorsichtig pflückt Oliver ihn aus dem Grünzeug. Tenhi lässt es geschehen und macht sich schwer wie ein Sandsack. Als Oliver ihn zum Haus zurückträgt, lässt er Beine und Schwanz hängen wie mit Fell ummantelten Kabelsalat.

»Ist er bewusstlos?«, fragt Kim.

Ich schüttle den Kopf, immer noch unendlich erleichtert.

»Nein, er schämt sich bloß. Und er ist steif in den Knochen. Lieg du mal sechs Stunden lang reglos im Salat.«

Die Haustür öffnet sich.

Wir steigen die Treppe hinab.

Oliver setzt Tenhi auf den Boden.

Gobi überholt uns auf den Stufen und verpasst Tenhi einen Tatzenhieb aufs rechte Ohr. Mit Krallen. Dann noch einen. Wortlos überschüttet sie ihn mit Vorwürfen. Dass eine alte Frau sich dermaßen Sorgen machen muss. Was der Scheiß denn bitte solle? Na? Na? Na?

Da Tenhi offensichtlich keine angemessene Antwort gibt, erhöht Gobi die Frequenz. Nun boxt sie mit blitzschnellen Kettenhieben auf dem Kopf des Katers herum wie ein Boxer auf seinem Punchingball.

»Ist gut«, sagt Kim und bückt sich herunter. Gobi faucht, lässt aber von Tenhi ab. Tenhi plumpst auf den Boden. Plattgelegen. Plattgeboxt.

Oliver hat vergessen, die Haustür zuzumachen. Sie ist nur angelehnt. Ein leichter Windstoß öffnet sie komplett. Patzig stapft Gobi auf den Ausgang zu. Frei nach dem Motto: Wenn man den feinen Herrn sechs Stunden sucht, obwohl man eigentlich Buchhaltung machen müsste, kann ich ja wohl noch eine Runde drehen, ohne mich zu verlaufen.

Sie ist fast an der Tür angekommen, da ruft Oliver, laut wie ein Hallensprecher und klar wie ein Top Spin aus der chinesischen Vorhand:

»MA LIN!«

Gobi bleibt stehen, wie vom Donner gerührt.

Sie will nicht gehorchen, aber sie hat keine Wahl.

Sachmet hat's ihr eingebrockt.

Und Oliver hat's gefunden.

Das magische Wort.

Er schließt die Tür.

Gobi dreht beleidigt um, geht in die Küche, setzt sich neben den Napf, fährt eine Kralle aus und klimpert damit gegen die Keramik.

> *»Eine dösende Katze ist das Abbild*
> *perfekter Seligkeit.«*

(Jules Champfleury)

Heißt auf Deutsch:
Wenn eine Katze döst, herrscht Seligkeit im Haus.
Wenn.

Entschließt sie sich allerdings, nicht zu schlafen oder wenigstens zu dösen, während für alle anderen Wesen im Haus gerade die Zeit dafür wäre, ist das Gegenteil von Seligkeit angebrochen: die Hölle auf Erden. Oder mindestens: das Fegefeuer.

Nach der Lehre des Philosophen, Theologen und Kirchenvaters Augustinus handelt es sich beim Fegefeuer um »zeitliche Sündenstrafen«, die durchgestanden werden müssen, damit die Läuterung und Reinigung abgeschlossen werden kann. Schließlich wissen wir aus der Offenbarung (21,27), dass nichts Unreines in den Himmel und in die Gegenwart Gottes gelangen kann. Diese Reinigung muss nicht zwangsläufig erst nach dem Tod in einer Zwischenwelt stattfinden. Manche erleiden sie bereits im irdischen Leben. Eigentlich ist sie »zeitlos«, jenseits normaler Abläufe. Das heißt, sie fühlt sich ewig an. Als ob sie nie endet. Im Purgatorium des Jenseits ist dieses »Zeitlose« automatisch gegeben. Auf Erden kann dafür nur eine Katze sorgen. Sie allein ist in jeder Hinsicht ein himmlisches Wesen. Schlafend und dösend gehört sie den Engeln an. Wachend und lärmend, den Menschen von der Ruhe abhaltend, wird sie zur Vollstreckerin des reinigenden Feuers. Trotzdem gehört sie bei dieser Aufgabe immer noch zu den Kräften des Himmels. Schließlich reinigt diese Folter des Schlafentzugs den Menschen von seinen Sünden. Was auch bedeutet, dass es speziell unter altruistischen Pflegern und Schwestern in Kliniken, die freiwillig einen Beruf mit massivem Schlafentzug gewählt haben, viele Sünder und Sünderinnen geben muss.

DIE STRAHLENDE KATZE
ODER
DIE FREUDEN DER
KERNKRAFT

Die Katze braucht Heilung. Sie lässt sich retten, selbst bei schwerer Krankheit. Auch wenn das bedeutet, sich der Atomkraft und tagelangen Aufenthalten in der Klinikbox zu stellen. Alles ist möglich. Die Katze dankt ihren Menschen die Hartnäckigkeit und den beherzten Griff in die Geldbörse, um ihr Leben zu retten. Die Nachtschwestern treibt sie derweil in den Wahnsinn. Was sie selbst allerdings nicht ahnt, sind die vollkommen neuen Ebenen des Bewusstseins, die sich auf der Rückfahrt auftun, wenn das Beruhigungsmittel sich ins Gegenteil verkehrt.

Das Licht im Untersuchungsraum der Tierklinik ist mit »fahl« und »zwielichtig« noch unzureichend beschrieben. Feine Staubkörner tanzen unter der Lampe über dem Behandlungstisch. Weil Gobi eben erst geröntgt wurde, sind die Jalousien heruntergelassen. Der Tag ist ausgesperrt. Und bei dem, was Doktor Graf, die Chefärztin der Klinik, uns gerade sagt, fühlt es sich an, als würde das auch für den Rest des Lebens so bleiben.

»Sechs Monate. Wenn's hochkommt.«

Ich spüre, wie mir die Tränen kommen. Sie schaffen es nicht bis nach oben, denn die Wut überholt sie auf ihrem Weg. Der grimmige Zorn, dass es das mit Gobis Leben nicht schon gewesen sein darf. Oliver teilt diesen Trotz. Das sehe ich an seinem Blick. Scheinbar abwesend krault er unsere Süße, doch auch er wird sie nicht so einfach gehen lassen. Wenn es Krebs wäre, gnadenlos gestreut und unaufhaltsam schmerzhaft, dann ja, vielleicht. Aber nicht wegen einer Überfunktion der Schilddrüse.

»Wir haben jetzt im Grunde zwei Möglichkeiten«, sagt Doktor Graf. Sie hebt dabei die Nasenwurzel und senkt gleichzeitig die äußeren Ränder ihrer Augen. Ein Blick zwischen Fatalismus und Wahnsinn, seltsam verkantet zwischen Trost und Verzweiflung. Sie zählt die zwei Möglichkeiten an ihrem Daumen und ihrem Zeigefinger ab.

»Erstens: Wir lassen alles so, wie es ist. Dann hat sie mit Glück noch eine halbwegs erträgliche Zeit in den sechs Monaten. Zweitens: Wir geben ihr harte Medikamente. Dann leidet sie zusätzlich zur Hyperthyreose unter heftigen Nebenwirkungen, und es bleibt trotzdem bei sechs Monaten.«

Na ja, denke ich, die Frau ist ehrlich. Die Pharmaindustrie der Tiermedizin hat wahrscheinlich wenig Spaß an ihr.

Ich lasse die zwei Alternativen eine Sekunde im dunklen Raum zwischen Ärztin, Schwester, Gobi, Oliver und mir stehen. Dann sage ich: »Gut. Und wie lautet die dritte Alternative?«

Zu meiner Überraschung ist die Ärztin nicht beleidigt. Sie guckt weder konsterniert, noch hat sie auf einmal etwas im nächsten Behandlungsraum zu tun. Stattdessen legt sie den Finger ans Kinn und murmelt: »Nun ja. Für die meisten kommt das nicht in Frage.«

Oliver blickt auf.

Ich sage: »Wir sind nicht die meisten.«

Doktor Graf sagt: »Es ist sehr teuer. Und anstrengend. Und auch wenig experimentell. Es wird nur in einer Klinik in Deutschland angeboten. In Norderstedt.«

»Was denn?«, frage ich.

»Eine nukleare Behandlung der Schilddrüse«, sagt Doktor Graf.

»Wie, nuklear?«, fragt Oliver. »Nuklear wie radioaktiv? Wie im Kernkraftwerk?«

Doktor Graf nickt. »Die nennen das Radiojodtherapie. Das verabreichte radioaktive Jod lagert sich in der hyperthyreot veränderten Schilddrüse an und baut das wuchernde Gewebe ab. Die Schilddrüse wird wieder kleiner. Auf diese Weise kann das Tier trotz des vergrößerten Herzens, das wir hier sehen, mit der richtigen medikamentösen Einstellung noch einige Jahre leben. Theoretisch.«

»Eben waren es noch sechs Monate, jetzt sind es einige Jahre!«, jauchzt Oliver und gräbt seine Hand wieder in Gobis flauschiges Fell.

Ich denke an Tschernobyl.

Ans Salzbergwerk Asse.

An Gorleben.

An Fukushima kann ich noch nicht denken, denn diese Katastrophe liegt, als wir mit Gobi im Halbdunkel neben Doktor Graf stehen, noch knapp zwei Jahre in der Zukunft. Doch auch ohne sie weiß ich, dass ich der Kernkraft eigentlich noch weniger vertraue als einem soziopathischen Mittzwanziger auf Speed, dem man ein Springmesser und ein Zeitfenster von 24 Stunden Straffreiheit für alle Taten verschafft hat.

Eigentlich.

Doch davon, dass man radioaktives Jod in der Behandlung von Schilddrüsen einsetzt, die aus dem Ruder gelaufen sind, habe ich schon mal gehört. Beim Menschen. Aber volle Strahlkraft voraus im Hals unserer kleinen Gobi?

Als könne sie meine skeptischen Gedanken lesen, erklärt Doktor Graf von allein weiter: »Die Strahlung, die dabei zum Einsatz kommt, greift wirklich nur das adenomatös veränderte Gewebe an. Alles andere wird nicht betroffen. Ich habe bislang nur Gutes gehört. Also von den paar Kunden, die sich dazu entschlossen haben. Das waren nicht viele. Es ist kaum jemand bereit, solche Summen für ein Tier auszugeben.«

Oliver fragt, was es kostet.

Doch ich weiß – er würde Doktor Graf bei jeder Antwort in Norderstedt anrufen und die Überweisung fertig machen lassen. Für ihn ist Gobi genau wie für mich nicht bloß »ein Tier«. Sie nicht zu retten, wenn es tatsächlich eine Möglichkeit gibt, käme für ihn ebenso wenig in Frage, wie ein Kind abzuschreiben. Egal, was es kostet. Es gab eine Zeit, gar nicht lange her, da lebte er in Berlin von so geringen monatlichen Einnahmen, dass seine Tagesration aus Asia-Aufgussnudeln und einem Heidelbeerjoghurt von Bauer bestand. Hätte damals eine Katzenrettung auf Nuklearbasis angestanden – die Asianudeln wären weggefallen. Und der Heidelbeerjoghurt auch.

DIE ANDEREN MÖGLICHKEITEN

Für den Menschen wie für das Tier gilt in Sachen Lebensrettung und medizinischer Maßnahmen das Gleiche. Wann immer Ihnen jemand sagt, die Möglichkeiten seien erschöpft, fangen die anderen Möglichkeiten gerade erst an. Haken Sie nach. Holen Sie Zweitmeinungen ein. Recherchieren Sie. Akzeptieren Sie kein »nein«, kein »geht nicht« und kein »alternativlos«. Machen Sie sich klar, dass es abseits der konventionellen Schulmedizin je nach Erkrankung methodische Ausreißer in alle Richtungen gibt. Auf der einen Seite sanfte, heilpraktische Methoden von Bachblütentherapie bis zu Katzen-Reiki. Auf der anderen die volle Ladung Kernkraft.

Sich als »Laie« den Medizinern in falscher Bescheidenheit devot zu unterwerfen ist ebenso falsch, wie dem Arzt schon den Stapel Ausdrucke aus Wikipedia auf den Tisch zu klatschen, noch bevor dieser überhaupt ein Wort äußern konnte. Die Fachleute in Weiß sind weder generell Ihr Freund, dem Sie blind vertrauen sollten, noch der Feind, der Ihnen nur an die Brieftasche will. Bleiben Sie ruhig. Vertrauen Sie auf Ihren gesunden Menschenverstand und Ihre Fähigkeit, zu lesen, zu sprechen, zu fragen und zu schlussfolgern. Informieren Sie sich auf jede erdenkliche Weise. Werden Sie zu einem Gesprächspartner auf Augenhöhe und somit zum Anwalt Ihrer Katze, die sich kaum selbst vertreten kann. Seien Sie nicht dumm, und machen Sie sich schlau.

Oliver telefoniert schon seit drei Stunden. Er hat einen Atomphysiker angerufen. Einen Professor von der Ruhr-Uni Bochum. »Guten Tag«, hat er gesagt, »ich bin ein Kollege aus der Germanistik, und ich brauche Ihren Rat, denn schon sehr bald strahlt meine Katze.«

Der Professor freut sich aufrichtig, dass sein Wissen dazu dienen kann, uns hilfreich unter die Arme zu greifen. Zehn Tage lang wird Gobi in der Klinik in Quarantäne bleiben müssen. Danach ist sie wieder alltagstauglich, aber trotzdem weiter radioaktiv. Eine Katze, deren Schilddrüse mit Jod-131 behandelt wurde, strahlt noch ungefähr vier Wochen. In dieser Zeit sollte man sie nicht oder nur ganz kurz auf den Schoß nehmen oder beschmusen. Die eigenen Organe könnten geschädigt werden. Eine Lösung bieten Röntgenwesten aus dem Arztpraxisbedarf. Wie stark und wie lange die Katze strahlt, hängt von der radioaktiven Zerfallsrate ab und lässt sich mit einem Geigerzähler messen, den wir auf eBay bestellt haben. Der Geigerzähler kommt aus Russland. Die Röntgenwesten kommen von unserer Tierärztin Karin, die derlei Praxisbedarf, anders als wir Privatpersonen, bestellen kann.

Bei eingeschaltetem Lautsprecher erläutert der Bochumer Gelehrte für Physik in aller Ruhe, was die Welt im Innersten zusammenhält. Dank Gobis anstehender Therapie lernen wir alles Elementare über das Messen von Strahlung in Millisievert und die Berechnung radioaktiver Halbwertszeiten. Ich schreibe mit, was Oliver aus dem Telefonlautsprecher holt, und rechne aus, wie lange wir in Zukunft Schutzwesten tragen müssen. Für unsere Zwecke wissen wir mittlerweile genug, aber Oliver kann einfach nicht aufhören, mit dem Mann zu telefonieren. Er, der »Kollege aus der Germanistik«, beginnt gerade die Kernphysik zu begreifen. Es geht längst nicht mehr um Gobis Spezialtherapie, sondern ums große Ganze.

»Das heißt also, wenn ich ein Atom spalte, erzeuge ich im Grunde unkontrolliert neue Elemente?«

»Ja«, antwortet der Professor im Lautsprecher. »Beschießt man den Kernbrennstoff Uran-235 mit langsamen Neutronen, zerfällt er in zwei ungefähr gleich große Trümmerkerne mit jeweils einer Kernmassezahl über 100. Das Atom zerfällt also niemals in zwei Stücke, deren Summe wieder genau die Ausgangsmasse ergeben würde.«

Oliver ist geistig erregt.

Er sagt: »Also, wenn Kernspaltung Holzhacken wäre, dann kloppe ich den Scheit in zwei Stücke, und die beiden Stücke haben dann zusammen mehr Masse als vorher?«

»Ja, minimal natürlich, aber dieser winzige Unterschied ist es, der die Hütte heiß macht. Diese kleine Menge übrige Masse, die keinem der beiden entstandenen Teile mehr angehört, wandelt sich augenblicklich in Energie um. Sie wissen schon. Einstein. e = mc². Sie müssen sich vorstellen, Sie spalten den Holzscheit in zwei Teile, und ein paar winzige zusätzliche Splitter und Fasern entzünden sich augenblicklich. Aber jetzt kommt's, Herr Uschmann …«

»Was?«

Oliver tippelt aufgeregt auf der Stelle.

Tenhi liegt auf meinem Schreibtisch und drückt seine Wange gegen den Kuli, mit dem ich schreibe. Gobi trägt ihr beseeltes Bällchen aus dem Schlafzimmer die Treppe hinunter.

Der Professor sagt: »Anders als beim Holzhacken bestehen die zwei Trümmerkerne, die nach der Spaltung aus dem Uran-235 entstanden sind, selber nicht länger aus Uran.«

»Nicht?«

»Nein. Das ist im Grunde unfassbar. Magisch. Das ist Alchemie. Die Umwandlung von Elementen. Würde Vergleichbares beim Holzhacken geschehen, lägen statt zweier Scheite plötzlich ein Klumpen Eisen und ein Block Blei auf dem Bock. In den Brennstäben zerfällt das Uran-235 in Elemente wie Xenon, Strontium, Brom, Krypton, Lanthan, Plutonium … oder sogar zu Gold. Und kein Mensch weiß, was genau davon passiert.«

Oliver setzt sich. Das ist alles zu viel. In der Germanistik hat er damals gelernt, Literatur so zu deuten, wie es der jeweiligen Theorie, die man anwendet, gefällt. Sage nicht ich. Sagt er. Heute. Das ist wiederum auch Alchemie. Es liegt immer der gleiche Text auf dem Tisch, aber das Werkzeug, mit dem man ihn bearbeitet, verwandelt ihn jedes Mal in etwas anderes. Interpretiert man ihn mit psychoanalytischen Methoden, ist er ein Gleichnis für den Kampf widerstrebener Kräfte im Menschen. Vergleicht man ihn mit anderen Texten, wird er zum Geflecht aus »Diskursen«. Legt man marxistische Maßstäbe an, ist er eine subtile Kampfschrift. Besonders gut geht das bei sehr rätselhaften Texten. Aber jetzt und hier – die handfeste Kernphysik von Teilchen, die nie jemand berühren konnte. Oliver stockt der Atem.

»Wann geht's denn los mit Ihrer Katze?«, fragt der Professor.

»In drei Tagen«, antwortet Oliver.

Gobi hat das beseelte Bällchen derweil nach unten geschleppt. Aus dem Erdgeschoss ertönt ihr dramatisches Wehklagen. Laut wie der Muezzin am Morgen.

»Oh«, sagt der Professor. »Ich höre die Katze. Leidet sie?«

»Nein, nein, das ist jetzt nur Theater. Schauspiel ist ihr Hobby. Gerade spielt sie *Der Widerspenstigen Zähmung.*«

Der Kernphysiker lacht.

»Herr Uschmann, ich habe jetzt eine Vorlesung.«

»Oh, das schaffe ich aber nicht so schnell nach Bochum.«

»Nein, ich meinte damit nur: Ich muss jetzt fürs Erste Schluss machen.«

»Ach so.«

»Falls was ist, gebe ich Ihnen jetzt noch meine Mobilnummer.« Oliver notiert die Ziffern.

Er strahlt.

Drei Tage später stehen wir in der Tierklinik Norderstedt im Sprechzimmer mit dem Untersuchungstisch. Hinter der Tür verbirgt sich der Raum mit den Boxen, in denen die Katzen hocken, die mehrere Tage hierbleiben müssen. Oder gar ganze zehn bis elf wie Gobi, damit sie nicht das ganze Land verstrahlen. Angehörige der vierbeinigen Patienten dürfen diese Schwelle nicht übertreten, aber Professor Weigel spürt, dass wir beide nicht eher beruhigt sind, bevor er uns den Bereich in detailliertester Weise vor Augen geführt hat. Dieser Professor ist mindestens ebenso freundlich und genau in seinen Worten wie der Kernphysiker der Ruhr-Uni. Er hat uns die anstehende Behandlung bestens erklärt. Mich beruhigte dabei die Plausibilität seiner Worte und der beschriebenen Methode. Oliver beruhigte seine warme Stimme und die Tatsache, dass der Mann mit seinem Tom-Selleck-Schnauzer sowie dem gräulichen, leicht lockigen Haar ein bisschen wie sein Vater aussieht.

Professor Weigel sagt, die Box, in der Gobi zehn Tage lang bleiben muss, hat ungefähr die Größe einer Transportkiste für Hunde. Oder eines Terrariums im Zoo, in dem vier oder fünf Chamäleons auf Zweigen und Felsen Platz finden. Oder des Kofferraums eines Smarts. Wir haben der Schwester für Gobi eine Kuscheldecke sowie ein schwarzes Filzbällchen gegeben, damit sie sich wenigstens ein bisschen zu Hause fühlt. Das beseelte Bällchen ist selbstverständlich bei uns geblieben, denn alles, was mit der strahlenden Katze diese Box teilt, muss nach ihrer Entlassung entsorgt werden. Gobi versteht natürlich jedes Wort, das der Professor über ihre zukünftige Unterkunft sagt. Entrüstet blickt sie ihn, die Schwester und uns beide im Wechsel an.

»Wie? Was? Da soll ich rein? Für zehn Tage? Bin ich ein Chamäleon, oder was? Hallo? Seid ihr geisteskrank? Habt ihr was geschluckt? Liegt eine Epidemie in der Luft?«

Sylvia krault sie hinter den Ohren und flüstert ihr ins Ohr, dass alles gut wird. Zehn Tage in dieser Box für viele Jahre im Garten. Am Teich. Im Gras. Unter blauem Himmel. Ohne diese doofe, wuchernde Schilddrüse im Hals, die alles anstrengend macht.

Gobi versteht natürlich, was Sylvia sagt. Das ändert aber nichts an den unmittelbaren Aussichten für die Zukunft. Zehn Tage auf einem Quadratmeter.

Gobi sagt: »Euch ist klar, dass ich es den Leuten hier nicht einfach machen werde? Das ist euch klar, oder?«

Ich schaue ihr in die Augen und antworte, so gut ich telepathisch kann: »Lass sie leben. Die Schwestern und Pfleger. Ich weiß, im Krieg gibt es Opfer. Aber lass sie leben.«

Gobi sagt: »Hm. Mal sehen …«

Die Nacht verbringen wir in einem kleinen Hotel unweit der Klinik. Die Zimmer sind verwinkelt, und das ganze Haus wirkt, als sei es nicht erbaut worden, sondern gewachsen. Frühstück gibt's in einem gigantischen Wintergarten zwischen den Gebäudeteilen. Aus dem Radio neben dem Rührei erklingt nicht wie üblich Popmusik und Werbung für Carglass, sondern klassische Musik. Am Morgen machen wir einen letzten Abstecher in die Klinik und lassen uns erneut beruhigen. Die Behandlung hat bereits begonnen. Alles sei gut. Wir können gelassen heimfahren. Und wenn was wäre – anrufen.

Natürlich ist was.
Jeden Tag.
Es ist, dass unsere Gobi in einer Box sitzt, radioaktiv bestrahlt, eingepfercht auf einem Quadratmeter neben, unter und gegenüber anderen Boxen, in denen fremde Katzen liegen, die sich das Ganze zu ihrer Verwirrung auch noch klaglos gefallen lassen. Ich sehe sie vor mir, unsere wüste Gobi. Wie sie die anderen Katzen aufzuwiegeln versucht. Besonders den rot getigerten Kater dort, in der zweiten Box schräg gegenüber. Der ist viel zu gelassen für die empörende Lage. Liegt ständig dösend mit dem Kopf auf seinen Vorderpfoten und freut sich, wenn die Schwestern kommen, um die Katzen zu füttern und zu kraulen. Ja, das muss man zugeben, wird Gobi denken, die Schwestern kraulen uns hier ausführlich, aber was sind schon die insgesamt vielleicht neunzig Minuten Kraulen am Tag, wenn man zehn Tage lang hierbleiben muss?

So denkt Gobi und merkt, dass sie die anderen Katzen leider nicht aufwiegeln kann. Dann wird es Abend, und die Sonne geht unter in Norderstedt, am südlichsten Rand Schleswig-Holsteins. Nur einmal raus aus dem Ort, vorbei am Arriba Erlebnisbad, beherzt die B432 überquert, und man ist in Hamburg Langenhorn. Knapp darunter liegt der Flughafen. Last Minute nach Ägypten, denkt sich Gobi, ins Land meiner göttlichen Vorfahren. Was würde Bastet tun, um sich in einer Box in der Tierklinik an den Menschen zu rächen? Ein wenig nur, denn sie heilen mich ja? Aber doch genug, damit sie spüren, wie ich mich fühle? Ein listiges Lächeln erscheint in Gobis Gesicht. Blick auf die Uhr. 2:15 Uhr. Die Schwester der Nachtschicht liegt oben im Bereitschaftsbett und schläft. Weil es ja ruhig ist. Nichts los. Keine Notfall-OP. Keine Sonderbehandlung. Die Chance, ein paar Stunden zu ruhen. Gobi holt tief Luft, erinnert sich an die schrägsten Dissonanzen, die Katzenstimmbänder zustande bekommen, und beginnt ihr unerbittliches Nachtgeschrei.

So wird das laufen.

Jede Nacht.

Ganz sicher.

Ich schließe das aus dem Tonfall des Professors, mit dem wir tagsüber telefonieren und der uns in aller Seelenruhe versichert, dass alles gut läuft. Oliver hört die Zwischentöne nicht, die in der tiefen Stimme aus dem Telefonlautsprecher mitklingen. Er hört nicht, wie der Chef der Klinik sagt: »Zwei Schwestern musste ich schon auswechseln. Und der Polizei des Ortes erklären, dass wir in der Nacht nichts Schlimmes mit den Katzen machen.«

Ich rate ihm, doch einfach mal am späten Abend anzurufen. So gegen 23 Uhr oder kurz vor Mitternacht, wenn die Nachtschicht gerade begonnen hat. Er macht es. Schaltet den Lautsprecher ein. Eine Schwester geht ran. Ihre Stimme brüchig. Ihr Leben an den seidenen Fäden der zerfetzten, auf hauchdünne Fäden heruntergewirtschafteten Nerven.

»Tierklinik Norderstedt, Jansen, was kann ich für Sie tun?«

»Ja, guten Abend, ich …«

»UHHH-WÄHHH-WAU-AAH!«

»Augenblick, bitte …«

Die Schwester legt den Hörer ab. Ihre Schritte entfernen sich in Richtung der Boxen. Wir hören sie mit Gobi sprechen.

»Süße, was denn? Was sollen wir denn noch tun? Es steht hier Premium Futter. Es steht hier Super Premium Futter. Der Doktor hat extra den Wildlachs frisch aus Alaska einfliegen lassen.«

»UHHH-WÄHHH-WAU-AAH!«

»Ja, es ist so! Noch ein paar Tage. Und guck, die anderen Katzen hier wollen doch auch mal schlafen. Also, nachts.«

»UHHH-WÄHHH-WAU-AAH!«

Die Schwester erhebt ihre Stimme. Nun klagt sie ebenfalls in einem ähnlichen Tonfall wie unsere Gobi.

»Ich sage nur: 365 Minuten! So lange hat meine Kollegin dich gestern Nacht gekrault!«

»UHHH-WÄHHH-WAU-AAH!«

»365 Minuten! Sie hatte Pläne im Leben! Jetzt war's das. Jetzt liegt da hinten die Kündigung! Sie arbeitet vorerst lieber bei ihren Eltern in der Bäckerei! Da kommt sie zu mehr Schlaf als hier!«

Gobi bleibt für einen Augenblick ruhig. Diese Information hat sie anscheinend doch ein wenig befriedigt.

Die Schwester kommt ans Telefon zurück: »So, entschuldigen Sie, eine Patientin von uns ... was war jetzt?«

»Oh, öh, nichts weiter. Verzeihen Sie. Versuchen Sie, eine Runde zu schlafen.«

Eine Woche später. Gobi abholen. Wir sitzen im Wartezimmer der Klinik. Unsere Süße wird gerade transportfertig gemacht. Die Schilddrüse ist stillgelegt. Ihre Funktion wird wie beim Menschen fortan durch die Gabe von Thyroxin ersetzt. Nun warten lediglich vier Wochen Nachstrahlung auf uns. Neben unseren Füßen steht der große weiße Eimer, den man uns schon mal gegeben hat. Ein Eimer mit Deckel und radioaktivem Warnsymbol darauf. In ihm müssen wir die kommenden Wochen den Katzensand aus der Toilette sammeln. Er darf nicht in den Hausmüll während der Zeit. Die Häufchen strahlen zu stark. Nach Ablauf der Frist senden wir den gefüllten Eimer unfrei nach Norderstedt zurück, wo er ordnungsgemäß entsorgt wird.

Ich denke an Asse.

Ich denke an Gorleben.

Wenn Sie das nächste Mal im Fernsehen Bilder aus vorläufigen »Endlagern« sehen, und es stehen weiße Eimer neben den typischen gelben Tonnen, dann wissen Sie jetzt: Da lagert radioaktive Katzenscheiße neben den alten Brennstäben.

Das Wartezimmer ist voll mit Menschen, deren Tiere ihre Behandlung noch vor sich haben. An der Pinnwand neben dem Empfang werben Aushänge für die Arbeit in diesem ehrwürdigen Haus. *Schwester/Pfleger gesucht. Auch ohne Ausbildung. Bereitschaft zu Schichtdienst und sehr hohe Belastbarkeit erforderlich.* Gobi hat ganze Arbeit geleistet. Bastet wäre stolz auf sie. Oliver sitzt neben mir auf dem Wartezimmerstuhl und lässt die Ferse seines rechten Fußes auf- und abwippen.

»Ihrer ist aber ganz schon nervös.«

Eine Frau mit praktischer Kurzhaarfrisur zeigt auf Olivers wippenden Fuß neben mir. Ich bin gelassen, denn unsere Katze ist gerettet. In aller Ruhe löse ich Rätsel bei *Professor Layton* auf dem Nintendo DS.

»Ja«, sage ich, »er ist ein ganz Unruhiger.«

Die praktische Kurzhaarfrisur schüttelt lächelnd den Kopf.

»Das kenne ich von meinem. Haben Sie's schon mal mit Trainingsstunden versucht?«

Ich nehme den Touchpen vom Display der kleinen Spielkonsole.

»Er hatte einen ganzen Kurs, im Frühjahr. Damit er gelassener wird. Nicht mehr so nervös und bissig.«

Die Frau schaut wieder auf Olivers wippenden Fuß. Eigentlich hat er sich das abgewöhnt. Er muss schon sehr aufgeregt sein, bevor sein Fuß die Regie übernimmt. Einmal erzählte er mir, wann das angefangen hat. Die Religion war schuld daran und die Mathematik. Die Religion, weil ihm die Kommunionslehrerin erklärte, dass der Herrgott wirklich alles sieht und man sich nirgendwo verstecken kann. Die Mathematik, wenn er in der Schule an die Tafel kommen und eine Aufgabe vor der ganzen Klasse berechnen sollte.

Die Frau gegenüber lehnt sich zurück: »Man meint, es bringt was, wenn man sie in solche Kurse schickt, aber es bringt nichts.«

»Nein«, sage ich, »es bringt nichts.«

Ich setze den Touchpen wieder an.

»Ich darf heute nervös sein«, sagt Oliver. »Immerhin holen wir nach einer Nukleartherapie unsere Katze wieder ab.«

Unsere wüste Gobi.

Die Rächerin der Klinikboxenkatzen.

»Soooooooooo …«

Eine Schwester betritt das Wartezimmer, die Transportbox mit Gobi darin in der Hand. Ihre Augen sind knallrot. Das linke untere Augenlid zittert. Hinter ihr grinst der Professor so breit, dass sich sein Schnauzer bis unter die Augen zieht.

»Es ist prächtig gelaufen!«, sagt er.

Ich lege die Konsole ab und springe auf, um Gobi zu begrüßen.

»Meine Süße!«

Oliver schüttelt dem Professor die Hand.

»War sie brav?«, fragt er gespielt unschuldig. »Auch nachts und so?«

Der Schwester entfährt ein unkontrollierter Kiekser. Es klingt wie bei Wahnsinnigen in alten Psychiatriefilmen wie *Einer flog über das Kuckucksnest.*

»Sagen wir mal so«, antwortet der Professor, »meine Schwestern hatten auch nachts mal die Gelegenheit, die Ablage zu machen.«

Die Frau mit der praktischen Kurzhaarfrisur zupft am Ärmel ihrer Bluse herum. Ich packe die Konsole in meine Tasche.

»Im Auto haben Sie eine ganz große Box?«, fragt der Professor.

»Ja«, nickt Oliver. Mittig festgeschnallt. »Mit Decke drin und kleinem Katzenklo.«

»Gut. Dreihundertfünfzig Kilometer sind kein Zuckerschlecken.«

Er wirbelt herum, schnippt und bekommt von der Rotäugigen eine Spritze in die Hand gedrückt.

»Ich gebe ihr jetzt noch ein Beruhigungsmittel für die Fahrt. Dann döst sie die ganze Zeit schön vor sich hin, und Sie sparen sich die ständige Frage ›*Wann sind wir denn endlich da, Papa?*‹ aus dem Rückraum.«

Der Professor lacht. Dann muss er husten. Schnell ist die Nadel in der Katze versenkt.

»Was ist das?«, frage ich.

»Diazepam. Gegen Nervosität und innere Unruhe.«

»Gut.«

»Professor Weigel«, sagt Oliver, »danke für alles.«

»Dank nehme ich gerne an«, sagt Professor Weigel, »und die 1550 Euro.« Er wirft den Kopf in den Nacken und lacht. Die Frau mit der praktischen Kurzhaarfrisur hört auf, am Ärmel ihrer Bluse herumzuzupfen, und reißt die Augen auf.

Eine halbe Stunde später haben wir Gobi in die riesige, mit Spanngurten im Kofferraum zentrierte Hundebox verfrachtet und fahren auf den knirschenden Kies eines Getränkemarktes, um ein paar Vorräte für die Fahrt zu kaufen.

»Holst du?«, frage ich Oliver.

»Fachinger still, Fassbrause Holunder und Malzbier?«

Ich nicke.

Als Oliver aus dem Geschäft wiederkommt, stehe ich schon vor dem geöffneten Kofferraum. Gobi sitzt vorwurfsvoll am Rand der Box nahe dem Gitter. Ich habe nicht den Eindruck, dass sie von dem Beruhigungsmittel großartig müder wird. Eher im Gegenteil.

»Die Katze hat gekackt«, sage ich.

»Fantastisch«, sagt Oliver, »dann ist das schon mal erledigt.«

»Das Verdauungsgut sollte aus dem Auto, bevor wir weiterfahren«, sage ich. Oliver hält die Nase in den Wagen und stimmt zu. Während ich Gobi festhalte, pörkelt er mit der kleinen Schaufel die Häufchen aus dem Sand.

»Theoretisch müssen die schon in den Eimer für Strahlenabfall, oder?«

Ich sage: »Ja, aber mach schnell.«

Gobi windet sich in meinen Händen. Was ist die denn so nervös?

Ich raune: »Ruhig, Süße. Einfach eine Runde pennen, und schon sind wir zu Hause.«

Oliver kramt den Eimer hervor und kriegt den Deckel nicht auf.

»Da ist irgendwie Kindersicherung!«, flucht er.

Ich schiebe Gobi in die Box und schließe die Tür.

Oliver bricht sich einen Fingernagel ab. Er schnauft, sieht sich kurz um, geht mit der kleinen Schaufel auf den mit Unkraut bewachsenen Rand des Getränkehandelsparkplatzes zu und will die strahlenden Häufchen zwischen Brennnessel und Schafgarbe verklappen. Ich kriege den Eimer auf, und wir ersparen der Gegend die atomare Verstrahlung.

Wir fahren.

Ich trinke Holunderbrause.

Im CD-Player singt Sting sinngemäß: »Wenn irgendeiner dort oben im Himmel mich mag, wenn irgendeiner dort oben sich kümmert, befreie er mich vom Bösen, bewahre er mich vor diesen boshaften Fallen.«

Oliver wirft einen Blick auf den Tacho.

»Öhm, weißt du noch auswendig, ob hier achtzig ist oder hundert?«

Ich sage: »Hauptsache, die Katz ist gesund.«

Sting fleht: »Nicht in die Versuchung, nicht an den Rand des Abgrunds!«

Oliver klopft mit den Fingern auf dem Lenkrad den Takt. Auf diesem Album spielt Vinnie Colaiuta Schlagzeug. Einer der besten fünf Drummer der Welt, wie Oliver betont. Er weiß Hochleistungs-Schlagzeuger so sehr zu schätzen wie Hochleistungsfußballer. Colaiuta, sagt er, sei der Lionel Messi der Rhythmen.

»Mäh!«

Gobi miaut.

»Määäh!«

Gobi miaut im Klageton. Nicht im Bällchen-Klageton. Kein Drama, sondern ein Quengeln. Ein sehr drängendes Quengeln.

Ich schaue auf die Uhr. Seit dem Getränkemarkt sind gerade mal fünfundzwanzig Minuten vergangen. In zweitausend Metern nähert sich die Auffahrt zur Autobahn.

»Määäh! MÄÄÄH! MÄÄÄHÄÄÄHÄÄÄ!«

Ich drehe mich um: »Was ist denn, Süße?«

Oliver fragt, was los ist. Er lässt seine Augen mittlerweile grundsätzlich auf der Straße, seit er mal auf Lesereise mit seinem Zweitwagen beim Rausfahren von einem Rasthof stumpf geradeaus in die Leitplanke geknallt ist. Er war gerade dabei, Zucker in seinen Kaffee zu rühren, während er eine SMS beantwortete und eine neue CD einlegte.

Ich antworte: »Gobi ist nicht nur immer noch wach. Die steht stramm wie ein Bürgerschütze in der Box.«

»MÄÄÄHÄÄÄHÄÄÄ!«

Krrruuuuuuuuuuuuuuuuuurtzzzzzzzzzzzzzzzzzz.

Gobi fängt an zu kratzen. Unnachgiebig zieht sie die ausgefahrenen Krallen über den inneren Rand der Hartplastikbox. Mit den Hinterbeinen tritt sie dabei dermaßen heftig aus, dass es im Kofferraum des Kombis rumpelt wie bei einer Entführung.

»Süße! Ganz ruhig!«

Oliver blinkt und fährt auf die Autobahn. Links von uns pflügt sich ein Vierzig-Tonner weiter geradeaus Richtung Horizont. Auf seiner dunkelblauen Plane ist eine flammende Sonne abgedruckt. Kaum sind wir auf der Autobahn und Oliver gibt Gas, verwandelt sich die Katze endgültig in einem Flummi. Unter lautem Gebumper titscht die frisch therapierte Patientin durch die Box wie eine Silberkugel durch einen Flipper.

»Um Himmels willen«, sage ich, »die verletzt sich noch.«

Gobi scharrt.

Gobi springt.

Gobi bumpert.

»Parkplatz!«, rufe ich, doch natürlich materialisiert sich allein aufgrund meines Rufes nicht auf der Stelle eine Ruhebucht am Rand der Piste. Oliver gibt noch mehr Gas, um den nächstmöglichen Parkplatz schneller zu erreichen.

»MÄÄÄHÄÄÄHÄÄÄ! WUUUUUHUUUU! WIAAAAARK! WIAAAARK!«

»Was machst du denn???«

»Zum Parkplatz fahren!!!«

»Aber die rastet aus da hinten!«

»Ja, wieso denn??? Sie hat doch Diazepam im Blut!!!«

Ich halte eine Sekunde inne, ziehe mein Telefon aus der Tasche und öffne die Internet-Suchmaschine.

KURZES LOB DER AUFKLÄRUNG

Nach Jahrhunderten des gut gemeinten Blutvergießens und der Opfergaben zur Befriedigung der Götter erkämpfte sich die Menschheit den Weg hinaus aus dem Dickicht des Aberglaubens in die strahlende Welt der Wissenschaft und der Medizin. Eine Welt, in der jeder Wirkung eine Ursache vorauseilt. Eine Welt der streng logischen Schlussfolgerungen, die jede Form von Zufall und Unwägbarkeit verbannt haben.

Ein Gipfel dieser glorreichen zivilisatorischen Leistung sind – neben Tütensuppen und Wunderbäumen – Medikamente. Die Pharmakologen, die sie erfinden und herstellen, vollbringen eine kolossale, gleichsam prometheische Leistung. Für jedes Symptom finden sie genau die richtige Arznei, die nach der Einnahme folgerichtig und zielgenau zur gewünschten Wirkung führt.

Es sei denn, sie führt zur entgegengesetzten Wirkung.

Dann hat man eben Pech gehabt.

»WIAAAAARK! WIAAAAARK! RACKATACK! RACKATACK!«

Im Kofferraum ist die Hölle los.

Führen wir durch einen Horrorfilm, würde ich nicht auf eine Katze tippen, die der schwarze Kombi da im Kofferraum über die A1 transportiert, sondern auf einen Wendigo.

»Ach, du Scheiße!«, hauche ich, als ich im Netz finde, was ich suche.

»Was?«, hüpft Oliver auf dem Fahrersitz herum, »was?«

Ich zitiere: »Es ist bekannt, dass es bei Verwendung von Diazepam zu paradoxen Reaktionen wie Ruhelosigkeit, Agitation, Reizbarkeit, Aggressivität, Wahnvorstellungen, Wutausbrüchen, Albträumen, Halluzinationen, Psychosen, auffälligem Verhalten und anderen Verhaltensstörungen kommen kann.«

»BRUUUUUUAAAAAHRRRR!!!«

Agitation.

Aggressivität.

Wutausbrüche.

Das passt.

Mittlerweile klingt die Katze wie ein Death-Metal-»Sänger«.

»Aber das kann gar nicht sein«, jammert Oliver, »Professor Weigel weiß doch, was er tut. Er hat einen Schnauzbart!«

Ich halte ihm das Telefon hin:»Ruf ihn an.«

Normalerweise soll er nicht am Steuer das Handy benutzen. Jetzt ist es mir egal. Dass er anrufen soll, statt ich, liegt an der sozialen Erfahrung, die wir in den letzten Jahren mit der zivilisierten Menschheit auf dem Gipfel der Aufklärung gemacht haben. Es ist weiterhin so, dass Männer sich grundsätzlich nur von Männern etwas sagen lassen. Vor allem dann, wenn sie im 21. Jahrhundert immer noch so aussehen wie Tom Selleck als Thomas Magnum.

Mit der linken Hand lenkend, holt Oliver sich rechtshändig den Professor ans Ohr. Er hat auf der Stelle Zeit für uns. Noch etwas, das man mit der Zeit begreift: Wartezeiten am Telefon verkürzen sich proportional zur Höhe der in die Behandlung investierten Summe. Oliver schaltet den Lautsprecher an.

»Herr Uschmann, schon zu Hause?«

Oliver unterbricht des Doktors heiteres Geflöte und illustriert ihm die apokalyptische Lage im Wagen in schillernden Worten sowie dadurch, dass er das Handy mit eingeschaltetem Lautsprecher einfach kurz nach hinten in den Bereich der schreienden und tobenden Katze hält.

»Oh«, sagt der Doktor.

»Wie, oh?«

»Kontraindikation. Das passiert in einem von tausend Fällen. Dann wirkt Diazepam nicht wie ein Beruhigungsmittel auf die Katze, sondern wie reines, unverschnittenes Kokain.«

Ich schlage die Hand vor die Stirn.

Oliver schimpft mit dem Doktor:»Und warum sagen Sie das nicht vorher?«

»Herr Uschmann, hätte ich Sie ganz ohne Beruhigungsmittel auf die Reise schicken sollen?«

»Ja, tolle Beruhigung! Wir haben die Katze zu Ihnen gebracht, damit die Überfunktion der Schilddrüse ihr vergrößertes Herz nicht kollabieren lässt. Jetzt schadet die Schilddrüse nicht mehr, aber die labile Herzpatientin wurde mit einer Ladung Koks in einen Käfig eingeschlossen!!!«

»BRUUUUUUAAAAAHRRRR!!! BROOOOOAAAAAAAK!!!«

Die Katze rast.

Agitation.

Aggressivität.

Wutausbrüche.

Ich denke an eine grauenvolle Band, die Oliver mir mal vorgespielt hat. Obituary. Death Metal aus den Neunzigern. Er findet sie witzig, weil sie keine Texte singen. Wobei »singen« bei Death Metal ja »growlen« heißt, also Grollen. Diese Männer grollen. Es klingt dann ganz ähnlich, wie das, was Gobi gerade macht, nur eben tiefer. Bei den allermeisten Gruppen steckt ein Text dahinter. »BRUUUAAAHRRR!!! BROOOAAAK!!!« heißt dann zum Beispiel, wenn man im Textheft nachschlägt: »By dawn we rise from the shadows/broken souls in nameless graves.« Nur der Frontmann von Obituary brüllt gar keine Texte. Bei ihm heißt »BRUUUAAAHRRR!!! BROOOAAAK!!!« tatsächlich: »Bruuuaaahrrr! Broooaaak!« Der Mann hatte Humor.

»Was sollen wir denn jetzt machen?«, jammert Oliver.

»In solchen Fällen hilft nur Beobachten«, sagt der Doktor. »Gucken, was hilft. Wann der Patient am wenigsten tobt. Und das dann beibehalten.«

Ich sage: »Ich fasse es nicht.«

Oliver schimpft: »Professor Weigel! Wir haben noch 320 Kilometer vor uns!«

Der Professor sagt: »Machen wir 1450 Euro.«

Es dauert noch zwanzig Minuten, bis wir begreifen, was genau Gobis vorübergehenden Wahnsinn in etwas geordnetere Bahnen lenkt. Welche Methode hilft, damit »der Patient am wenigsten tobt«.

Es ist das Tempo.

Immer, wenn die Tachonadel unter einen bestimmten Wert sinkt, hört Gobi auf, sich gegen die Wände ihrer Zelle zu werfen und dabei die nicht vorhandenen Texte von Obituary zu brüllen. Das Tempo, auf welches Oliver den Wagen drosseln muss, um diesen Effekt zu erreichen, lautet: 55 km/h.

Nicht, dass wir uns missverstehen. Fünfundfünfzig Kilometer pro Stunde zu fahren bewirkt nicht, dass Gobi ruhig ist. Es lindert lediglich die Tollwut. Die Tatsache, dass wir überhaupt fahren und sie zu ihrer eigenen Irritation mit einer Droge vollgepumpt ist, die jede Zelle ihres Körpers in nervösen Aufruhr versetzt, sorgt dafür, dass Gobi weiterhin ohne Pause miaut.

Ein normales, quengeliges Miauen, das für sich genommen, ab und zu, daheim an der Terrassentür oder vor dem leeren Napf, zum Alltag gehört, wird auf einer Länge von 320 Kilometern bei 55 km/h *ohne eine einzige Pause* allerdings zur chinesischen Tropfenfolter.

»Miau.«

»Miau.«

»Määh!«

Langsam kriecht der Wagen dahin.

Bis vor Kurzem haben wir noch reagiert. Haben ab und zu »Süße!« gesagt oder »Maus!«, tröstend und tadelnd zugleich. Doch dann wurde der Protest stärker.

Mittlerweile sprechen wir nicht mehr.

Schauen nur starr durch die Windschutzscheibe, während Sting seine Lieder singt, und haben uns damit abgefunden, dass es niemals mehr endet.

»Miau.«

»Määh!«

»Miau.«

Im Rückspiegel die Lichter. Hupen aus grellem Schein, tobende

Ungeduld. »Es gibt keinen Paragrafen, der verbietet, auf der rechten Spur der Autobahn bloß fünfundfünfzig zu fahren«, sagt Oliver. »Der Gesetzgeber verlangt lediglich, dass das Fahrzeug mindestens 60 km/h fahren kann und dass man in dem Tempo fährt, bei dem man sich den eigenen Fähigkeiten und Umständen entsprechend noch sicher fühlt.«

Ich nicke müde.

Ob der Gesetzgeber an diese Umstände gedacht hat?

»Miau.«

»Mäh.«

»MÄH!!!«

Ein Audi huscht links an uns vorüber. Sein Cockpit ist hell erleuchtet. Im Inneren zeigt uns der Mann mit Headset im Ohr und weißem, eng sitzendem Hemd so heftig den Vogel, dass sich sein Zeigefinger beinahe in seinen Schädel bohrt.

»MÄH!«

»MÄHÄÄ!«

»MEH-AUK!«

Keine Pause.

Kein Absetzen.

Keine Gnade.

Bei Sting fällt mittlerweile das Quecksilber. »Ich kann das Feuer nicht entzünden, so wie sie es tat«, singt er, »ich verbringe meine gesamten Tage damit, nach trockenem Holz zu suchen.«

Ich stelle mir vor, wie das sein muss. Aus dem Blockhaus in einen Wald gehen zu dürfen und in Ruhe nach Brennholz zu suchen. Keine Geräusche außer dem Wind in den Tannen. Ab und zu schreit ein Kauz.

»MAUK!«

»MAUK!«

»MUH-ARK!«

Ich schaue aus dem Fenster auf die weißen Streifen, die im Schneckentempo unter dem Wagen verschwinden. Auf dem einen Streifen eben saß eine dicke Fliege. Ich konnte beim Herannahen ihre Augen erkennen.

»MAK!«

»MAUK!«

»MAK! MAK! MAK!«

Ich schüttle sachte den Kopf: »Wie soll ihr Herz das bloß durchhalten?«

Oliver bremst ab auf 42 km/h.

»MAUK!«

»MAK!«

»Mi…«

Pause.

Beide reißen wir unsere Köpfe herum.

»…au!!!!!«

Sie lebt.

Und macht weiter.

Noch 272 Kilometer.

Ich beginne zu rechnen.

Ein »Miau« oder »Mauk!« oder »Mak!« dauert höchstens eine Dreiviertelsekunde. Macht ungefähr achtzig Laute pro Minute. Bei einer Geschwindigkeit von 42 km/h brauchen wir bis daheim noch rund sechseinhalb Stunden. Das sind 390 Minuten. 390 mal 80, das macht … noch 31 200 Klagen bis zur Ankunft.

»Miau.«

»MÄK!«

»MEHH-LAU!«

Nun denn. Drei sind schon mal weg. Man muss die Dinge positiv betrachten. Als könnte Oliver meine Gedanken lesen, schaut er mich an, und wir beginnen beide wie wahnsinnig zu lachen.

Er drosselt das Tempo auf 38 km/h.

Vor dem Fenster fliegt, die Flügel machtvoll in Zeitlupe auf und abschlagend wie ein Segeltuch aus Leder, eine Motte vorbei.

Um 6:25 Uhr am Morgen fahren wir auf unseren Vorplatz. Die Tür des Nachbarhauses gegenüber öffnet sich, und Gerd grüßt uns, eine Thermoskanne in der Hand. Er tritt seinen Frühdienst als Verkehrspolizist auf der Autobahn an, von der wir gerade kommen.

Einunddreißigtausendzweihundert … und zwölf.

Wir steigen aus.

»Guten Morgen!«, sagt er.

Wir öffnen den Mund, um den höflichen Gruß zu erwidern, und sagen, synchron und mit starren Augen: »MIAU! MAK!«

Im Kofferraum sitzt die Katze still und schaut den Nachbarn an, als wolle sie sagen: Bitte nichts drauf geben, die haben irgendwie die falschen Pillen genommen.

DIE AUFRICHTIGE PRÜGELSTRAFE ODER WER WAGT ES, MIR HEUTE SORGEN ZU MACHEN ?

Die Katze mag es nicht, sich um andere Katzen zu sorgen. Es sind nicht die hausinternen Revierkämpfe oder die wortlosen telepathischen Beleidigungen untereinander, die eine Katze am ehesten dazu bringt, ihrer Mitbewohnerin aufs Mäulchen zu hauen. Es ist vielmehr die Frechheit des Gegenübers, ihr unnötigen Kummer aufzubürden. Schließlich gibt es schon mehr als genug Stress im Leben.

Feiertag. Die Geschäfte sind geschlossen. Die Erwachsenen liegen noch vormittags in den Betten. Auf dem Bolzplatz oben am Ende des Hügels lassen Kinder den Fußball gegen das Gitter krachen. Da ich mir gleich ein Vollbad einlasse, habe ich eben das Katzenklo im Badezimmer geleert und öffne nun den Deckel des weißen Strahlenschutzeimers, der auf dem Mülltonnenpodest neben der Hauswand steht. Der Deckel sitzt sehr fest. Ihn abzustemmen klingt jedes Mal, als breche man morsches Holz aus einer Ruine.

Friedrich schlendert vorbei.

Seine Stimme donnert.

»Vier Tonnen reichen bei der Mülltrennung, Oliver.«

Ich hebe den Blick, den Müllsack mit der schwach radioaktiven Katzenscheiße in der Hand.

»Das ist was anderes.«

Friedrich kommt näher, um zu erkennen, was sich in dem Beutel befindet. Er begreift.

»Was denken die sich denn noch aus?«, fragt er. *Die* sind bei ihm grundsätzlich die Gesetzgeber. »Jetzt müsst ihr Katzenhalter die Streu getrennt entsorgen?«

»Nur, wenn sie strahlt.«

»Wie, strahlt?«

Ich schweige.

Friedrich guckt genauer auf den Eimer und entdeckt das gelbschwarze Warnsymbol.

Ich berichte ihm in knappen Worten von Gobis Schilddrüsentherapie. Seine Stirn legt sich in Falten wie Gebirgszüge im Jahrtausendzeitraffer. »Und jetzt ist sie gesund, oder was?«

Es klingt, als sei das irgendwie empörend. Eine Anmaßung. Oder als denke er, ich hätte mich von einem Teleshopping-Kanal für Spezialtherapien übers Ohr hauen lassen.

»Sie muss lediglich ein paar Medikamente nehmen. Unauffällig, im Futter.«

Die Gebirgszüge ziehen sich wieder glatt, die Berge verschwinden im Meer. Friedrich dreht ab. Im Weggehen brummt er: »Ob das alles so seine Richtigkeit hat, das muss ich mir noch überlegen.«

Ich schließe das Strahlenfass, gehe ins Haus und lasse mir in der Wanne mein Bad ein. Auf den Fliesen neben der Wanne wartet der Kanister mit Zusatz, den ich gerade in das Wasser gekippt habe. Die Kater stehen auf den Hinterpfoten, die Vorderpfoten auf dem Rand der Wanne. Sie machen den Hals lang. Gebannt beobachten sie den kräftigen Wasserstrahl aus dem Hahn und die tiefbraune Dunkelheit des Wassers.

»Tja, das habt ihr auch noch nicht gesehen, was?«, sagt Sylvia auf dem Weg nach unten. Gobi dreht kurz den Kopf. Tenhi bleibt vom Strahl hypnotisiert. »Der Papa tut was für seine Haut.«

Da hat sie recht. Ich lasse mir nicht irgendein Bad ein, sondern ein Moorbad. Ein Moorbad garniert mit Heublumensamen. Keck schwimmen sie auf dem schwarzen Wasser, als hätte jemand ein Bündel Getreide über der Wanne ausgeschüttelt. Das einlaufende Wasser lässt ein paar der Samenkörner im Kreis treiben, als würden sie miteinander Fangen spielen. Tenhi patscht nach ihnen und zieht erschrocken die Pfote zurück. Dass Wasser nass ist, entsetzt Katzen immer wieder von Neuem. Empört reißt er die Augen auf und legt sachte die Ohren an. Zwei Sekunden später versucht er es erneut.

Meine langjährige Badewannenerfahrung sagt mir, dass die Füllung noch etwas Zeit braucht, also gehe ich nach nebenan an den Laptop und schaue noch kurz meine Post nach. FreeMail Plus bietet mir »30 Tage Kopfkino« mit dem Probe-Abo eines Hörbuchanbieters. Julia XX sucht Männer für tabulos frivole Treffen. Leonard Schmid behauptet, ich hätte bei ihm eine Rechnung offen. Ich will gerade den ganzen Spam in den Blockierungsordner schieben, da gerät nebenan im Badezimmer das Wasser in Wallung. Ein lautes, anschwellendes, hektisches Gurgeln und Platschen. So, als ob jemand das Moorbad mit einer riesigen Kelle durchrühren würde. Begleitet wird das Wassergeräusch vom Klang kleiner Lederpfoten auf der Badewannenemaille, die hastig Halt zu finden versuchen. Es quietscht dumpf. So, wie es quietscht, wenn man als Mensch in der Wanne liegt und beim Herumrutschen im Wasser den Popo nicht anhebt. Zwei Sekunden platscht und quietscht es noch, dann werden die Plastikflaschen mit Badezusatz, die Ohrstäbchendose und der Edelstahlspender mit den Kosmetiktüchern vom Glasregal geschmissen. Eine Katze ist beim Balancieren auf dem Rand in die Wanne gefallen und hat sich aus dem Wasser befreien können. Ich springe vom Schreibtisch auf und sehe als Erstes, wie Gobi die Treppen hinunterrennt, weil der Sturz sie schockiert hat. Aus der Badezimmertür kommt Tenhi geschossen, pitschnass bis auf die Haut. Sein Fell liegt so eng an, dass er auf die Hälfte seines

Volumens geschrumpft ist. Da seine Pfoten feucht sind und im Bad wie im Hausflur Fliesen liegen, rutscht er beim Laufen vor allem mit den Hinterläufen weg wie ein Kleinwagen mit einem ins Schlingern geratenen Wohnwagen am Hänger. Der Wohnwagen ist außerdem randvoll mit Wasser, das aus jeder Ritze der Fenster und Türen fließt. Riesige Lachen haben sich im Bad und im Flur gebildet. Sie sind so breit und tief, dass das Wasser bereits über den Rand des Bodens fließt und durchs Treppenhaus ins Erdgeschoss zu tropfen beginnt. Meine Socken saugen sich binnen Sekunden voll, und ich gerate selbst ins Schlingern. Tenhi schüttelt sich angewidert und schießt Wasserfontänen auf die Tapete, die Bilder, die Pflanzen, die Decke und mich. Unglaublich, wie viel Wasser dieses Katzenfell zu speichern vermag. Da kommt kein Supersaug-Küchentuch der Welt hinterher. Nicht mal ein Autoschwamm. Sie müssen ganz schnell auf einen Schlag das Planschbecken der Kinder im Garten leerkriegen? Halten Sie kurz eine Katze rein!

»Was ist denn da oben los?«, ruft Sylvia. Ich antworte, indem ich Tenhi hastig überhole, damit ich die Schlafzimmertür zukriege, bevor er dort hinein und mit seinem 200-Liter-Wassertransport ins Bett rennt. Obwohl er kaum geradeaus laufen kann, beschleunigt er einen Augenblick. Das ist normal. Egal, wo eine Katze gerade eigentlich hinwollte – sobald sie sieht, dass ein Mensch irgendwo eine Tür schließt, ist das ihr neues Ziel.

»Nein!«, rufe ich und kann den Zugang zum Schlafzimmer knapp vor dem taumelnden Kater verschließen.

»Wie, nein?«, ruft Sylvia. »Was da oben los ist, wollte ich wissen!«

Da ich selber mit meinen Glitschsocken keinen Grip habe und nach hinten falle, halte ich mich an der alten Klinke fest, die keck aus der Holztür reißt.

»Whoah!«, brülle ich, suche stürzend nach Halt und lasse die Klinke los. Klirrend hüpft sie über die Fliesen.

»Was macht ihr denn da oben? Gobi? Was machen die Männer da? Und wieso tropft das hier???«

Tenhi rennt die Treppen hinab zu Sylvia und seinem Mitbewohner. Oder besser: Er rutscht die Treppen hinab.

Ich antworte: »Tenhi ist in die Wanne gefallen!«

»Dann pack ihn erst mal in ein Handtuch ein, und tröste ihn!«, ruft Sylvia.

»Krieg ihn nicht!«, entgegne ich. »Er kommt jetzt zu euch!«

Unten angekommen, empfängt die trockene Gobi ihren klitschnassen Mitbewohner mit der sensiblen und fürsorglichen Reaktion, die für Katzen in dieser Situation typisch ist: Sie haut ihm eins auf die Fresse.

»Gobi, nein!«, mahnt Sylvia, doch die trockene Katze ist außer sich. Ihr Schwanz ist aufgeplustert, die Ohren sind angelegt, die Augen auf Krawall gebürstet. Sie faucht und knurrt.

Ich greife mir ein Handtuch aus dem schwimmenden Badezimmer und schlittere die Stufen hinab. Bevor ich mir Tenhi greifen kann, hat er schon wieder eine Ohrfeige sitzen. Unerbittlich zieht ihm Gobi die Pfote über den Schädel.

»Nein!«, mahnt Sylvia energischer, »Krallen rein! Wir hauen keine nassen Kater!«

»Formulier das nicht so«, sage ich, »dann denkt sie, trockene Kater darf sie jederzeit hauen.«

»Jetzt pack Tenhi ein!«

Ich versuche, das Handtuch um den nassen Kater zu legen. Nun hagelt es Hiebe gegen uns beide. Tenhi ist völlig verwirrt. Von vorne bekommt er Backpfeifen, von hinten will ihn einer in ein riesiges Tuch einrollen.

»Lenk sie ab!«, sage ich, damit Gobi mit dem Schlagen aufhört.

Sylvia holt das Glas mit den Leckerli, schraubt es auf und wirft ein Knusperstück die Treppen hinunter ins Untergeschoss. Für eine halbe Sekunde sorgt der schwanzaufgeplusterte Alarmmodus, in dem Gobi sich befindet, noch dafür, dass sie nicht sofort ihrem Instinkt folgt. Dann schaltet sie doch in den Jagd- und Schlemmermodus. Wie ferngesteuert hastet sie der Knusperbeute nach, während ich Tenhi endlich ins Badetuch packe.

WUT ÜBER DIE SORGE

Wenn wir Menschen ehrlich wären, würden wir uns auch wie die Katzen benehmen. Was machen wir denn schließlich, wenn uns ein Familienmitglied durch seinen desolaten Zustand Sorgen aufbürdet? Wir lassen alles stehen und liegen, nehmen uns Zeit und kümmern uns um den Armen. Ganz egal, wie es uns gerade geht. Aber was würden wir gerne machen? Ihm in die Fresse hauen und uns beschweren!

Stellen Sie sich mal vor, wie erfrischend das wäre. Ihr Onkel Gustav liegt überraschend im Krankenhaus und denkt, er sei zu bedauern, da stürmen Sie plötzlich durch die Tür, schimpfen »was machst du mir solche Sorgen?« und schallern ihm eine, dass der Tropf am Ständer wackelt.

Nun ist Tenhi lediglich in die Badewanne gefallen. Keine Krankheit, keine Verletzung, keine Gefahr. Doch die Katze fragt gar nicht erst nach, ob es Grund zur Sorge gibt. Sie verteilt schon deswegen Ohrschellen, weil es einfach auf den ersten Blick so aussieht. Ein pitschnasser Kater wirkt nämlich sowohl optisch als auch in seinen Bewegungen wie ein todkranker Kater. Das verwechselt man leicht als Katze. Vor allem, wenn man nicht mehr »unschuldig« ist und bereits einige Erfahrungen mit Krankheit, Operationen und Leid gemacht hat.

Kleiner Rückblick. Sommer 2007. Unsere noble Dame Gobi hat eine Operation hinter sich. Tierärztin Karin hat einen gutartigen Tumor in der Flanke entfernt. Damit Gobi nicht an der Wunde leckt und die Fäden auflöst, wurde sie in das schlimmste Kleidungsstück gesteckt, das man einer Katze antun kann. Ein Stück Textil, so furchtbar, dass es in allen Albträumen von Katzen die Hauptrolle spielt. Wann immer Sie Ihre Katze auf dem Sofa böse träumen sehen, sodass die Pfoten in Abwehrhaltung zucken und die Kleine wild das Gesicht verzieht, können Sie sicher sein – sie träumt nicht von Rottweilern, Bulldoggen oder Mähdreschern. Sie träumt von … (jetzt bitte die Streicher aus Alfred Hitchcocks Duschszene bei *Psycho* vorstellen) …

DEM LEIBCHEN

Allein, dass es so harmlos heißt, ist eine Frechheit, denkt die Katze. Allein dafür, dass die Ärztin es so nennt und nicht etwa richtigerweise »den Folterstrumpf« oder »das Korsett des Grauens«, könnte die Katze der Frau links und rechts eine schallern.

Das »Leibchen« ist ein enger Ganzkörperstrumpf aus straffem, dehnbarem Stoff, der in unangezogenem Zustand kaum einen größeren Durchmesser hat als ein männlicher Arm. Die Katze passt allerdings hinein, denn das meiste ihres Volumens kommt vom Fell. Presst man die Haarpracht zusammen, wird die Katze zum Strich in der Landschaft. Ein Strich mit Kopf und Beinen natürlich, die selbstverständlich aus dem Leibchen herausgucken.

Kommt man nun mit so einem Strich nach Hause, wissen die anderen Katzen sofort, dass ihre Mitbewohnerin etwas Schlimmes über sich ergehen lassen musste. So auch jetzt. Gobi liegt noch beduselt in der geschlossenen Transportbox, als Tenhi schon mit dem Knurren beginnt. Feinfühlige Kater wie er riechen sogar die Nachwirkungen von Tierarzt, Klinik und Behandlung. Langsam plustert sich sein Schwanz auf. In alarmierten Zeitlupenbewegungen folgt er uns wie ein Spezialagent mit Waffe im Anschlag ins Wohnzimmer. Vorsichtig stellen wir die Box auf den Boden und öffnen die Klappe. Gobis Augen sind noch verschlafen. Tenhis Augen weiten sich. Tapfer rappelt sich die Katze auf. Sie taumelt aus der Box. Nicht bloß, weil die Narkose noch wirkt, sondern vor allem, weil keine Katze der Welt in so einem Leibchen ohne sehr viel Übung würdevoll geradeaus laufen kann. Das erste Leibchenlaufen ist immer ein einziges Schwanken. Das zweite, dritte und vierte auch. Es ist schließlich so: Selbst, wenn die Katze für sich allein längst gelernt hat, wie sie trotz des dämlichen Korsetts problemlos laufen, springen und sogar spielen kann, macht sie es nur ganz heimlich. Guckt man hin, fällt sie sofort wieder ins leidende Schwanken zurück. Das dient dazu, dem Menschen ein schlechtes Gewissen zu bereiten und ihn so für Monate, vielleicht Jahre gefügig zu machen. Die kluge Leibchenkatze nährt Schuldgefühle im Menschen, die er niemals mehr vergisst. Guck, sagt jede Sekunde des Taumelns und Schwankens, du hast mir das angetan. Es ist August und bullenheiß, und ich muss hier in einem Leibchen durch die Gegend schleichen, in dem ich schwitze wie ein Labrador, den man bei sechzig Grad im Auto vergessen hat und in dem ich mir dabei auf ewig meine Frisur ruiniere.

»Ja, feine Gobi«, lobt Sylvia die ersten Schritte unserer Dame im Leibchen.

»Alles okay, Tenhi«, rede ich beruhigend auf den Kater ein, der sich bereits bedrohlich nähert. Sein Schwanz erinnert mittlerweile an den eines Skunks.

»Tapfere Gobi, ja, ganz tapfere Gobi«, sagt Sylvia.

»Tenhi, es war nur eine gutartige Geschwulst«, versuche ich es beim Kater mit Ruhe und Vernunft. »Du musst dir keine Gedanken machen. Der Strumpf ist nur, damit sie die Fä… Tenhi!!!«

Doch da ist es schon zu spät. Eine Sekunde lang hat der Kater so getan, als ob er mit sich reden und der Patientin ihre wohlverdiente Ruhe ließe. Von wegen. »Paff! Paff! Paff!« setzt es nun Hiebe auf die kranke Dame. Man kann es nur noch mal betonen, wie das unter uns Menschen wäre.

»Tenhi! Aus! Schluss! Nein!«

Ich greife nach dem Kater. Sylvia greift nach Gobi. Der Kater faucht und beginnt an mir sein Schlitzwerk. Klarer Säbelhieb in den linken Unterarm. Viererdoppelstrich in den rechten Oberarm.

»Alles okay, Süße«, redet Sylvia auf die im Leibchenstrumpf schwitzende Gobi ein, »die Männer kommen mit Krankenhaus einfach nicht klar.«

»Krallen rein!«, brülle ich, während ich den Kater aus dem Zimmer trage. Bis ich ihn draußen habe, hat er mich weiter gezeichnet. Ein krakeliges Zorro-Z am Oberarm und einen Schmiss auf meiner rechten Wange, sodass es nachträglich so aussieht, als hätte ich meine Studienzeit in einer schlagenden Verbindung verbracht.

Zeitsprung nach vorn. Frühjahr 2014. Gobi ist verstorben, und Tenhi ist längst der Stammesälteste im Haus. Er hat ein paar sehr harte Tage hinter sich, härter noch als die Entfernung eines gutartigen Geschwürs. Die Ärzte in der Tierklinik haben ihm fast alle Zähne gezogen. Die unaufhaltsame Autoimmunerkrankung Foal hatte ihn befallen. Zwei wichtige Hauer sind noch vorhanden, und der Kiefer eines Katers ist hart genug, um selbst Trockenfutter zahnlos zu zermahlen, doch bleibt der Zahnverlust ein traumatisches Ereignis. Natürlich muss der Kater nach einer Dentalmaßnahme kein Leibchen tragen. Betäubt und beduselt ist er bei der Ankunft im Hause allerdings schon. Da man als Mensch lernfähig ist, tragen wir den Süßen erst mal schnell an seinem neugierigen kleinen Mitbewohner Krischiperry* ins Schlafzimmer vorbei. Sylvia bleibt bei ihm, bis die Reste der Narkose einigermaßen abgeklungen sind. Ich kümmere mich derweil um Krischiperry und bereite ihn darauf vor, ganz lieb und zärtlich zu seinem großen Bruder zu sein. Gemeinsam sitzen wir am Schreibtisch vor dem aufgeklappten Rechner. Ich füttere ihn mit Leckerlis, während ich ihm anhand einiger dentaler Schaubilder aus dem Lexikon der Veterinärmedizin erkläre, wie und warum sein Bruder behandelt wurde. Er hört aufmerksam zu und folgt dem Mauszeiger auf dem Monitor mit wachem Blick und rotierenden Ohren. Zwischendurch frisst er die Knusperbröckchen aus meiner Hand. Als ich ihn nach einer Stunde zur Dentalmedizin abfrage, beantwortet er die meisten Fragen richtig. Ich denke, wir sind bereit.

Ich stehe auf, der Kater springt vom Schreibtisch, und wir tapsen zur Schlafzimmertür. Zaghaft klopfe ich an. Nach ein paar Sekunden ertönt ein leises: »Ja?«

---

* Ein süßer, schwarzer Ex-Straßenkater, der zu jener Zeit schon neu bei uns eingezogen ist und dessen Ankunft schon im kommenden Kapitel erzählt wird.

Ich vermute, Sylvia und Tenhi sind im Trostmodus einfach beide eingeschlafen.

»Können wir reinkommen?«

Eine Bettdecke raschelt. Tenhi maunzt. Krischiperry spitzt die Ohren. Sylvia sagt: »Okay.«

Ich öffne zaghaft die Tür. Tenhi ist wach, doch er hat die Stirn wieder in seine unnachahmlich besorgten Denkerfalten gelegt. Eine Stirn wie bei Arthur Schopenhauer. Oder bei Heiner Geißler. Telepathisch berichtet Tenhi Geißler seinem kleinen Mitbewohner Krischiperry, was er hinter sich hat. Erläutert ihm, dass es nicht lebensbedrohlich ist, er aber doch noch etwas Ruhe braucht, um sein geschundenes Schnäuzchen zu erho…

»Paff!«

»Krischiperry, nein!«

Der kleine Kater lässt nicht mit sich reden. In einer halben Sekunde ist er aufs Bett gesprungen und hat dem armen Tenhi frisch nach der Zahn-OP eine Schelle verpasst, so wie Tenhi damals Gobi voller aufrichtigem Mitgefühl vermöbelte. Die Katzenwelt ist eben fair. Tenhi faucht. Krischiperry faucht. Ich werfe mich dazwischen und bekomme neue Narbentatowierungen. Einen zweiten Schmiss im Gesicht von vorne, wo Krischiperry mich aus dem Weg zu räumen versucht. Eine gemischte Formel durch Tenhi, der hinter mir liegt und trotzdem weiter die Krallen kreisen lässt. Ich glaube, da steht jetzt so was wie $y = 2x + 1$ in meinen Rücken geritzt. Ich kann mich aber auch täuschen.

»Schluss jetzt! Alle miteinander!«, ruft Sylvia, als ob wir drei Männer den Terror gemeinsam nur aus Jux und Dollerei veranstalten. Es hilft. Die beiden Kater und ich schalten augenblicklich auf Pause und schauen die Hausherrin erschrocken kann. Sie kann sehr bestimmend sein, wenn es darauf ankommt. Ich nutze die Gunst des Moments und trage Krischiperry aus dem Zimmer. Tür zu.

Dentalruhe.

Der kleine Kater läuft zum Schreibtisch, springt auf die Platte, stößt mit der Pfote das Glas mit den Leckerli um, sodass einige der

Knusperstücke herauspurzeln, und deutet mit der Nase auf den Bildschirm, als wolle er sagen: Weitererklären.

»Nur, wenn du nicht mehr haust«, sage ich.

Mal sehen, sagt er lautlos.

Zurück zur Badewannenszene. Klar, dass Gobi den pitschnassen Tenhi erst mal gepflegt verprügelt hat. Ein unfreiwillig gebadeter Kater vereint optisch alles, was seinem Gegenüber größte Sorgen machen muss. Das klitschnasse Fell liegt plötzlich so eng an, dass der Kater wie ein Strich mit Beinen und Kopf wirkt. Ganz so, als hätte ihm die böse Tante Doktor ein hautenges Leibchen übergezogen. Da alles glitschig ist, taumelt der Kater mehr, als dass er läuft – eine schlimme Erinnerung an die Nachwirkungen von Narkosen. Und da wundert er sich, dass man ihm Schellen verpasst. Mittlerweile ist jedoch alles gut. Ich habe das einzig Wirksame getan und beiden Katzen in der Küche die Futterschalen vollgemacht. Eine Minute lang umkreisen sie sich auf den Fliesen vor dem Knabberparadies, dann beschließen beide, das Theater zugunsten eines gepflegten Mahls zu beenden. Als sie fertig sind, trotten sie friedlich ihrer Wege. Nur die winzige, kleine, hellbraune Pfütze neben Tenhis Napf erzählt noch von der Moorbadkatastrophe.

»Die Selbstachtung einer Katze
ist außerordentlich.«

(Christian Morgenstern)

Heißt auf Deutsch:

Die Katze wird niemals auf Sie hören. Jeder Teenager auf dem Höhepunkt der Pubertät ist ein strammer Parteisoldat dagegen, der Familie und den Eltern in unbeugsamer Loyalität verbunden. Es muss doch möglich sein, wenigstens ein Prozent des Einflusses, den ich trotz aller Hormonschübe immer noch auf meine Kinder habe, auch bei meiner Katze zu erlangen. Das denken Sie. Und liegen so falsch. Schon das Wort »meine« ist ein Sakrileg, bei einer Katze weit mehr als bei Kindern. Die Kinder suchen sich ihre Eltern nicht aus. Die Katzen schon. Niemand findet eine Katze auf der Straße, im Tierheim, in den Kleinanzeigen, ja, nicht einmal beim Züchter, wenn die Katze das nicht wünscht. Wie genau die Tiere es lenken, weiß keiner, aber Tatsache ist – sie wählen sich ihren Menschen. Nicht umgekehrt. Sogar im Wartezimmer des Jenseits, wo die Seelen auf ihre Wiedergeburt warten, hocken alle, welche die Genehmigung zur Reinkarnation als Katze erhalten haben, vor den Menschheitsfamilien-Beobachtungsmonitoren und tippen erst einen Haushalt an, wenn sie sich sicher sind. Nimmt er sie wie geplant auf, sind sie natürlich froh, bleiben aber unkommandierbar. Die berühmten drei Katzen, die »mit Geduld« und »den richtigen Methoden« angeblich »dressiert« worden sind und daher gerne in Sendungen wie *Galileo* eingeladen werden, haben dort in Wirklichkeit natürlich ihren Menschen mitgebracht, dessen Kunststücke sie dem Publikum vorführen. Und die Gage landet hinterher auch auf ihrem Konto.

DIE INTEGRATION (2)
ODER
HUNGER, EIFERSUCHT
UND DIE ASTGABELN
DER ZUKUNFT

*Die Katze lernt früh im Leben. Verbringt sie die prägende Zeit der aller-
jüngsten Kindheit auf der Straße und überlebt das Ganze auch noch, entwickelt sie eine spannende Mischung aus Lebenszuversicht und Hunger.
Nach den im ganzen Universum geltenden Gesetzen der Lebensverzweigun-
gen zieht sie ihre neuen Menschen an und frisst ihrem neuen Artgenossen die
Napffüllung unter der Nase weg. Zu bekämpfen sind in diesem Fall Nah-
rungsnot und Eifersucht. Die schwierige Aufgabe wird gelingen – wenn man
Hilfe hat.*

Der Urlaub steht an. Ich denke über diese Formulierung nach, während wir an einem sonnigen Vormittag Ende Juli zu einem Termin
fahren. »Der Urlaub steht an.« Als wäre er eine Person und warte
mit vielen anderen Urlaubern in einer Schlange, um dranzukom-
men und seine Menschen zu finden. Der Urlaub hat eine Warte-
nummer gezogen, aber er ist noch rund sechs Wochen von uns entfernt. Das erfordert Geduld. Trotzdem spüren der Urlaub und wir
schon gegenseitig unsere Präsenz.

Obwohl wir erst um neun Uhr da sein müssen und die Fahrt nur eine halbe Stunde dauert, sind wir um 8:15 Uhr losgefahren. Ohne Grund. Scheinbar. Irgendwie kam es so.

Irgendwie fühlte es sich notwendig an.

Die seltsame Stelle auf unserer Route, an der man hintereinander direkt zwei Gleisunterführungen passiert, erreichen wir daher schon gegen 8:35 Uhr statt gegen 8:50 Uhr. Die Straße heißt »Zwischen den Gleisen« und belegt damit in meiner Liste der am treffendsten benannten Straßen in Deutschland Platz 1. Noch vor der »Krummen Ecke« und der »Jammertalgasse«.

Im CD-Player singt Sting darüber, wie zerbrechlich wir alle sind. Sylvia summt mit und schaut aus dem Beifahrerfenster auf die alten, mit Efeu verwachsenen Mauern am Straßenrand. Mit einem Mal reißt sie den Arm hoch, zeigt in Richtung des Bürgersteigs und ruft: »Die ist zu klein!«

Ich schaue nach rechts vorne und erkenne sofort, was sie meint. Auf dem brüchigen alten Pflaster tapst eine winzige schwarze Katze entlang, die an einer solch viel befahrenen Straße nicht entlangtapsen sollte. Es sieht aus, als wäre sie erst vor Kurzem geschlüpft. Um Tempo aufzunehmen, wirft sie die Beine zur Seite weg. Das normale, elegante Traben einer erwachsenen Katze ist ihr noch gar nicht möglich. Wieso hatten wir an diesem Morgen das Gefühl, eine Viertelstunde eher losfahren zu müssen? Es gibt nichts an unserem Zielort, was das Früherdasein lohnt. Die Umgebung dort ist dermaßen trist, dass ein Spaziergang einem die Seele welken lässt. Wären wir allerdings zur normalen Zeit losgefahren, hätten wir die tapsige junge Katze nicht bemerkt. Wahrscheinlich wäre sie längst wieder hinter einer der Efeumauern verschwunden gewesen.

Ich fahre an der Babykatze vorbei, blinke, schalte das Warnlicht ein und halte mit zwei Rädern auf dem Bürgersteig. Da wir dreißig Meter Vorsprung gemacht haben, kommt die Katze nun auf mich zu. Ich beuge mich runter. Die Geräusche, die ich von mir gebe, sollen Zutrauen erwecken. Sie bleibt stehen. Legt den Kopf schief. Ich gehe ihr ein paar Schritte entgegen.

»Ja, fein«, sage ich leise, als bestünde das Tier aus schallempfindlichem Porzellan. »Feine Mietze. Alles ist gut. Alles okay.«

Sie lässt zu, dass ich mich ihr nähere. Macht keinen Schritt zurück. Springt nicht auf die Mauer. Stattdessen nimmt sie mir die letzten beiden Meter sogar ab, kommt auf mich zu und schnuppert an meinem ausgestreckten Finger.

»Ja, fein«, wiederhole ich mich. Ich zeige auf die Mauern, die Hinterhöfe, die Gleisbrücken. »Wohnst du hier? Hast du hier Menschen?«

Die Katze schaut mich zutraulich an. Seelengute Augen. Kaum Skepsis.

»Die ist zu klein, um draußen zu sein«, betont Sylvia erneut.

Sie hat recht.

Das Kätzchen ist kaum älter, als Tenhi es damals bei der Abholung vom Bauern war. Da Tenhi nun allein ist, nachdem er mit Gobi dank ihrer großartigen Therapie noch eine schöne gemeinsame Zeit verbringen konnte, hatten wir geplant, uns im Herbst nach einem neuen Gefährten für ihn umzusehen. Nach dem Urlaub. Einen Gefährten im Baby-Alter, im Kleinkindmodus. Jetzt schreiben wir Ende Juli und sind intuitiv eine Viertelstunde eher losgefahren.

»Sie ist zu klein«, betont Sylvia ein drittes Mal. Männer brauchen grundsätzlich drei Zurufe, um etwas zu verstehen. Besonders gut kann man das beim Fußball beobachten. Will ein Trainer dort dem Kapitän auf dem Spielfeld ein Kommando geben oder an den Rand locken, brüllt er seinen Namen in neunzig Prozent der Fälle drei Mal.

Ich pflücke die Katze vom Boden auf und trage sie zum Wagen. Klaglos lässt sie es geschehen. Mehr als klaglos. Sie ist voller Lob und Zuspruch. Als ich sie Sylvia auf den Beifahrersitz reiche, drückt sie sich augenblicklich an ihre Brust, stampft und schnurrt so heftig, dass die Gleise wackeln.

»Klingle mal an allen Häusern«, sagt Sylvia. Sie deutet mit dem Kopf auf einen Weg, der zwischen den Efeumauern in die Tiefe führt. »Da sind auch so seltsame Schrebergärten. Wenn sie wirklich irgendwo abgehauen sein sollte, würde das jemand wissen. So ein junges Tier.«

Die kleine Katze schnurrt und punktiert beim Stampfen mit ausgefahrenen Krallen Sylvias Dekolleté.

»Ja, ist ja gut, Süße«, sagt sie und krault ihre Ohren.

Ich laufe die Wohngelegenheiten ab, die man »zwischen den Gleisen« gebaut hat. Auf einem Hügel links der Straße stehen drei alte Reihenhäuser. In jedem ist jemand zu Hause. Ein hagerer Kettenraucher in Jogginghose. Eine grob gewachsene Hundehalterin in einem T-Shirt von der Kirmes, auf dem ein Wolf den Mond anheult. Ein Teenager, der die Schule schwänzt. Niemand von denen lebt mit Katzen. Und ja, soweit sie wüssten, gelte das für die Schrebergärtner von gegenüber erst recht. Ich bedanke mich, überquere die Straße und schleiche über den Schotterweg zwischen die Efeumauern. In den Hütten der verkommenen Gärten ist niemand zu sehen. Wenn hier überhaupt mal jemand hinkommt, um sein Beet zu restaurieren, dann nur abends oder am Wochenende. Da hält man in der Hütte keine Babykatzen.

Ich steige wieder in den Wagen.

Die kleine Katze hat begonnen, an Sylvias Hals zu saugen. Wie ein Vampir. Mit spitzem Schnäuzchen zieht sie die Haut an und speichelt sie ein. Das hat Tenhi damals auch eine Weile getan, nachdem er gelernt hatte, dass er uns vertrauen kann und nie mehr zurück auf den Heuboden muss.

»Wieso hat die kein Misstrauen?«, frage ich. »Augenscheinlich wurde sie von ihren Menschen rausgeworfen oder ausgesetzt. Hier kennt jedenfalls niemand einen Nachbarn mit Katzen.«

Sylvia rückt die Katze ein wenig zurecht. Sie schnurrt und lässt keinen Millimeter vom Hals ab. Sylvia krault sie an der Wurzel ihres Schwanzes, der sich schnell erhebt. Behutsam biegt sie ihn vollständig nach oben und schaut nach, worum es sich handelt. Die Geschlechtsteile sind bei Babykatzen lediglich mikroskopisch ausgeprägt. Wäre das Hinterteil einer Katze eine weiße Seite in Microsoft Word, hätte der Katzenschöpfer das Geschlecht dort in Schriftgröße 4 hingetupft.

»Doppelpunkt«, sagt Sylvia.

Ich nicke. Also keine Katze, sondern ein Kater.

SCHNELLE GESCHLECHTSPRÜFUNG

Um das Geschlecht einer Katze zu bestimmen, hebe man ihren Schwanz, insofern sie es zulässt, und betrachte die Merkmale unmittelbar darunter. Ein Kater hat, von oben nach unten betrachtet, Anus, Hodensack und Penis. Bei der Katze finden sich »nur« Anus und Harnwegsöffnung, in der sich die Vulva als senkrechter Schlitz offenbart. Daher – und weil die Organe bei Babykatzen noch winzig sind – spricht man bei der Katze vom »Semikolon« und beim Kater vom »Doppelpunkt«. Der Penis des Katers ist dabei der untere der beiden Punkte des Doppelpunkts und tatsächlich auch nur als Punkt wahrzunehmen. Verborgen unter der Haut, die unterhalb des Hodensackes liegt, ist er lediglich als kleine, mit Fell bedeckte Spitze zu erkennen.

Der kleine Kater nuckelt.

Unser Termin wartet.

Wir werden zu spät kommen, obwohl wir früher losgefahren sind. Jetzt wissen wir, warum. Nicht nur der Urlaub »steht an« in der Schlange des Lebens und wartet darauf, uns als seinen Menschen zu begegnen, damit wir ihn bestreiten. Auch dieser kleine Kater hat es seit seiner Geburt darauf angelegt. Wie schon gesagt. Nicht der Mensch findet die Katze. Die Katze findet den Menschen.

»Heute Nachmittag hänge ich hier überall Zettel auf«, sage ich.

Sylvia nickt, doch auch sie spürt bereits: Es wird nicht nötig sein.

DAS FAMOSE FERNAUGE UND DIE ASTGABELN DES LEBENS

Die theoretische Physik geht längst davon aus, dass praktisch unendlich viele verschiedene Universen parallel zueinander existieren. Das »eine«, in dem wir leben, ist aus unserer Sicht betrachtet in der »Vergangenheit« eine geradlinige Sache. Ein verhärteter, kräftiger Stamm. In der Zukunft allerdings breiten sich unendlich viele verästelte Gabeln und Zweige auf. Sie schimmern transparent, denn »noch« ist keine dieser Möglichkeiten für uns »wirklich« geworden. Treffen wir eine Entscheidung, wird eine dieser Abzweigungen Teil des »geraden« Astes und schließlich des Stamms. Jeden Augenblick haben wir die Wahl aus potenziell unendlich vielen Abzweigungen. Am Ende unseres Daseins blicken wir allerdings auf einen kräftigen Stamm zurück. Da wir in Zeit und Raum begrenzte Wesen sind, können wir zwar die Verzweigung wechseln, aber nie mehr als einen Weg gleichzeitig nehmen. Da nun jedes Leben so ein Baum ist, strecken manche die Äste in Richtung der anderen aus und verwachsen miteinander. Das nennt der Rationalist dann »Zufall«, der Spirituelle »Schicksal« oder der klassisch religiöse Mensch »Gottes Wille«. Die Katze nennt das »gute Planung«, denn sie hat das »famose Fernauge«. Kein anderes Tier ist dazu fähig, schon in jüngsten Tagen auf seiner Astgabel zu hocken und mit schmalen Augen selbst noch die komplizierten Verästelungen aller potenziellen Zukünfte zu erkennen, die in weiter Ferne liegen. Das kann kein Hund, kein Habicht und nicht mal der viel gelobte Delfin. Unter den Menschen können das nur die besonders Sensiblen und die Propheten.

Tenhi hat sich seine Zukunftsverzweigung anscheinend ein wenig anders vorgestellt. Konsterniert steht er neben seinem leeren Napf. Eben war der Napf noch voll gewesen. Tenhi ist ein langsamer, ein bedächtiger Esser. So, wie er weiterhin vor jedem neuen Menschen Misstrauen hat und sofort im Keller hinter der Sauna verschwindet, wenn ein Fremder das Haus betritt, so fragt er sich auch jedes Mal beim Betrachten des Huhns, Rinds, Lamms, Kaninchens oder Fisches in seinem Napf: »Soll ich das jetzt wirklich zu mir nehmen? In meinen Leib reinlassen? Kann ich denn wissen, ob das gut für mich ist? Hab ich es selber gekocht? Mal sehen, mal sehen ...«

Auf diese Weise braucht Tenhi eine Weile, bis er überhaupt beginnt sein Mahl zu verspeisen. Sein neuer Mitbewohner hingegen saugt sämtliche Substanzen in Sekundenschnelle in seinen kleinen Körper. Seit Tagen lassen wir die beiden deswegen getrennt voneinander essen. Heute haben wir es das erste Mal wieder im gleichen Raum versucht.

Das Ergebnis?

2:0 in Näpfen für den jungen Herausforderer!

Er stürzt sich auf Tenhis Portion, da hat unser sensibler »Seher« noch nicht mal angefangen.

Zeitsprung auf den Astgabeln. Schnelldurchlauf zurück durch die Verzweigungen. Der Morgen unter den Gleisen. Wir fahren weiter zu unserem Termin, unerwarteterweise mit Kater. Sylvia pflückt den festgesaugten Vampir von ihrem Hals und absolviert den Termin alleine. Ich besorge einen Karton, rufe mir ein Taxi und fahre mit der kleinen schwarzen Straßenkatze zur Tierärztin in unserem Dorf. Sie bestätigt, dass er ein kleiner Mann ist, und unterzieht ihn der üblichen Katzen-TÜV-Prüfung. Wie erwartet, sind vor allem wieder die Ohren voller Milben. Egal, ob Scheunen, Schrebergärten oder Straßen – außerhalb sauberer Wohnungen wird dieses Land nicht von den Menschen, nicht von den Mücken und nicht mal von den Ameisen beherrscht, sondern augenscheinlich von Ohrmilben. Nachdem ein zweites Taxi mich daheim absetzt und ich das erste Mal für den Neuankömmling etwas zu essen in den Napf fülle (Tenhi bringe ich zuvor seine Portion ins geschlossene Schlafzimmer), glaube ich zu halluzinieren. Oder habe ich einfach nicht aufgepasst? War ich wieder in Gedanken? Eben war der Napf noch voll. Nun ist er leer. Der kleine Kater sitzt daneben und guckt mich an, als wolle er sagen: »Was war jetzt mit dem Essen?«

Ich ziehe in Erwägung, dass ich noch gar nichts hineingetan hatte und nur *glaube*, ich hätte gefüttert. So, wie ich immer denke, ich hätte meine Post schon beantwortet, obwohl ich mir die Antwort lediglich erst fertig ausgedacht, aber noch gar nicht getippt habe. Ich fülle den Napf neu und achte darauf, was passiert. Der kleine Kater stülpt den Kopf über die Keramik und hebt ihn wieder. Der Napf ist leer.

Er guckt mich an: »Was war jetzt mit dem Essen?«

Ich weiß, dass man junge Katzenmägen in den ersten Wochen nicht überfordern soll, doch ich muss jetzt wissen, ob ich verrückt werde oder sehe, was ich sehe.

Ein letzter Nachschlag in den Napf.

Kopf drüber.

Kopf weg.

Napf leer.

Am späten Mittag kommt Sylvia vom Termin heim. Wir gehen mit dem kleinen Kater ins Wohnzimmer und setzen uns aufs Sofa. Er klettert in Windeseile an ihr hinauf und saugt an ihrem Hals. Nuckelt. Zieht. Schmatzt. Ich hole Tenhi dazu. Er hat längst gespürt, dass eine neue Katze im Haus ist. Gegen die Zeitlupe, in welcher er jetzt ins Wohnzimmer schleicht, wäre ein Tierfilm, der den Flügelschlag eines Kolibris auf eine Stunde streckt, noch hektisch geschnitten.

Tenhi erreicht das Sofa.

Der kleine Kater lässt von Sylvias Hals ab und versteckt sich unter der Decke.

Tenhi schnüffelt an der flauschigen Wolle.

Der kleine Kater streckt ein Ohr raus.

Tenhi haut ihm über der Decke auf den Schädel.

So hat Gobi damals auch ihn begrüßt, und so gibt er es weiter.

Dem Neuankömmling einmal kurz durch Wolldecken abgefedert einen auf den Schädel geben zu dürfen scheint ohnehin ein funktionierendes Prinzip für gelungene Integration zu sein. Bei Katzen führt es jedenfalls mittelfristig zur Freundschaft. Womöglich sollte man es wenigstens unter Männern als Kennenlernritual zulassen. Ein wohlgeordnetes Boxspektakel, Einheimische gegen Neuankömmlinge, moderiert vom Bürgermeister und gesponsert von Red Bull sowie dem örtlichen Einzelhandel.

Nachmittag. Ich fahre in das Viertel zwischen den Gleisen und hänge Zettel auf, auf denen steht, dass wir einen kleinen schwarzen Kater gefunden haben. Wie erwartet, meldet sich niemand. Da keine fremde Regierung Anspruch auf den hungrigen Racker erhebt, bürgern wir ihn mit Freuden bei uns ein. In seinen Pass schreiben wir ein geschätztes Geburtsdatum und seinen neuen Namen. Krischiperry. Eine Kombination aus den Spitznamen zweier Freunde, ausreichend Konsonanten mit gleich drei »i«-Lauten und außerdem als Katzenname weltweit wohl einzigartig. Das Kämpfen, Ringen und Schädelschlagen zwischen Tenhi und ihm fällt so gut wie vollständig aus. Nur gefaucht wird hin und wieder. Wie erwartet, greift der Altersunterschied, und Tenhi adoptiert den Kleinen, statt sein Revier ernsthaft bedroht zu sehen. Dafür ist täglich sein Essen bedroht, denn Krischiperry hält sich an keine einzige Regel der Höflichkeit, des Anstands oder der natürlichen Hierarchie. Kaum hat er seine Portion durch die Methode »Kopf drüber – Napf leer« vernichtet, rammt er sein Mäulchen unter das Kinn von Tenhi, der gerade erst behutsam die ersten Happen aus dem Napf fischt, stemmt den weißen Kopf hoch und saugt auch diesen Napf leer wie ein Hochdruckgerät. Man könnte sieben Näpfe aufstellen, und Tenhi würde es zeitlich nicht schaffen, auch nur den siebten zu leeren, bevor Krischiperry die ersten sechs geschafft hat. Kommt man mit Einkäufen nach Hause, kriecht der Kleine wie ein Besessener in die großen Papiertüten. In der Nähe der Gleise gibt es eine Filiale von Burger King, deren Tüten haptisch und akustisch den Öko-Dingern aus dem Supermarkt entsprechen. Sehr wahrscheinlich, dass er dort den Großteil seines Kalorienbedarfs gedeckt hat. Kamen dann noch junge, unterversorgte Mädchen aus der Tür, hat er sicherlich die Chance genutzt und mit großen Augen maunzend bewirkt, dass die Größe-0-Teenager den Vorwand gerne nutzten, um drei der sechs Hühnchen-Nuggets sowie die Putenstreifen aus ihrem Salat schnell wieder abzugeben. Besser in der süßen Katze als auf der eigenen Hüfte. Deswegen mag Krischiperry die Menschen. Tenhi hat in seinen ersten Wochen erlebt, dass die Hände dieser Primatengattung nur Spritzen und Nadeln einbringen. Krischiperry brachten sie frittiertes Hühnchen. Aber eben nur ab und zu. Nicht morgens. Nicht spätabends. Nicht dann, wenn viel zu viele Leute und Autos unterwegs waren. Der kleine Kater hat in der entscheidenden Prägungsphase seines Lebens gelernt: »Es ist niemals genug zu essen da, also schlinge dir alles rein, was du findest. Du weißt nie, wann es wieder was gibt!«

Tenhi lässt den Nahrungsklau zu. Bedröppelt, aber ohne Gegenwehr steht er neben seinem Napf und schaut zu, wie der ehemalige Straßenkater seine Ration verspeist. Wie ein ehrenamtlicher Hungerhelfer, der vor lauter Schuldgefühlen aufgrund der Kolonialzeit den Mitmenschen sogar seine eigenen kargen Vorräte überlässt. Wahrscheinlich hat Krischiperry dem guten Tenhi in wortloser Katzensprache davon berichtet, wie es gewesen sein muss, zwischen den Gleisen zu leben. »Du kannst es dir nicht vorstellen, auch wenn du ein Seher bist«, wird er gesagt haben, »du kannst dir nicht vorstellen, wie ich leiden musste.« Neulich nach dem Duschen habe ich solch ein telepathisches Gespräch zwischen den beiden Katern beobachten können. Sie standen im Atelier unter dem Werktisch und bemerkten nicht, dass ich im Bademantel zusah. Tenhi legte noch mehr als sonst seine Denkerstirn in Falten, während Krischiperry ihm die lukrativen Schuldgefühle einredete: »Betteln musste ich und Reste essen, während du hier schon längst jeden Tag das geschmeidige Sheba, das deftige OmNomNom und diesen leckeren Top-Thunfisch von Almo Nature aufgetischt bekamst!«

In den schillerndsten Farben, die für die Beschreibung der grauen und harten Welt der Straße nötig sind, beschrieb Krischiperry sein Dasein als Überlebenskünstler und legte so den Grundstein für Tenhis aufopfernde Zurückhaltung am Napf. Seither wurde Tenhi immer dünner und Krischiperry immer runder. Daher die zeitweilige Trennung von Napf und Kantine. Und die Hoffnung, Krischiperry würde eines Tages begreifen, dass die Zeit der Ungewissheit vorbei ist. Dass es nun immer ganz sicher etwas gibt und er deshalb nicht auf Vorrat futtern muss. Bislang ist die Hoffnung vergeblich.

Wo Tenhi keinen Futterneid zeigt, offenbart er mehr und mehr Aufmerksamkeitsneid. Er hat den Eindruck, dass wir uns viel mehr um den Kleinen als um ihn kümmern. Das stimmt natürlich nicht, aber sagen Sie das mal einem Eifersüchtigen. Krischiperry hat Gobis beseeltes Bällchen für sich entdeckt und spielt damit, als wäre es ein ganz normales Jagdobjekt. Er hat ohnehin sämtliche Bällchen im Haus wiedergefunden, die irgendwann mal irgendwo druntergerutscht waren. Vor ein paar Tagen stand er vor der Wohnzimmerkiste, als hätte er einen Röntgenblick. Er sah durch das Holz hindurch die Spielangeln darin, drehte den Kopf und sagte: »Was war jetzt mit den Angeln?«

Immer, wenn wir ihn bespielen, rufen wir Tenhi dazu. Kommt er nicht, schauen wir nach, wo er sich gerade befindet, und locken Krischiperry in den gleichen Raum. Wir stellen uns mit den Spielsachen jeder zu einem Kater, reden beiden gut zu und kraulen sie synchron. Also wirklich *vollkommen* synchron. »Zähl mit, Tenhi«, raune ich dem Eifersüchtigen dann beschwörend ins Ohr und lenke seinen Blick zu Sylvia, die gerade Krischiperry bekuschelt, »der Kleine kriegt keinen einzigen Krauler mehr als du. Keinen einzigen. Komm, zähl mit!« Dann zählt der Kater ... und springt trotzdem nach einer Minute beleidigt aus dem Zimmer.

»Wir können nicht fahren«, sagt Sylvia.

Die Klappkisten stehen überall im Haus offen herum und füllen sich schon mit Sachen. Klamotten, Spiele, Seile, Wandertrinkflaschen, Ferngläser. Die Reiseroute mit möglichen Sehenswürdigkeiten liegt im Büro. Das Wohnmobil für den Urlaub ist längst gemietet. In zwei Tagen geht es los.

»Wir können nicht fahren, solange sich die beiden nicht richtig verstehen«, sagt Sylvia.

Es ist nicht besser geworden zwischen Tenhi und Krischiperry. Gerade jetzt haben sie sich wieder symbolisch vielsagend im Haus verteilt. Tenhi hockt in der Sauna unter der niedrigsten Sitzbank, ganz hinten in der Ecke auf dem Korkboden. Krischiperry liegt unter meinem Kopfkissen auf dem Bett. Harmlos haben sie sich in diese Nischen gerollt, als wäre es Zufall. Aber wir wissen – architektonisch betrachtet, sind es die beiden am weitesten voneinander entfernten Punkte im Haus. Mehr ginge nur noch, würde Krischiperry selbstständig die Dachluke öffnen, die Leiter ausfahren und sich oben unter den gedämmten Balken verkriechen.

Ich sage: »Christoph ist ein Flüsterer. Ein wahrer Katzenflüsterer.«

Sylvia sagt: »Ich weiß. Aber ist er *der* Eine?«

Ich verstehe Sylvias Frage. Bislang haben wir einige Katzensitter ausprobiert, während wir im Urlaub waren. Sie waren alle gut. Verlässlich und grundsolide. Einer übernahm die Betreuung sogar, obwohl er eigentlich kaum Zeit hatte und gerade durch eine sehr schwere Phase seines Lebens ging. Es kam vor, dass er beim Spielen mit Gobi mitten auf dem Boden einschlief. »Da liegt ein fremder Mann in eurem Wohnzimmer«, teilten uns daraufhin unsere aufmerksamen Nachbarn am Telefon mit, und wir antworteten: »Lasst ihn liegen. Das hat alles seine Richtigkeit.«

Aber *der Eine* unter den Katzenbetreuern, der war noch nicht dabei. Die Aufgabe, ausgerechnet jetzt, wo ein junger Neuzugang nicht geplant war, die beiden Kater zu betreuen, während sie immer noch keinen Modus miteinander gefunden haben, wird zeigen, ob unser junger Freund und Kollege Christoph – sanfte Seele, verwurzelter Münsterländer, Kunstgeist und feinsinniger Autor – dieser *Eine* ist.

»Er schafft das«, bekräftige ich und lege eine Regenjacke in die Klappkiste.

DER EINE

Es gibt so vieles, auf das Sie verzichten können, wenn Sie Katzen haben. So vieles, das Sie weglassen können, ohne dass es den lieben Kleinen dadurch schlechter geht. Sie können auf Rascheltunnel verzichten und anderes unsinniges Spielzeug. Sie können Kratz- und Kletterbäume selber bauen oder Möbel so zusammenstellen, dass sie von selbst Berge und Hügel bilden. Sie brauchen keinen speziellen Entsorgungseimer für Katzenstreu, der zehn Mal so viel kostet wie ein normaler Eimer, bloß weil er *Litter Champ* heißt. Sie können Ihr Geld sparen, bevor Sie den *Funny Butterfly* kaufen, den die Katze nach drei Hieben sowieso von seiner schwingenden Spirale gerissen hat, und das *Cat Activity Fun Board* können Sie viel besser einem Kleinkind schenken. Es ist fraglich, ob Ihnen Beruhigungsdämpfe aus einem kleinen Zerstäuber in der Steckdose weiterhelfen, wenn Ihre Tiere nun mal von Natur aus ein nervöseres Temperament haben als eine Schwiegermutter auf Busreise. Und es ist weniger fraglich, ob im umgekehrten Fall bei zu trägen Tigern ein Spielspray mit Baldrian wirklich das Mittel der Wahl sein sollte. Sogar auf die meisten Futtersorten können Sie verzichten. Achten Sie darauf, ob ein Großteil dieser »Nahrung« statt aus dem versprochenen Huhn, Kalb oder Lachs aus sogenannten »tierischen Nebenprodukten«, also aus geraspelten Resten geschlachteter Tiere aller Gattungen besteht. Falls ja, und falls dieses Futter dann auch noch besonders günstig ist, könnte der Zulieferer dieser »tierischen Nebenprodukte« in China sitzen ... und Sie wissen ja, welche Vierbeiner dort auch gegessen und verarbeitet werden.

Sie können auf blinkende LED-Gummibälle verzichten, auf zu billige Fusselrollen aus klapprigem Plastik und zu teure Katzenstreu aus Walnussschalen. Auf eines aber sollten Sie niemals, unter keinen Umständen und entgegen jeder möglichen Ausrede niemals verzichten. Auf ...

Den Einen

Es gibt ihn, diesen *einen* Menschen, dem Sie Ihre Tiere anvertrauen können und der eben nicht nur füttert, Wasser auffüllt und Klos leert, sondern *wirklich* mit den Katzen lebt. Es gibt dieses eine Genie, das mit den Seelen Ihrer Vierbeiner verschmilzt, ihre Psychologie versteht und weit mehr als nur das Notwendigste tut. Genauso wie die Katzen selbst hockte auch dieser Mensch schon von Anbeginn der Zeit in einer fernen, kaum sichtbaren Gabel aller möglichen Zukünfte im Nebel, durch den sich die haarfeinen Zweige von Trillionen Verästelungen ziehen. Und genauso wie die Katze wird auch er Sie finden. Er kann ein Verwandter sein oder ein Freund. Ein Neffe, ein Onkel, eine Nichte, eine Tante. Mann, Frau, Transgender, Pangender, Two-Spirit. Ganz egal. Sie können diesen Menschen seit zehn Jahren kennen oder seit zehn Wochen. Er kann ein Arbeitskollege sein oder der Spender Ihrer neuen Niere. Aber es gibt ihn. Lassen Sie zu, dass er Sie findet. Die Katzen werden es Ihnen danken.

Vor uns klatscht das Wasser an die Felsen der malerischen Bucht, deren Westseite der gigantische Campingplatz mit dem alten Baumbestand vollständig belegt. Es duftet nach Meer und den Kiefernnadeln, die unter uns den Boden bedecken, weich wie ein Teppich, den Gott sich aus dem Ärmel geschüttelt hat. Ein Junge rattert auf einem Gokart vorbei. Ein junger Mann mit Sixpack, der die offiziell erlaubten Badezonen ignoriert, springt von einem Felsen ins Wasser. Ich hole das Tablet heraus und öffne mein Postfach. Das Vordach unseres Wohnmobils spendet gerade genug Schatten, um die Fotos unserer Katzen anzuschauen. Die Bilder, die Christoph täglich sendet, bilden hintereinander betrachtet eine Fortsetzungsgeschichte. Und diese Geschichte ist gut.

Tag 1 bis 3

Tenhi alleine, im Sportraum.
    Krischiperry alleine, im Schlafzimmer.
    Tenhi spielt mit der Angel, solo.
    Krischiperry spielt mit dem Bällchen, solo.

Tag 4 bis 6

Tenhi auf der Sauna, Krischiperry am Boden. Beide fauchen.
    Tenhi auf der Sauna, Krischiperry am Boden. Einer faucht.
    Krischiperry auf der Sauna, Tenhi am Boden. Beide schweigen.
    Beide Kater auf der Sauna. Boxkampf.

Tag 7 bis 9

Tenhi und Krischiperry stehen im Wohnzimmer an verschiedenen Fenstern, den Rücken zueinander.
    Tenhi und Krischiperry stehen im Wohnzimmer an verschiedenen Fenstern, in die gleiche Richtung schauend.
    Tenhi und Krischiperry stehen im Wohnzimmer am gleichen Fenster, in verschiedene Richtungen schauend.
    Tenhi und Krischiperry stehen im Wohnzimmer am gleichen Fenster, in die gleiche Richtung schauend.

Der Felsenspringer steigt aus dem Wasser wie Josh Holloway in der Werbung für Cool Water.
    Ich öffne die aktuellen Bilder.
    Eine Spielangel hängt in der Mitte oben ins Bild rein. Christoph hält den Griff und lässt den kleinen Fisch daran tanzen, während beide Kater mit den Tatzen danach greifen. Ohne Boxen. Ohne Eifersucht. Im Hintergrund steht ein leerer Napf. Unter das Foto hat Christoph geschrieben: »Seit heute teilen sie das Spielzeug. Näpfe

weiter getrennt. Geht noch nicht anders. Krischiperrys Hunger unbesiegt. Als ich gestern ins Haus kam, hatte er ein Kissen gegessen.«

Ich zeige Sylvia die Nachricht.

»Er ist der *Eine*«, sage ich, »trotz der getrennten Näpfe.«

Sylvia nickt.

Ich schreibe Christoph zurück: »Den Hunger besiegst du auch noch. Wenn wir heimkommen, essen sie gemeinsam. Wir glauben an dich. Du bist der Erlöser. *Der Eine.*«

Sylvia sagt: »Gut so. Mach ihm nur keinen Druck.«

Der Felsenspringer erklimmt erneut seinen Felsen.

Über dem Wasser segeln kroatische Möwen.

» Wer mit einer Katze spielt, muss wissen,
dass sie auch Krallen hat. «

(Ägyptisches Sprichwort)

Heißt auf Deutsch:

Unter Schauspielern, Rockstars, Fußballern, Schriftstellern oder Weltklasse-Chirurgen gibt es besonders viele anstrengende Diven. Das »weiß« man. Es steht in den Klatschspalten. Was dort landet, ist allerdings nur die Spitze des Eisbergs. Viel mehr Gerüchte und Erzählungen über die Launen und Kapriziosen der jeweiligen Menschen kursieren abseits der Öffentlichkeit hinter den Kulissen. Da flüstern sich Produzenten, Veranstalter, Zeugwarte, Lektoren oder Agenten gegenseitig zu: »Bei dem musst du aufpassen.« Oder: »Sehen Sie bloß zu, dass Sie erfüllen, was im Vertrag steht.«

Die Wahrheit ist: 95 Prozent der gefürchteten Drama Queens sind gar nicht anstrengend. Sie sind umgänglich. Meistens. Jedenfalls fühlen sie sich innerlich nicht so, wie sie sich äußerlich geben. Sie haben allerdings eines gelernt: Hin und wieder muss ich, um mir Respekt zu verschaffen, die Diva-Energieleiste wieder neu aufladen. Damit meine Mitmenschen nicht zu bequem werden. Oder, wie der Popsänger Sasha einmal öffentlich in einem Interview über seinen Freund Uwe Ochsenknecht verriet: »Es gibt die Gewinner, die Erfolg haben, obwohl sie Arschlöcher sind und die härtesten und spitzesten Ellbogen einzusetzen wissen. Und dann gibt es die von Natur aus Freundlichen, die mit der Zeit lernen, dass reine Nettigkeit nur Nachteile bringt. Uwe hat mir mal erzählt, dass er anfangs immer total nett zu allen war, wenn er zu einem neuen Dreh gekommen ist. Ergebnis: Es wurde gnadenlos ausgenutzt. Seither spielt er die ersten drei Tage die Diva, die die Leute von ihm erwarten. Daraufhin nehmen sie ihn sofort ernst. Dann wird er langsam, nach und nach, wieder nett.«

NÄHE UND DISTANZ
ODER
DIE MAGNETISIERUNG
DER KATZE

Die Katze braucht Nähe. Die Katze braucht Distanz. Für beides sorgt sie mit unerbittlicher, unausweichlicher Konsequenz. Verlangt es sie nach Abstand, wird man sie nirgends finden. Man könnte mit ihr bloß einen einzigen, abgeschlossenen Raum teilen, und sie wäre dennoch verschwunden. Verlangt es sie nach Nähe, findet man sie überall gleichzeitig. Ausweichen wird unmöglich. Die ganze Welt ist nur noch Katze. Verantwortlich dafür ist ein geheimnisvolles Magnetfeld.

Oliver versucht zu arbeiten. Den Blick eisern auf seinen Bildschirm gerichtet, peilt er die Tasten an. Er trifft sie allerdings nur selten. Überall, wo seine Fingerkuppen hinwollen, ist bereits Schwanz. Krischiperry sitzt neben dem Laptop auf seinem Schreibtisch und praktiziert die *subtile Tastensperre*.

Die *aufdringliche Tastensperre* geht so: Auf den Schreibtisch springen. Die Tastatur betreten. Draufsetzen.

Die *subtile Tastensperre* bedeutet: Auf den Schreibtisch springen. Sich neben die Tastatur setzen. Uninteressiert in den Raum gucken. So zufällig wie beiläufig mit dem Schwanz zucken. Ganz nach dem Motto: Was kann ich unschuldiges Tier denn dafür, dass meine Schwanzspitze auf deinen Tasten aufkommt? Irgendwo muss sie doch hin! Und magst du es etwa nicht, wenn ich neben dir sitze?

Oliver stößt ganz leise Luft aus.

Als ob ein Hamster ein verstopftes Nasenloch hat und das karierte Stofftaschentuch seines Großvaters, das in der Hamsterfamilie traditionell verwendet wird, gerade in der Wäsche ist. Es gelingt ihm, ein paar Zeilen am Stück einzugeben, da der Kater seinen Schwanz für einen Augenblick von der Tastatur hebt. Dafür muss Oliver nun während des Tippens den Hals strecken und den Kopf verdrehen, denn jetzt wirbelt der Schwanz vor dem Monitor herum und verdeckt gezielt ganze Absätze.

Oliver tippt stoisch weiter. Unbeirrt hält er an dem Glauben fest, der Wille des Menschenmannes könne den Willen des Katermannes besiegen.

Tenhi läuft währenddessen das Revier ab und aktualisiert die Markierungen. Gerade streift er mit seiner Wange die Ecke des Büroregals ab. Krischiperry macht sich gar nicht mehr die Mühe, diese Spuren später durch seine eigenen zu ersetzen. Die beiden Kater haben sich längst darauf geeinigt, dass sie in diesem Haus Revier und Einrichtung teilen. Den Vertrag über die Gütergemeinschaft haben sie still und leise nachts in der Sauna aufgesetzt.

»Ich habe hier eine Anfrage«, sage ich. Mein Postfach ist geöffnet.

»Willst du sie hören?«

Oliver nickt.

Krischiperrys Schwanz schwingt vor seinem Bildschirm. Tenhi markiert mit der Wange die Beine beider Schreibtische.

Meiner.

Meiner.

Er schaut zu seinem Mitbewohner hinauf.

Oh, pardon: Unserer.

Ich sage: »Jemand möchte einen Kurzgeschichtenwettbewerb veranstalten. Mit strenger Jury. Er fragt zum einen, ob wir bei der Jury mitmachen wollen, und zum anderen, ob wir eine Idee für einen guten Namen hätten.«

Oliver sagt: »*Literatüv*.«

»Nord?«

Er lacht.

Krischiperry dreht sich auf der Stelle und setzt sich nun wieder neben den Laptop, allerdings näher als zuvor. Sein Hintern landet genau auf Olivers rechter Hand.

Oliver stößt etwas lauter Luft aus.

Jetzt klingt es, als ob der Hamster zwei verstopfte Nasenlöcher hätte. Ruckartig schiebt Oliver den Laptop auf seinem Schreibtisch einen Meter nach links. Papiere rutschen von der Platte. Der Kater steht auf, schnurrt, macht zwei Schritte, dreht sich erneut und setzt sich eben einen Meter weiter links auf Olivers Hand.

Ich sage: »Der Literaturwettbewerb soll draußen stattfinden. Die Jury wählt aus den Einsendungen die besten zwanzig Texte aus, und die werden dann vor Publikum gelesen. Bei einem Grillfest. Die Menge stimmt über die Gewinner und Verlierer ab. Im Grunde wie bei einem Poetry Slam.«

Oliver sagt: »*Alles Wurst? Storys im Test!*«

Krischiperry hat derweil damit begonnen, Olivers Arm zu putzen. Ausdauernd zieht er seine raue Zunge durch die Behaarung des Mannes und erzeugt dabei Geräusche, als bürste man eine Fußmatte. Katzen lieben das. Der Trend der Ganzkörperenthaarung sogar beim Manne kommt ihnen ganz und gar nicht entgegen.

Oliver steht auf und nimmt sich seine Kaffeetasse, um sie unten in der Küche neu zu füllen und Abstand zwischen sich und den Kater zu kriegen. Derweil spuckt sein Gehirn weitere Namen für den Wettbewerb aus.

»*Kein Fleisch an der Sache? Die strenge Geschichtenverkostung.*«

»*Top oder Flop? Jetzt werden Autoren gegrillt!*«

Ich schmunzle: »Er schreibt, es soll zwar streng werden, aber man wolle niemanden in die Pfanne hauen.«

Oliver sagt, mit der Tasse in der Hand in der Bürotür stehend: »*Zart gegrillt. Wir hauen niemanden in die Pfanne.*«

Krischiperry springt vom Schreibtisch und schleicht lautlos in den Flur. Tenhi markiert die CD-Ständer.

»Hol dir erst mal deinen Kaffee«, sage ich.

Oliver nimmt die erste Stufe. Die zweite Stufe. Die dritte. Auf der vierten überholt ihn der Kater und schneidet ihm dermaßen eng den Weg ab, als wäre er ein schwarzes Seil, das sich für Sekunden zwischen Wand und Geländer quer über die Treppe spannt. Oliver stößt sehr laut Luft aus.

Der Hamster hat das karierte Taschentuch seines Großvaters aus der Wäsche geholt und schnäuzt dermaßen heftig den Inhalt beider Nasenlöcher hinein, dass er seinen kleinen Hamsterkörper ausplustert und dabei aufs Doppelte vergrößert.

»Mann!«, flucht Oliver und sucht nach Halt. Die Kaffeetasse fliegt aus seiner Hand in hohem Bogen in den Regenschirmbaum, der in der Ecke des ersten Treppenabsatzes steht. Es raschelt. Der Baum ist groß geworden. Er hat die Tasse verschluckt. Keine Scherben.

»Jetzt kann ich wieder putzen!«, schimpft Oliver.

Ich rolle mit dem Schreibtischstuhl ein Stückchen nach links, um durch die Bürotür alles beobachten zu können. Die Tapete neben der Palme sieht aus, als wäre auf dem Absatz jemand erschossen worden. Ein Mensch mit schwarzem Blut. Die fünfzig Milliliter Kaffee, die Oliver grundsätzlich ungetrunken in der Tasse lässt, haben sich in Form Tausender kleiner Spritzer und Schlieren auf der Raufaser verteilt.

Er rennt die Treppe hinab in den Keller, um Lappen und Eimer zu holen. Der Kater schneidet dabei weiter seinen Weg und rennt in Zickzack-Linien vor ihm auf der Treppe entlang. Ich kann ihn nicht mehr sehen, höre es aber an Olivers zwecklosen Kommandos: »Weg! Krischiperry! Weg!«

Eine Minute später schrubbt Oliver das Kaffeeblut von der Tapete. Er hat die Wände damals in weiser Voraussicht mit Seidenlatexfarbe streichen lassen, weil man sie dann besser abwaschen kann. Er kennt sich ja.

»Du lässt dich zu sehr von Serien beeinflussen«, sage ich.

»Wieso?«

»Die Ermittler trinken nie ihren Kaffee aus. Sie sitzen irgendwo in einem Café, bestellen eine volle Tasse, bekommen einen Anruf oder einen Geistesblitz, nehmen einen Schluck und springen dann auf. Das findest du cool.«

Er antwortet nicht und schrubbt. In der Hocke.

Im Büro hat Tenhi mittlerweile jede CD im Ständer einzeln markiert. Zwischen Peter Gabriel und David Gilmour setzt er kurz ab und schaut mich überanstrengt an.

»Geh doch wenigstens nach Gruppen vor«, sage ich. »Einmal die Wange quer über ganz Pink Floyd. Ist direkt der halbe Ständer erledigt.« Er legt die Stirn in Falten.

Krischiperry steht im Treppenhaus hinter Oliver und beginnt mit den Pfoten auf den Boden zu stampfen. Dabei spreizt er seine Zehen. Wie eine Frau, die ihre Fußnägel lackiert hat und nun Abstandshalter zwischen die Zehen klemmen will. Er schnurrt so laut, dass der Regenschirmbaum bebt. Es ist ganz eindeutig, was er will. Was ihm schon seit einer Stunde keine Ruhe lässt. Oliver weiß das auch. Und er mag es. Er will nur nicht schwach und willenlos gegenüber dem Kater erscheinen. Aber er mag es. Er liebt es sogar. Wie könnte er auch nicht? Deswegen bleibt er nun auch in der Hocke, obwohl er mit dem Wischen der Tapete längst fertig ist und aufstehen könnte. Ein kluger Mittelweg. Auf diese Weise kann er es dem Kater gegenüber so aussehen lassen, als wäre er von dem, was Krischiperry jeden Moment tun wird, vollkommen überrascht. Als hätte der Kater ihn nicht dazu erzogen, sondern einfach nur überrumpelt.

Noch zwei, drei Mal stampfen die Pfoten auf den Treppenhausboden ein, dann springt Krischiperry Olivers Rücken hinauf und legt sich wie ein Nerz um seinen Nacken.

Oliver sagt: »Huch!«

Der Kater schnurrt jetzt so laut, dass der Gummipalme das erste Blatt abfällt. Beinahe spuckt die Pflanze die verschluckte Kaffeetasse wieder aus.

Der Magnetismus der Nähe

Wenn eine Katze vom Bedürfnis nach Nähe erfüllt wird, verwandeln sich sie und der Mensch in zwei ungleich gepolte Magneten. Sie ziehen sich an. Unwiderruflich. Dafür sorgt die Katze. Erst, wenn die engste mögliche Nähe hergestellt ist, polen sich die Magnete wieder um. Bis dahin setzt die Katze alle Hebel in Bewegung, um den einen Pol an den anderen zu binden.

Das Stampfen, das dem Kampfkuscheln vorausgeht, ist die Fortsetzung des Milchtritts, den die Katze als Baby bei ihrer Mutter ausgeführt hat. Die kleinen Katzenpfoten stampften damals gegen die Brust der Mutter, um den Milchfluss anzuregen. Dabei kamen so dynamisch wie präzise die kleinen Krallen zum Einsatz. Die meisten Katzen legen dieses Verhalten ihr Leben lang nicht ab. Üblicherweise stampfen sie auf Sofas, Matratzen, Kissen oder herumliegenden Bademänteln herum, um die weiche Brust ihrer Mutter zu simulieren. Noch lieber auf dem Bauch des Menschen. Liegen sie in seinem Nacken oder auf anderen Körperstellen, die keinen weichen Speck bieten, fällt das Stampfen notwendigerweise weg. Was bleibt, ist das konsequente Pieksen. Wie im Rausch spreizen sie ihre Zehen und ziehen sie wieder zusammen. Die Krallen schieben sich währenddessen bei voll gespreizten Zehen so lang wie möglich nach draußen und fahren beim Zusammenziehen der Zehen wieder ein Stückchen ein. Es wirkt, als filme ein Naturforscher die Blüten einer Pflanze beim Öffnen und Schließen im Zeitraffer.

Geht es der Katze nur ums Stampfen selbst, sucht sie sich folglich zur Not auch alleine ein Kissen als Ersatz für die Mutterbrust. Zumal das Stampfen hin und wieder auch einen Eigentumsstempel setzt. Schließlich befinden sich bei einer Katze die Drüsen zur Reviermarkierung serienmäßig nicht nur an der Wange, sondern auch auf der Unterseite der Tatzen.

192

Steht sie allerdings auf den harten, kalten Fliesen einer Küche oder dem marmorierten Stein eines Treppenhauses und führt dort stampfend ihre Blütenpfoten-Zeremonie auf, kann sie damit weder sinnvoll Drüsenflüssigkeit abstreifen noch Krallen in simuliertes Mutterfell graben. Das Stampfen auf dem harten, kalten Boden dient nur der Kommunikation mit dem Menschen. Es ist ein Befehl, der da lautet: »Maximales Kuscheln, aber sofort!« Der Pol des Magneten muss so dicht wie möglich an sein Gegenstück.

Die Katze ist geladen.

Oliver kriecht auf allen vieren die Treppe hinauf. Er hat Krischiperry im Nacken. Der Kater schnurrt. Zufrieden lässt er seine Beine links und rechts an Olivers Hals herunterhängen.

Tenhi beobachtet es mit Interesse. Er ist fast mit der CD-Sammlung durch. Gerade zieht er die Wange über die Hüllen von Frank Zappa und Zox.

Oliver richtet sich ganz behutsam auf, den Rücken immer noch so krumm wie möglich, und setzt sich freiwillig wie Quasimodo an den Schreibtisch. Mit dem schweren, schwarzen Katzennerz im Nacken hat er wenigstens die Hände frei zum Tippen.

Ich lese vor, was ich derweil als Antwort auf die Anfrage zum Wettbewerb getippt habe: »Lieber Herr Klasnitz, zu einem Literaturwettbewerb mit Vorlesefinale samt Grillfest fallen meinem Mann gerade sehr viele griffige Namen ein, jedoch treibt uns beide die Sorge um, keine Veranstaltung unterstützen zu wollen, die womöglich dazu dient, den Gästen des Barbecues nicht nur Schwein, Rind, Lamm und Huhn, sondern letztlich dann doch die Nachwuchsautoren zum Fraß vorzuwerfen. Sie wissen, wie gnadenlos ein Publikum sein kann, selbst wenn man als Veranstalter die besten Absichten hat. Diese ganze Sache mit der Live-Beurteilung ist fragwürdig. Vielleicht teilen Sie mit uns die Auffassung, dass die kleine Kulturszene nicht zu dem Zweck erfunden wurde, die gleichen Bohlenwege zu zimmern wie große private Fernsehsender.«

Oliver sagt: »Das ist fantastisch.«

Ich entgegne: »Du findest meine Absage fantastisch, hast aber vorhin in Sekundenschnelle Namen für das Grillen von Autoren erfunden.«

»Du weißt doch, wie das bei mir ist. Blinder Cowboy-Modus, bis du mich stoppst.«

Mit dem Cowboy-Modus meint Oliver seine Art des Arbeitswahns. Statt »erst schießen, dann fragen« lautet sein Instinkt: »Erst machen, dann fragen!« Das kann anstrengend sein.

Der Kater in seinem Nacken wechselt minimal die Liegelage. Seine Augen sind genüsslich geschlossen. Die Schnauze liegt auf der Schulter auf wie auf einem Ast im Regenwald. Ich muss ans *Dschungelbuch* denken. Die Hauskatze als Panther.

»Ja, feiner Baghira«, lobe ich den Kater. »So ein feiner Baghira!«

Die Äuglein öffnen sich einen Spalt.

Oliver sagt: »Es wird warm im Nacken.«

Tenhi beginnt die Nintendo-Spiele im untersten Regalfach zu markieren. Ich frage: »Soll ich das so absenden oder gleich noch einen Vorschlag machen, wie er seinen Geschichtenwettbewerb anders gestalten könnte?«

Die ersten Schweißperlen erscheinen auf Olivers Stirn.

»Schick erst mal so ab.«

Ich schicke ab.

Oliver neigt sich behutsam nach vorn und gleichzeitig zur Seite. Ein schüchterner Versuch. Wenn der Kater wollte, könnte er nun elegant von der Schulter auf den Schreibtisch zurückgleiten. Er will aber nicht. Der Magnet wirkt unverdrossen.

Ein paar Tage später fahren wir mit dem Wagen im Wendehammer zwischen den Häusern vor. Ein beruflicher Termin liegt hinter uns. Er war lang, diskussionsreich und anstrengend. Die Köpfe sind voll. Die Mägen sind leer. Die Seelen haben Schlagseite. Jetzt sind wir es, die ganz dringend eine Kuscheleinheit brauchen.

Katze auf den Bauch.

Katze in den Nacken.

Katze überall.

Unsere Nachbarin, die misstrauische Maria, nähert sich samt ihres Enkels vom Weg her, der zum Feldrand führt. Schützend legt sie ihre Hände auf die Schultern des kleinen Jungen.

Wir grüßen freundlich, wie wir es immer tun.

Wie immer reagiert sie, indem sie starr stehen bleibt und uns mustert, als wären wir erst gestern zugezogen und außerdem Außerirdische, die statt Haut einen Belag aus langen, roten Noppen am ganzen Körper tragen, wie ein Tischtennisschläger für Defensivspieler.

»Boah, was brauche ich jetzt Katze!«, sage ich, während ich die drei Stufen zur Haustür erklimme und mit dem Schlüssel klimpere.

»Sag das nicht so laut«, flüstert Oliver, »sonst denkt Maria noch, wir würden Katzen essen. Das machen manche Außerirdische doch.«

»Ja«, sage ich, »oder schwarze Magier. Oder Vampire.«

Oliver prüft den Briefkasten.

Ich stecke den Schlüssel ins Schloss.

Normalerweise würden spätestens jetzt von innen an der Tür zwei Katerpfoten kratzen. Begleitet von einem piepsigen, herzerweichend aufgeregten Miauen. Ist Krischiperry im Modus für Nähe, begrüßt er einen auf diese Weise an der Haustür wie ein kleiner Hund. Inklusive Schwanzwedeln und Um-die-Beine-Streifen. Tenhi steht währenddessen meistens am Ende des Flurs und schaut sich das hündische Gehampel mit gesunder Skepsis an. Auch dabei legt er seine Stirn in Falten. Nicht überanstrengt wie nach der Etikettierung Hunderter CDs und Nintendohüllen, sondern eher wie ein grüblerischer Psychologe in einer Talkshow, der beim Zuhören die Wange zwischen seinem Daumen und seinem langen, knorpeligen Zeigefinger ablegt.

Nun allerdings öffne ich die Tür, und es ist gar kein Kater dahinter.

Oliver ruft.

»Krischiperry! Tenhi! Jungs!«

Ich lege die Post auf den Küchentisch. Jede Menge Prospekte. Allein drei verschiedene Anbieter wollen uns Markisen verkaufen.

Oliver ruft lauter: »Krischiperry!!! Tenhi!!! Kommt! Na, kommt!«

Ich sage: »Es gibt gerade keine Katze.«

Er guckt beleidigt. Dabei sage ich nur, was Sache ist. Kommt der Kater nicht an die Tür und reagiert er auch nicht auf Rufe, ist er im Distanzmodus. Da hilft nicht mal das Klimpern mit der Futterschale.

Oliver öffnet dennoch die Schublade und klimpert. Lautstark lässt er Trockenfutter in die blaue Schüssel aus Keramik kullern.

Es kommt kein Kater.

Oliver trägt die Schüssel in den Hausflur, von wo aus sich der Schall in alle Etagen und Richtungen gleichzeitig ausbreitet, und schnippt mit dem Nagel seines Zeigefingers gegen den Rand des Keramikschälchens.

Pling!

Pling!

Pling! Pling! Pling!

Ich reiße einen Umschlag ohne Absender auf. Die Redaktion eines Lexikons über Persönlichkeiten in Deutschland bietet uns an, dass wir unsere Lebensläufe bei ihnen eintragen dürfen. Es kostet auch nur 499 Euro zuzüglich Mehrwertsteuer. Und es wäre nett, wenn wir danach ein paar Exemplare ankaufen könnten, zum Rabattpreis von 59,90 Euro das Stück. Für die Familie.

Oliver schnippt sich den Fingernagel an der Klangschale blau.

Pling! Pling! Pling!

»Du weißt doch«, sage ich, »sie müssen von selber kommen.«

Oliver sagt: »Ich will jetzt wissen, wo die sind!«

Der Magnetismus der Distanz

Wenn eine Katze vom Bedürfnis nach Distanz erfüllt wird, verwandeln sich der Mensch und sie in zwei gleich geladene Magneten. Sie stoßen sich ab. Unwiderruflich. Dafür sorgt ebenfalls die Katze. Erst, wenn sie ihre paar Stunden für sich gehabt hat, kann sich die Magnetkraft wieder in zwei ungleich geladene Pole aufteilen. Bis dahin verschwindet die Katze in der Geheimzone. Hierbei handelt es sich um eine Parallelwelt, die kein Mensch in seinem eigenen Haus oder seiner eigenen Wohnung zu entdecken vermag.

Rein sachlich gesehen, gibt es in einem Haushalt nur eine endliche Anzahl von Verstecken. Der Mathematiker würde sagen, es handelt sich um eine »höchstens abzählbare Menge«. Sie kann immer noch unglaublich groß sein, aber irgendwann hat man sie abgearbeitet. Eine Einheit dieser höchstens abzählbaren Menge definiert sich durch die Relation zwischen der kleinstmöglichen Größe der Katze und der entsprechenden, dazu gerade noch passenden Ecke, Höhle oder Ritze. Erwachsene Katzen teilen dabei mit den Mäusen die Eigenschaft, dass sie sich auf ein Vielfaches ihres normalen Körpervolumens verkleinern können. Wenn die Katze auf dem Schreibtisch neben der Tastatur sitzt oder als Nerz im Nacken hängt, dehnt sie sich aus wie ein Hefeteig. Will sie hinter ein Regal schlüpfen oder eine andere überaus schmale Stelle passieren, schrumpft sie zusammen wie ein Ballon, aus dem man die Luft abgelassen hat. Ihre Knochen, Muskeln und Gelenke reagieren auf ihren eigenen Wunsch dermaßen flexibel, dass Katzen wie Cartoonfiguren aus flüssiger Knete oder der berühmte Terminator 1000 aus dem Jahre 1991 durch Ritzen, Löcher und Tunnel praktisch hindurchfließen können.

Selbst Gitterzäune sind weit aufgesperrte Gartentore für sie. Lediglich feinste Fliegennetze und Filter, durch die in der Küche nicht mal Haferflocken passen, halten sie auf. Im

Grunde ist das Einzige, was die Katze nicht unendlich verkleinern kann, ihr Schädelknochen. Alles andere folgt offensichtlich den seltsamen Gesetzen der Quantenphysik. Das heißt: Die meiste Zeit werden die Trilliarden Elementarteilchen, aus denen das Tier besteht, in Katzenform gruppiert, doch wenn es nötig ist, fliegen sie auseinander und sortieren sich beliebig neu. Anders ist es nicht zu erklären, wie die Katze im Distanzmodus ihre Geheimzone erschafft, in der sie unauffindbar verschwindet, solange sie das möchte. Der Mensch sucht sie derweil und sieht in sämtlichen Verstecken nach. Am Ende öffnet er sogar Klimpergeldkassen, Keksdosen und Klospülungskästen. Ohne Erfolg. Die Katze hat die Anzahl der möglichen Verstecke längst ins absolut Unendliche erhöht. Der Mathematiker würde sagen: Die quantenphysikalisch geschickte Katze überschreitet sogar den Modus der »abzählbar unendlichen Menge«. Das ist eine Menge, in der man es immer noch mit einzelnen Verstecken zu tun hätte, die lediglich niemals ein Ende nehmen. Die Geheimzone der Katze erzeugt aber sogar eine »überabzählbare« Menge, in der sich die einzelnen Verstecke wieder in unendlich viele kleine Möglichkeiten aufteilen. So wie Zahlen mit nie endenden Nachkommastellen. Das schaffen im Tierreich nur die launischen Vierbeiner mit dem Schnurr-Kehlkopf. Nicht einmal von Einzellern oder Bakterien wurde die Fähigkeit, eine überabzählbare Menge an Verstecken zu generieren, jemals berichtet.

Oliver hat Tenhi gefunden. Immerhin. Der weißgraue Philosoph liegt auf dem Dach der Sauna und will nicht beim Denken gestört werden. Ihm steckt immer noch die Inventur des gesamten Reviers in den Knochen, die er neulich unerbittlich zu Ende gebracht hat. Gegen Abend war er dazu übergegangen, Bücher oder Videospiele einfach direkt aus den Regalen zu zerren, auf dem Boden zu verteilen und mit der Pfote abzustempeln. Wie gesagt: Die Markierungsdrüsen gibt's auch an den Tatzen.

198

Krischiperry bleibt unauffindbar.

Das kann Oliver nicht akzeptieren.

Ich höre, wie er Schranktüren öffnet und Schubladen.

Sofas verschieben sich.

Ein Topfdeckel klappert.

»Der Kater war noch nie im Topf!«, rufe ich nach unten.

»Dann gucke ich im Bräter nach!«, ruft Oliver hinauf.

Ich sitze am Schreibtisch und prüfe meine Post. Der Mann mit dem Literaturwettbewerb hat zurückgeschrieben. Er ist ganz unserer Meinung, dass man beim Grillen keine Leute in die Pfanne hauen sollte und dass in der Tat die Gefahr nie ganz zu bannen sei. Ob man vielleicht etwas ganz anderes aufziehen könnte und was wir davon hielten: Ein Live-Text-Workshop während des Barbecues. Schreiben nach Regeln und Stichworten. Kurztexte. Erdacht, geschrieben, vorgetragen. Beim Grillen. Ohne Wettbewerb. Als Experiment.

Ich referiere den Vorschlag, quer durchs Haus.

Oliver ruft aus dem Stand Titel für die Veranstaltung.

»*Texte am Spieß!*«

»*Zwischen Grill und Angel!*«

»*Heiß geschrieben!*«

Ich antworte: »Du bist wieder im blinden Cowboy-Modus! Sag doch erst mal, was du überhaupt davon hältst, bevor du direkt wieder Markennamen erfindest.«

Oliver ruft: »Der Kater ist auch nicht im Bräter!«

Ich lese mir die Nachricht noch mal durch und sage: »Ich finde, man könnte das Experiment noch vertiefen. Eine Gruppe isst beim Grillen nur Gemüse. Eine Fisch. Eine Fleisch. Eine trinkt Alkohol und eine nicht. Und so weiter. Dann guckt man, welche Geschichten unter dem Einfluss welchen leiblichen Wohls entstehen.«

Oliver stapft die Treppe hinauf, katerlos und gehetzt. Er hebt den Finger.

»*Prosaspeiseplan!*«

»*Dichtung mit ohne alles!*«

»*Verse ohne Zusatzstoffe!*«

Ich seufze.

Oliver beginnt, Ordner aus dem Regal zu räumen. Hinter den Ordnern wäre zwischen Akten und Wand für den Kater gerade mal ein Zentimeter Platz.

»Der Kater hockt nicht im Regal«, sage ich.

Oliver sieht in der Spardose nach.

Ich tippe: »Lieber Herr Klasnitz, Ihre Idee eines Improvisations-Workshop-Grillens gefällt uns viel besser als ein klassischer Wettbewerb oder Poetry Slam mit Jurywertung. Eine mögliche Überlegung wäre es zudem, verschiedene Ess- und Trinkgruppen einzuteilen und zu schauen, ob Bier und Fleisch eine andere Ästhetik aufs Papier fließen lassen als gegrillte Aubergine mit Rhabarberschorle.«

Oliver geht ins Schlafzimmer und durchsucht die Kleiderschränke. Ihre Türen sind mit Magneten gesichert, damit die Katzen sie nicht von außen öffnen, stundenlang drin herumtoben und alle Klamotten vollhaaren können. Schlüpft doch mal eine hinein, während man sich ankleidet, und wird daraufhin im Schrank eingeschlossen, fängt sie eine Sekunde später an, von innen an der Tür zu scharren. Freiwillig würde sie mit Freuden den halben Tag in den Sachen sitzen bleiben. Sie würde sogar neue Muster in die angerissenen Jeansbeine schneiden. Eingesperrt kann die Katze die gleiche Freude keinen einzigen Moment tolerieren. Da gerade nichts im Schrank scharrt, kann Krischiperry auch nicht drinnen sein.

Die Schranktür schließt sich wieder.

Oliver sagt: »Wie die guckt ...«

Ich frage: »Wer?«

»Die Maria. Da steht sie wieder. Draußen auf dem Weg. Mit dem Enkel.«

Ich stehe auf, gehe ins Schlafzimmer und schaue ebenfalls durchs Fenster. Die schmale Frau auf dem Vorplatz wirkt wie aus der Zeit gefallen. Sie könnte genauso gut im Jahre 1442 da stehen, knöcheltief im verregneten Schlamm, zusammen mit ein paar

Dorfbewohnern. Da sie nicht mit uns redet, kennen wir sie nicht, aber ihr Blick zeigt mir: Sie ist kein schlechter Mensch. Selbst im 15. Jahrhundert, als man an Hexen und Zauberer glaubte, hätte sie nicht gegen uns gehetzt. Der Argwohn in ihren Augen gilt dem ganzen Leben. Wahrscheinlich ist die misstrauische Maria sogar misstrauisch sich selbst gegenüber. Der Gedanke, dass die Frau mit den roten Haaren und der Mann mit dem spitzen Ziegenbart im Haus am Ende der Straße merkwürdig sind, würde sich vollkommen aus Versehen wie ein leises Beben unter den Dorfbewohnern ausbreiten. Ausgehend von ihr als Epizentrum. Aber nicht, weil sie in böser Absicht auf den Boden gestampft hätte, bis die Wände wackeln, sondern weil ihre schweigsame Skepsis abfärbt wie feiner, nahezu unsichtbarer Ruß.

Wir beobachten, wie Maria uns beobachtet und dabei so tut, als würde sie sich eigentlich auf ihren Enkel konzentrieren. Der Kleine zupft gerade Wildpflanzen aus der Wiese hinter den Parkplätzen. Die Mohnblüte hat es ihm besonders angetan.

Oliver sagt: »Dieser Blick ... dieses lautlose ›Wer seid ihr bloß?‹ Sie könnte uns doch einfach fragen.«

»Manche Menschen denken, es wäre einfacher, gar nicht zu kommunizieren, damit keine Missverständnisse aufkommen.«

»Klappt ja prima ...«

Maria guckt wieder zum Fenster statt zum Enkel. Er trägt eine Latzhose mit Trägern und putzig klobige Outdoor-Kinderschuhe. Mit Freude mampft er Mohnblüten. Neben uns sitzt Krischiperry auf der Fensterbank. Wir haben nicht gehört, wie er sich angeschlichen hat. Lediglich den Hauch des Luftzugs gespürt, als er vom Schlafzimmerboden auf die Fensterbank sprang. Und selbst das erst mit Verzögerung.

Der Kater zerstampft die Fensterbank und schnurrt.

Dabei sieht er Oliver mit wagenradgroßen Augen an. Sein Entwaffnungsblick. Eine Mischung aus süßem Betteln, tiefer Sehnsucht, zartbitterer Traurigkeit und einer vor Liebe überlaufenden Flut aus Zuneigung. Als hätte man den frühen Hugh Grant, den mittleren Simon Baker und den späten Keanu Reeves in einen Kater gepackt. Wenn Krischiperry diesen Blick aufsetzt und sich noch dazu exakt auf Bauchhöhe von Oliver platziert, bedeutet das nur eines: Er will auf seinen Rücken. Jetzt.

Sofort.

Und wenn das nicht möglich ist, vergeht er vor Verzweiflung. Wenn der Rücken sich nicht auf der Stelle wie eine Plattform vor die Fensterbank senkt, stürzen sich Hugh Grant, Simon Baker und Keanu Reeves gemeinsam in einer Gewitternacht ins todesschwarze Nass hinter dem Haus am See.

Der Magnetismus des Umschwungs

Die magnetische Polung der Katze kann sich innerhalb weniger Millisekunden umkehren. Die Haustierphysiker machen dafür elektromagnetische Impulse im uns alle umgebenden Energiefeld verantwortlich, die dem Menschen nicht zugänglich sind. Die Haustierpsychologen vermuten eine in allen Katzen angelegte und verschieden stark ausgeprägte Tendenz zur gespaltenen Persönlichkeit. Schaltet die Katze vom Distanzmodus in den Nähemodus um, materialisiert sie sich auf der Stelle aus ihrer Geheimzone heraus neben dem Menschen.

Dieser Vorgang geht so lautlos und schnell vonstatten, dass nicht zweifelsfrei ausgeschlossen werden kann, ob sie kurz zuvor nicht doch in einem Topf, einer Klimpergeldkasse oder einer Keksdose gesteckt hat. Oder im Sparschwein. Ihre nun wieder aktivierte Magnetkraft zieht sie unwiderruflich zum Menschen. Er selbst kann seinerseits seine magnetische Polung weder kontrollieren noch ins Gegenteil verkehren. Wann es mit der Anziehung losgeht, bestimmt allein das Energiefeld der Katze.

Oliver schmilzt innerlich dahin, obwohl er es natürlich liebt, wenn sich die Krallen des Katers in seinen Rücken bohren, tut er so, als würde er sich zieren.

»Aha«, sagt er, »jetzt willst du also auf den Rücken?«

Krischiperry stampft, schnurrt und guckt. Hugh Grant legt den Kopf schief. »Wer hat sich denn hier die ganze Zeit versteckt?«

Des Katers Blick gibt alles. Noch mehr Liebe. Noch mehr Verzweiflung. Simon Baker gesteht nach sechs ganzen Staffeln von *The Mentalist* seiner Kollegin endlich seine Liebe, obwohl er sich im Leben eigentlich nie mehr öffnen und verletzlich machen wollte.

Oliver schaut runter auf den Vorplatz. Marias Enkel hat genug Mohn gegessen und tapst nun auf unseren Garten zu. Entschlossen krallen sich die Finger seiner Großmutter in die Hosenträger des Kleinen. Während sie ihren Enkel festhält, schaut sie wieder zu uns hinauf. Lautlos sagt sie: Geh da lieber nicht hin.

Ich bemerke eine Spur von Bedauern in ihrem Blick. Als ob sie ehrlicherweise zu ihrem Enkel sagen müsste: Ich würde mir wünschen, ich könnte dich da hingehen lassen, aber ich kann doch auch nicht aus meiner Haut.

Möglich, dass Oliver diesen Zwiespalt der misstrauischen Maria ebenfalls bemerkt. Jedenfalls wird er gleich darauf reagieren. Das erkenne ich daran, wie sich sein rechter Mundwinkel hebt und sich seine Lippen angriffslustig verziehen. Es kommt nur selten vor, aber wenn, dann startet er eine Aktion, die Eindruck hinterlässt.

Oliver beugt sich nach vorne und platziert seinen Rücken vor der Fensterbank. Krischiperry steigt auf. Er legt sich flach hin und füllt das gesamte Kreuz des Mannes. Seine ausgestreckten Vorderpfoten reichen sogar bis knapp an den Hosenbund. Mit Wonne lässt er die Pfotenblüten sprießen und punktiert weit gefächert die Haut über dem Steiß.

»Krischiperry«, wispert Oliver so betörend wie verschwörerisch. »Komm, Schulter! Okay?«

Der Kater scheint einverstanden.

Sonst bleibt er minutenlang, manchmal Stunden auf dem Rücken liegen und lässt auch nicht locker, wenn Oliver sich wieder aufrichten will. Jedes Mal, wenn der Winkel seines humanoiden Liegeplatzes auch nur um zwei Grad steiler wird, gräbt er die Krallen tiefer ins Fleisch. »Ich warne dich«, sagen die Krallen dann, »du kannst dich ruhig komplett hinstellen, wir halten den Kater auch noch bei neunzig Grad Neigungswinkel als Rucksack in deinem Rücken fest.«

Jetzt aber lässt Krischiperry es zu. Oliver richtet sich auf. Grad um Grad vergrößert sich die Neigung. Kraftvoll schlägt der Kater seine Kletterpickel in die Fleischwand und erklimmt den Gipfel – Olivers rechte Schulter. Obwohl er längst kein kleiner Babykater mehr ist, kommt er dort elegant und aufrecht zum Sitzen. Marias Enkel reißt die Augen auf.

Da stehen sie.

Eine Frau mit langen, roten Haaren.

Ein Mann mit spitzem Ziegenbart.

Und genau zwischen ihnen, auf der Schulter des Mannes, noch über beide Menschenköpfe hinausragend: Ein schwarzer Kater.

»Komm ruhig in unseren Garten, mein Kind!«, ruft Oliver im pathetischen Tonfall eines Märchenfilms in Richtung des Enkels. Er gibt richtig Gas. In knisterndem Dolby Surround schallt es über die Dorfdächer. »Wir sind Zauberer, doch wir wollen dir nichts Böses! Lass es zu, und folge deiner Neugier, und du wirst mit einer neuen Welt belohnt. Vivat imaginatio hominis!«

Ich frage mich, ob das Latein gerade korrekt war. Es klang jedenfalls prima.

Maria reißt ihren Enkel herum und schiebt ihn, so schnell sie kann, davon. Amüsiert folgen die zwei Menschenköpfe und der Katerkopf der entsetzten Großmutter, bis sie mit ihrem Enkel vollständig außer Sichtweite ist.

»Es lebe die Einbildungskraft des Menschen?«, rate ich, was Oliver, der mächtige Zauberer, gerade aus dem Fenster gerufen hat.

»Das sollte es heißen«, nickt er. »Aber du weißt ja. Mein Latinum war eine Vier minus.«

Ich frage mich, wann die Dorfbewohner mit dem Pfarrer vorbeikommen.

Tenhi springt im Kellergeschoss von der Sauna (»klock!«), läuft die Treppe hinauf, durchquert das Schlafzimmer und springt zwischen uns auf die Fensterbank. Fragend betrachtet er den leeren Vorplatz und schaut uns danach an: »Was war?«

Krischiperry schnurrt und gräbt die Krallen in Olivers Schulter.

Fensterbank-Idylle | Geselliges Beisammensein mit der Artgenossin aus Stoff

»Statt die Katze zu verjagen,
stell den Teller weg.«

(Japanisches Sprichwort)

Heißt auf Deutsch:

Sollten Sie jemals an einem lauen Sommertag aus Versehen die Reste vom Grillen draußen stehen lassen und mit Katzen nichts anfangen können, sollten Sie gleich umziehen. Erst recht, wenn Sie neben den herrlichen kleinen Würstchen auch noch Fisch gegrillt haben. Die stille Post spricht sich von den Ameisen, Wespen und Hornissen schnell zu den Katzen herum. Vor Ort angekommen, werden die Vierbeiner feststellen, dass das Fleisch nicht mehr frisch genug ist und gerade deswegen auf der Terrasse sitzen bleiben. Tauchen Sie schließlich auf, um den Grill abzuräumen, bekommen Sie bittere Vorwürfe zu hören. Erst mit Angeboten locken und dann nur Gammelfleisch anbieten? Sind wir hier im Supermarkt, oder was? Die Katzen werden nicht eher gehen, bis Sie ihnen wenigstens ein Schälchen Futter auf die Steine gestellt haben. Oder, falls Sie noch kein Katzenhalter sind, ein bisschen Milch, eine klein geschnittene Bifi oder zart gedünstetes Putenfleisch mit einem Hauch von Basilikum an einem Klecks Balsamico-Reduktion. Am nächsten Tag kommen sie dann wieder. Lassen Sie erst jetzt gemäß der japanischen Weisheit die Schale weg, ist es längst zu spät. Die Katzen werden Ihr Gelände über Monate und Jahre belagern. Wenn

Sie denken, es sei vorbei, springt wieder eine im Mondlicht auf den Stromkasten am Wegesrand, mit einer Bewegung so flüssig wie in Kaffee schwimmende Sahne. Kaum sitzt sie dort, schälen sich ihre Freundinnen aus den Koniferen und springen von den Dachrinnen. Die erste Katze, die damals den Grill entdeckte, hätten Sie bei sich aufnehmen können. Sie hätte fortan ihr Revier gegen andere verteidigt. Für den Katzenstrom müssten Sie ein Tierheim eröffnen. Am nächsten Morgen rufen Sie den Umzugswagen an.

DIE INTEGRATION (3) ODER EINWANDERUNG MIT HINDERNISSEN

Die Katze muss bei der Flucht aus ihrem bisherigen Zuhause und bei der Einwanderung in die von ihr gewünschte und gewählte neue Heimat ähnliche Hürden überwinden wie der Mensch. Der Vorgang ist anstrengend, kompliziert und erfordert die ganze Kraft aller Beteiligten. Er durchläuft klar abgegrenzte Phasen und Prozesse, bei denen von der Erstversorgung bis zum endgültigen Bleiberecht vieles beachtet werden muss. Manchmal meldet das Herkunftsland sogar Ansprüche auf seinen ehemaligen Bürger an. Doch der hat seine Entscheidung längst getroffen.

Phase 1: Flucht und Annäherung an die Grenze

Die Katzen schießen ins Erker-Fenster wie von der Tarantel gestochen. Krischiperrys Körper ist gespannt, der Schwanz zittert und schlägt. Er boxt das Glas der Scheibe. Tenhi bleibt einen Meter hinter ihm unter den langen, breiten Blättern der Topfpalme stehen und schaut sich den Prozess, jetzt, wo er einen guten Platz zum Gucken hat, etwas ruhiger an. Vor dem Erker, auf dem Buntkies, der die Rabatten begrenzt, schleicht ein Kater herum. Sein Körper ist zu schmal für die Größe seines Kopfes, oder sein Kopf ist einfach zu groß. Mit aufgeplusterten Bäckchen sitzt er wie ein flauschiger

Fußball auf dem grazilen Leib. Ein schwarzer Fußball mit einem weißen Fleck auf der Nase und zwei nebeneinander befindlichen weißen Streifen am Schnäuzchen. Er wirft einen Blick durch die Fenster, während er die gesamte Rabatte abläuft. Seine Pfoten graben sich tief in den Mulch. In seinem Fell verfangen sich ein paar dünne Zweige. Er wirkt nicht wie einer dieser Freigänger, die tagtäglich ihre Runden drehen und hin und wieder ihr Revier in der Nachbarschaft ausdehnen. Eher vermittelt er den Eindruck, eine Fluchtroute hinter sich zu haben.

Krischiperry folgt ihm von Fenster zu Fenster und springt von innen gegen die Scheibe wie aufgezogen. Der Angesprungene faucht nicht zurück, wie es trotz Glas zwischen zwei Katern sonst so üblich wäre. Er quittiert die aufgeregten Attacken von innen im Gegenteil mit einem Blick, der zwischen Müdigkeit, Güte und friedvoller Souveränität schwankt, wie bei einem Mönch. Das Tier ist ausgewachsen. Kein Kleinkind mehr. Drei bis vier Jahre womöglich. Der Mönch gerät außer Sicht. Im Gegensatz zu seinem Blick wirkt sein Gang alles andere als entspannt. Krischiperry rast in Richtung der Terrassenscheiben. Tenhi trabt locker hinterher. In der Tat taucht der Fremde wenig später im Garten auf. Überquert die Terrasse. Schnuppert am Teich. Krischiperry kratzt am Fenster. Lasst mich raus. Ich muss den Eindringling bekämpfen. Grenzalarm! Grenzalarm!

Der Friedfertige vor dem Fenster trinkt einen Schluck aus dem Teich und dreht ein letztes Mal den Kopf zum tobenden Kater im Inneren, bevor er weiterzieht. Für einen kurzen Augenblick wird Krischiperry ruhiger, bevor er den Rückzug vor der Scheibe mit umso heftigerem Kratzen und Glasboxen kommentiert.

Phase 2: Asylantrag und Erstversorgung

Tag für Tag kehrt der Fremde zurück. Krischiperry boxt die Scheibe. Tenhi steht still und beobachtet. Womöglich redet er mit dem Fremden auf telepathische Weise. Klärt die ersten Dinge. Wir vermeiden es eine ganze Woche lang, Futter rauszugeben, da wir nicht wissen, um wen es sich bei dem Wandernden handelt. Es heißt, man solle keine unnötigen Anreize schaffen.

In der zweiten Woche schleicht der Fremde nicht mehr nur bescheiden und beiläufig vor dem Fenster herum, sondern stellt einen klaren Asylantrag. Statt wortlos mit den Katzen zu kommunizieren, wendet er sich an uns. Er miaut. Durch die Scheibe können wir es nicht hören, doch es muss laut sein, so weit, wie er das Mäulchen aufreißt. Sein Kopf ist in den letzten zehn Tagen noch mal größer geworden oder sein Körper schmaler. Die Augen sind groß und flehend. Kim ist zu Gast und hockt neben den einheimischen Katern innen vor der Scheibe.

»Wir müssen ihm was geben«, sagt sie.

»Ihr müsst mir was geben!«, bekräftigt der Kater.

Sperrangelweit öffnet und schließt sich sein Maul vor der Scheibe. Es sieht fast rhythmisch aus. Er läuft dabei nicht länger, sondern sitzt auf dem Buntkies. Sein Hintern gräbt sich ein Nest zwischen harten Steinen. Ein herzzerreißendes Bild.

»Darf ich ihm etwas geben?«, fragt Kim.

Wir denken nach.

Der Kater ist kein gesunder Freigänger. Er kommt nicht immer wieder her, weil unser Haus auf seiner Route liegt, sondern weil er woanders nicht versorgt wird. Das Frühjahr ist noch jung und das Land weiterhin in den Krallen des ausgehenden Winters, der nicht loslassen kann. Wer weiß, wie lange der Dünne mit dem großen Kopf schon draußen ist. Wer weiß, welche Strapazen er hinter sich hat. Wahrscheinlich hat er in den letzten Tagen an allen möglichen Fenstern geklopft, und nur noch unsere sind übrig geblieben.

Mäulchen auf.

Mäulchen zu.

Hintern im Kies.

Verzweiflungs-Pantomime.

Ich stehe vom Sofa auf. Wortlos vergewissern wir uns gegenseitig, dass gehandelt werden muss. Dass wir lange genug gewartet haben. Behutsam gehe ich vor die Tür und stelle ein Schälchen mit Futter auf die Mineralien, die Vater Rhein in Tausenden von Jahren zu Dekorationskies geformt hat. Es dauert kaum sieben Sekunden, bis der Fremde die Ration schnurrend heruntergeschlungen hat.

Phase 3: Die Erstaufnahmeeinrichtung und die Herkunftsrecherche

Der Februar produziert ein paar klirrend kalte Tage. Unwirtlich prasselt der Regen auf die Pflastersteine und Platanenblätter. Einmal hagelt es sogar. Die Körner sind dicker als Azuki-Bohnen und prasseln auf die Garagentore nieder, als wollten sie das Blech zu Noppenbelag umgestalten. Im Sportraum haben wir die Erstaufnahmeeinrichtung für den Flüchtling aufgebaut. Schlafplätze, eine Kantine, sanitäre Anlage. Sicher, es stehen Trimmräder herum, und auf dem Boden verteilen sich Hanteln und Kugeln, doch die Sauna im Raum birgt zusätzliche, schützende Höhlen.

Auf dieser Seite des Hauses ist das Kellerfenster ebenerdig. Es versteckt sich nicht in einem Schacht aus beigem Plastik, sondern liegt genau auf Höhe der Grasnarbe, sodass man beim Gewichtestemmen täglich die Käfer grüßen kann. Das Fenster ist offen genug, um problemlos hinein- und hinauszukommen. Die Tore der Notunterkunft stehen stets offen.

Selbstverständlich. Hilfe ist kein Gefängnis. Aufgrund des schlechten Wetters nutzt der Neuankömmling diese Möglichkeit zum Ausgang allerdings nicht. Er nutzt sie nicht einmal, wenn die Sonne herauskommt. Er kommt.

Er bleibt.

Die Innentür zur Notunterkunft bleibt bis auf Weiteres geschlossen. Noch wissen wir nicht, ob der Kater ansteckende Krankheiten in sich trägt. Klar ist, dass seine Ohren voller Milben stecken. Im Fell könnten sich Flöhe verbergen. Vor der verpflichtenden Untersuchung durch den medizinischen Dienst dürfen keine

Gäste ins Erstaufnahmelager. Die einheimischen Kater halten gar nichts von dieser Maßnahme. Sie protestieren im Flur vor der Tür, hinter der es plötzlich so spannend klingt und riecht. Würde man den beiden jetzt die Mikrofone mit dem Schaumgummibezog von N24 oder RTL vor die Nase halten, würden sie dem Reporter gegenüber ihre Entrüstung äußern. Beide auf ihre Weise. Krischiperry ist ein hektischer, aufgebrachter, jugendlicher Demonstrant in schwarzen Klamotten, halb vermummt und mit Kerbe über der rechten Augenbraue. Er würde sagen: »Sie nennen es Quarantäne und Vorsicht, aber wissen Sie, was das in Wirklichkeit ist? Das ist Abschottung! Nichts anderes!« Tenhi runzelt als älterer Bildungsbürger die Stirn und kommentiert die Lage eher betroffen. Es liegen Jahre der Lektüre alter Bücher und gleichzeitig eine zitternde, protestantische Klage in seiner Stimme, als er ins Schaumstoffmikro spricht: »Die Tür ist zu, damit niemand von der einheimischen Bevölkerung Kontakt aufnehmen kann. Das ist empörend. So soll Integration gelingen? Ich mache mir sehr große Sorgen um dieses Land.«

Saunatür
Nach Bearbeitung durch die Katze

FLUCHT AUS BUBASTIS

Das teilweise sehr ausgeprägte Wanderverhalten von Katzen liegt auch in einer jahrtausendealten Trotzreaktion begründet. Zwar fand die berühmte, geheime Weltkatzenkonferenz, von der später noch die Rede sein wird, in Kairo statt, doch die ursprüngliche Heimstatt aller Katzen war Bubastis. Die im Altägyptischen »Baset« oder »Per-Bastet« genannte Stadt im südlichen Teil des östlichen unterägyptischen Nildeltas war wörtlich das Haus der »Bastet«, jener bereits vorgestellten Göttin aller Katzen.

Die Legende besagt nun, dass in Bubastis ein strenges Ausreiseverbot herrschte. Bastet wollte nicht, dass ihre Katzenbewohner die Stadt verlassen. Als Göttin der Liebe machte sie den Fehler, den viele Mütter machen, und ließ ihre Kinder nicht los. Als Göttin des Tanzes, der Musik und der Feste machte sie den Fehler, den viele Veranstalter machen, und zeigte sich persönlich beleidigt, wenn die Kundschaft auch mal ein anderes Festival ausprobieren wollte.

Die Katzen konnten die Welt von Bubastis aus daher nur erobern, indem sie die Stadt heimlich verließen. Mit teils unfreiwilliger Hilfe von Schmugglern, die eigentlich glaubten, in ihren Karawanen nur nicht deklarierte Waren, aber keine nicht deklarierten Tiere über die Stadtgrenzen zu schaffen.

Während das Volk demonstriert, bekommen wir für den Flüchtling endlich einen Termin zur Erstversorgung und Untersuchung bei der Ärztin unseres Vertrauens. Es ist Dienstagvormittag und die Praxis ein wenig leerer als sonst. Der Kater schnurrt, als er unter der grellen Lampe auf der schwarzen Hartgummimatte des Behandlungstisches sitzt. Nicht aus Angst, die Katzen ebenfalls zum Schnurren bringen kann, sondern wirklich, weil er die Situation harmlos und gemütlich findet. Das warme Licht. Die kraulenden

Hände der Tierärztin. Er hat noch keinerlei schlechte Erfahrungen mit diesem Raum gemacht, weil er noch gar keine Erfahrungen mit diesem Raum gemacht hat.

Sein Geruch erfüllt nach wenigen Minuten die gesamte Praxis. Fast sichtbar kriecht er in den Medikamentenschrank, die Aktenordner und zwischen die Tasten des alten Computers. Daheim dringt die drakonische Mischung unter der Ritze der Notunterkunfts-Tür hindurch in den Rest des Hauses und ermöglicht den beiden anderen Katern, seitenweise »Zeitung zu lesen«. Es müssen Dutzende klein bedruckter Spalten sein. Sogar eine starke Note von Kot befindet sich in der Komposition, und das, obwohl er brav und zivilisiert die Toilette benutzt.

»Kennst du ihn?«, fragen wir Karin.

Sie schüttelt den Kopf.

»Nein. Kenne ich nicht. Und mit diesem Muster am Schnäuzchen und den weißen Pfoten hinten wäre er mir garantiert aufgefallen.«

Sie hält das Gerät an sein Fell, welches die Identifikations-Chips des Tiersuchdienstes Tasso erkennt. Das Ding bleibt still. Das Display leer.

»Kein Chip«, sagt sie.

Im Hintergrund läuft heute mal nicht Mozart, sondern leise Entspannungsmusik inklusive Blätterwaldrauschen.

Wir haben es bereits vermutet. Der junge Mann kann sich nicht ausweisen. Niemand kennt seine Herkunft. Während Karin mit ihrer Untersuchung beginnt, reden wir über die Maßnahmen, die in einem solchen Fall üblich sind. Herausfinden des Heimatlandes. Internationale Diplomatie. Recherche in den digitalen Archiven von Eurodact. Sollte der junge Mann bereits hinter benachbarten Grenzen von irgendjemandem registriert worden sein, griffe das Dublin-Verfahren.

»Hast du gehört, dass jemand einen Kater sucht?«, fragen wir.

»Nein, zurzeit nicht.«

Karin steckt das Stethoskop in des Katers Ohr. Sie seufzt.

»Milben?«, fragt Sylvia.

»Weltrekord«, antwortet Karin. »Und im Fell tanzen die Flöhe Rumba. Deswegen riecht er neben dem extremen Duft nach Kater auch so streng nach Kacke. Das ist nicht seine. Das sind die vielen Tausend mikroskopischen Häufchen der Flöhe.«

Wir atmen auf.

Nicht, weil ihn von oben bis unten die Flöhe zuscheißen und im Wald seines Fells ihr unhygienisches Lotterleben zelebrieren, sondern weil uns die Ärztin hiermit bestätigt, dass die Quarantäne im Haus richtig war. Rational wussten wir das längst, aber emotional ist es schwer auszuhalten.

Karin legt ihr Ohr in den Nacken des Katers. Das ist keine medizinisch übliche Horchposition. Nachdenklich bleibt sie eine Weile in den schwarzen Nacken gebettet. Auf der Entspannungs-CD beginnen nun Möwen zu kreischen. Ihre Wange weiterhin im Katzenfell, fragt sie:

»Habt ihr rumtelefoniert? In den Heimen? Bei den anderen Tierärzten der Nachbardörfer? Katzen können sehr weit laufen. Und die Pfoten sehen aus, als wäre er dreißig Kilometer unterwegs gewesen. Manchmal kann es sogar mehr sein.«

Ich nicke.

Zwei Tage lang saß ich am Telefon. Ich habe mit allen Praxen in einem Umkreis von bis zu fünfzig Kilometern gesprochen. Ein Radius, der im Norden bis Münster, im Süden bis Dortmund, im Westen bis Haltern am See und im Osten bis kurz vor Lippstadt reicht. Nirgendwo haben die örtlichen Mediziner von der Suche nach einem Kater dieser Färbung gehört.

Wir berichten Karin davon, wie der Dünne mit dem großen Kopf seinen Antrag gestellt hat. Wie lange wir gewartet haben. Wie der Sportraum gerade aussieht. Wie er riecht, merkt sie ja selber. Der Kater ist nicht kastriert und hat dermaßen dicke Eier, dass er kaum mehr natürlich laufen kann. Nur noch breitbeinig staksen, mit stark abgesenktem Hinterteil. Es muss eine Qual für die Bandscheiben sein. Die Hormone schießen ihm aus jeder Pore. Er riecht wie ein Vierzehnjähriger, der sich nur halb so häufig duscht, wie er onaniert. In Katzenjahren ist er aber anscheinend bedeutend älter.

Karin zieht ihren Kopf aus des Katers Nacken, geht zum anderen Ende des Tisches und hebt den Schwanz hoch: »So dick, wie die Eier sind, kann der gut und gerne vier oder fünf Jahre alt sein.«

Aufgrund der Behinderung, die seine unnatürlich großen Eier darstellen, hätte er längst kastriert werden müssen.

Karin untersucht ihn weiter.

Er schnurrt zufrieden.

Karin findet Ekzeme.

Sie hört ihn ab. Drückt das runde, kühle Stethoskop in sein Fell.

Er schnurrt noch zufriedener. Sieht die Ärztin an. In das Friedvolle seines Blicks mischt sich Dankbarkeit. Endlich kümmert sich einer um mich. Auf der CD ruft ein Elch.

»Er hat eine schwere Bronchitis. Der muss lange in der Kälte rumgelaufen sein.«

Sylvia schluchzt voller Mitgefühl: »Du armer Kater ...«

Ich spüre Mitleid mit dem Tier. Er muss sich gnadenlos verlaufen haben. Es war richtig, dass wir ihn reingelassen haben. Noch ein paar Tage länger, und er hätte tot auf dem Buntkies gelegen.

Karin nimmt die Pfoten zwischen ihre Finger. Sie nickt wissend. Schaut zu ihrer Assistentin. Sagt: »Schreib das mal bitte alles ins System. Starke Bronchitis durch wahrscheinlich langen Aufenthalt im Freien. Flohbefall, Milbenbefall, Ekzeme. Starke Abnutzungserscheinungen der Krallen mit Abwetzen bis zum Krallenbett.«

»Auch das noch?«, frage ich.

»Woher kommt das?«, fragt Sylvia.

»Kann ein Trauma sein«, sagt Karin. »Womöglich durch Autokontakt. Also nicht überfahren, aber gestreift.«

»Mein Gott«, sagt Sylvia.

Karin sagt: »Die wichtigsten Impfungen mache ich auch noch.«

Das schätze ich so an ihr. In ihrer Praxis plätschert Waldmusik, und manchmal tut sie rätselhafte Dinge, aber gleichzeitig lässt sie ihre Assistentin Daten und Fakten notieren und leitet stets ein, was nun mal nötig ist.

Ich frage: »Kannst du uns aus allem für alle Fälle ein Gutachten schreiben?«

Karin nickt.

In den nächsten zwei Tagen schalte ich Kleinanzeigen auf allen Seiten und in sämtlichen Foren. Ich habe den Laptop mit in den Sportkeller genommen, da unser Schutzbefohlener so ungerne allein ist. Zwischen jedem dritten Klick fordert er mich zum Kuscheln auf. Seltener will er spielen. Ich versuche, ihn zum Jagen von kleinen Spielzeugmäusen zu animieren, doch der Instinkt ist in ihm überhaupt nicht entwickelt. Wo sonst ein jeder Kater augenblicklich losspringt, wenn man ihm die Maus in den Raum wirft, bleibt er einfach sitzen und sieht mich treuselig an. »Was soll das?« Dann tapst er vorsichtig zu der Maus und tippt bei maximalem Abstand mit der Tatze darauf. Die Maus bewegt sich und bleibt auf dem Rücken liegen. Er schnuppert an ihr. Sein Blick müsste jetzt sagen: »Geil, mit einem Hieb erledigt! Was sagst du jetzt, Maus?« Sein Blick sagt aber: »O nein! Mit einem Hieb erledigt! Es tut mir leid, Maus, das wollte ich nicht, es tut mir so leid!« Derweil stinkt der Raum immer stärker. Man kann es nicht anders sagen: Es riecht nach Mann mit Überdruck, nach forderndem Sperma. Ich stehe in einem kalten Februar im vom Elektroheizkörper gewärmten Sportraum des Hauses und versorge einen Flüchtling, der zwar sehr dicke Eier hat, aber zu friedfertig ist, um auch nur eine Spielzeugmaus zu erlegen. Kein Wunder, dass er draußen fast gestorben wäre. Ich kopiere den Anzeigentext in eine Datei, aus der ich zusätzlich Aushänge machen werde.

KATER ZUGELAUFEN. Schwarz. Weißer Brustlatz und weiße Hinterpfoten. Unkastriert. Extrem zutraulich und schmusig. Hat ein markantes Erkennungszeichen in der Gesichtsfärbung. Laut Tierärztin ca. 4–5 Jahre alt. Jünger möglich. Leider kein Chip oder Tätowierung.

Der Kater kratzt an meiner Hose. Es soll heißen: »Was machst du da?«

»Aushänge«, antworte ich und setze mich zu ihm auf den Boden vor den antiken Schrank aus dem Nachlass meiner Mutter, der den Raum verschönert und in dem die Ersatzgewichte und Fitnessbänder lagern.

»Wieso Aushänge?«, fragt der Kater.

»Damit deine Familie dich wiederfindet«, sage ich. »Oder hast du gar keine? Hm? Haben sie dein Leben zerbombt?«

Er antwortet nicht. Schaut nur beschämt zur Seite, auf die Pedale des Trimmrads. Dann springt er auf den Sattel und von dort auf die hoch gelegene Bank des Kellerlichtfensters.

Guckt ins Freie.

Schnuppert an den Grashalmen, die sich ihm entgegenbiegen.

»Ja, mach ruhig«, sage ich. »Dreh ein Ründchen. Hm? Hier, lecker Gras essen. Bisschen kotzen. Hm? Fein?«

Er rümpft die weiß getupfte Nase.

Dreht wieder um, hüpft auf die Kommode, auf den Trimmradsattel, auf den Boden. Betritt die Sauna und kuschelt sich in die Decken. Schnurrt.

Phase 4: Zuweisung in eine Gemeinde und Willkommensfest

Drei Wochen vergehen. Die Milben, die Flöhe und die Bronchitis sind bekämpft und verschwunden. Niemand meldet sich. Hunderte von Anzeigen, Dutzende von Aushängen. Aber kein Ton. Zwei, drei Menschen rufen aus der Ferne an und suchen einen Kater, der ähnlich aussieht, aber längst kastriert ist. »Sind Sie sich wirklich sicher?«, fragen sie am Telefon, und ich ächze: »Und ob!«

Ich ächze deswegen, weil ich währenddessen im Wohnzimmer auf dem Sofa liege, unsere Serie auf Pause geschaltet habe und der Kater gerade auf mir herumstampft. Das alleine wäre ja normal, doch stampft er nicht nur, sondern wird an meiner Brust seinen Überdruck los. Wie wild reibt er seinen Unterleib auf meinem

T-Shirt. Zwischendurch hebt er sein Hinterteil und rammt es mir geradezu ins Gesicht. Sylvia weiß nicht, was sie davon halten soll. Ein Rapper fände ganz einfache Worte dafür. Er würde sagen: »Alter, lass nicht zu, dass der dich fickt! Respekt!« Aber was soll ich machen? Der Kater kann nicht anders. Tief jagt er beim Stampfen die Krallen seiner Vorderpfoten in meinen Bauch und die seiner Hinterpfoten in meine Brust. Senkt das Hinterteil. Reibt sich. Schnell und unerbittlich. Wieder die Krallen in die Haut. Schurren. Maunzen. Quietschen. Johlen. Ich weiß nicht, wohin mit meinen Händen. Nach einer Weile bildet sich ein kleiner, feuchter Fleck auf meiner Brust. Der Kater hat abgespermt. Zufrieden und erleichtert klettert er von mir herunter und legt sich auf den Teppich.

Die Trennung zwischen dem notgeilen Neuling und den einheimischen Katern findet immer noch statt. Dennoch holen wir ihn mittlerweile ab und zu ins Wohnzimmer und erweitern somit behutsam das Revier. Die Flöhe sind zwar vollständig bekämpft, doch da ich neurotische Züge habe, sauge ich trotzdem den Teppich und die Sofas, wann immer er seine Stunde mit uns vor dem Fernseher bekommen hat. Tenhi und Krischiperry kratzen derweil an der Tür. Sie haben ihre Demonstrationen längst ausgeweitet. Protestzüge gegen die Regierung, die immer noch aus übertriebener Vorsicht den Flüchtling von ihnen isoliert. Dabei wollen sie ihn doch endlich willkommen heißen.

Als nach einem Monat immer noch keinerlei Meldung eines Herkunftsstaates eingeht und ebenso keine Zuständigkeit eines Durchgangslandes im Sinne der Dublin-Vereinbarung gegeben ist, lassen wir die Kastration durchführen und erteilen dem lieben Jungen eine vorläufige Aufenthaltserlaubnis. Die Tierärztin implantiert ihm den Chip und schreibt in die Papiere provisorisch den Namen »Fundkatze« in den digitalen Pass.

Entwarnung aus dem Labor. Endlich sind alle Laborwerte geprüft. Der Kater hat keine der ansteckenden Krankheiten, die es so geben kann, auch nicht FIP oder Corona. Wir öffnen endgültig die Tore der Notunterkunft, die er in der Zwischenzeit ja bereits nach Belieben in Richtung Außenwelt verlassen durfte, und ermöglichen unseren Einheimischen im Haus, das Willkommensfest zu gestalten. Die leise Sorge meinerseits, Tenhi und Krischiperry könnten ihre Freundlichkeit bloß vortäuschen und würden in Wirklichkeit auf den Kater losgehen, erweist sich als unbegründet. Als der maunzende Migrant das erste Mal die Küche betritt, empfangen ihn die beiden mit frisch gefüllten Näpfen, einer Auswahl von extra für ihn bereitgelegten Stoffbällen und weiteren Mäusen sowie fröhlichem Gesang und Bannern, die ihn dazu auffordern, auch seine Familie nachzuholen. Krischiperry geht auf ihn zu und schleckt ihm augenblicklich die Ohren ab, als wolle er symbolisch noch die letzte Restmilbe rausholen. Der Neuling lässt's genüsslich geschehen. Kaum eine Minute später beginnen die beiden mit einem rituellen Ringkampf, in dessen Verlauf sie ineinander verhakt auf dem Boden herumkugeln und sich gegenseitig die Hinterpfoten über Bauch und Brust ziehen, als wäre es Zeit für entschlossene Enthaarung. Sie quietschen und japsen dabei. Haben Freude. Haben Spaß. Haben sich gefunden. Tenhi hält etwas Abstand, signalisiert aber mit seinen Blicken, dass er zufrieden ist, die Jugendlichen so gut miteinander auskommen zu sehen, auch wenn er weder ihre groben Rituale noch ihre Hottentotten-Musik versteht.

Phase 5: Überraschende Ansprüche und Länderdiplomatie

Der Kater wird eingebürgert. Es meldet sich schließlich niemand. Da er selber nicht mehr weiß, wie er heißt, nennen wir ihn ob seines friedfertigen Blickes und seiner außergewöhnlichen Sanftmut Gandhi. Er erhält die Katzenbürgerschaft unserer Familie und seine Arbeitserlaubnis. Wobei »Erlaubnis« bei Katzen tatsächlich nur heißt, dass wir ihnen nicht verbieten, im Haushalt mal ein wenig mitzuhelfen. Das kommt natürlich nie vor. Aber sie dürften schon, wenn sie wollen.

Ich wische gerade den Sportraum, der dank der Bekämpfung

der Flöhe und der Kastration nicht mehr riecht. Noch ein letztes Mal in alle Ecken und der Duft von Sperma, Kot und Manneskraft weicht endgültig der feinen Bio-Orangenblüte aus dem Hause Jean Pütz. Nicht mehr von Schädlingen, Bronchitis und Hoden in der Größe von Nougat-Ostereiern belastet, dreht Gandhi hin und wieder ein paar Runden mit seinen neuen Brüdern im Garten. Alles darüber hinaus ist für sie nicht weiter von Interesse. Zwischen Gras, Hainbuche und Ahorn zeigt der Frühling endlich sein wahres Gesicht.

Mein Handy klingelt.

Ich gehe ran.

Am anderen Ende der Leitung meldet sich die zuständige Botschafterin eines fremden Landes. Sie stellt Fragen zum Aussehen des Flüchtlings und bittet um Bilder. Ich sende sie ihr. Sie bestätigt die Identität und nennt mir seine Geburtsdetails. Der Kater ist gerade mal ein Jahr alt. Sie meldet Anspruch auf ihn an. Er sei ein Bürger ihres Landes und sofort auszuliefern. Ich frage sie, ob sie in Kiel lebe. Oder in München.

Sie findet die Frage albern und nennt mir ihre Adresse. Das Haus liegt nicht bloß in unserem Dorf, es liegt sogar auf unserem Hügel und zwar eine Straße tiefer. Unsere beiden Gebiete trennen lediglich zehn Hausnummern, drei Höhenmeter und rund 550 Katzenschritte Luftlinie. Trotzdem ist Gandhi seit seinem Freigang nicht ein einziges Mal zu diesem Gelände zurückgegangen.

Ich frage die Botschafterin, ob sie die 350 Aushänge sowie die insgesamt drei Dutzend im Internet gestreuten Anzeigen nicht gesehen hätte. Sie antwortet, sie habe erst gestern davon gehört. Im Urlaub oder anderweitig außer Landes sei sie im Übrigen auch nicht gewesen. Ich sehe vor meinem inneren Auge, wie ich das Dorf mit den Blättern zugekleistert habe. Nirgendwo kann man hingehen, ohne dass einem der Aushang ins Auge springt. Nicht in den Supermarkt, nicht in die Imbissbude, nicht in die Tierarztpraxis, nicht in den Gartenmarkt, nicht in die Videothek. Die Botschafterin sagt, sie hätten selber eine Suchanzeige geschaltet, jawohl. Ich frage, wann.

Und sie antwortet doch tatsächlich: »Gestern!«

Ich weiß nicht, was ich darauf noch antworten soll.

Die Bronchitis, die Milben, die Flöhe und vor allem das Trauma an den Krallen belegen laut Tierärztin, dass der Kater schon vor seinem Asyl bei uns lange draußen gewesen sein muss. Seine Auszehrung unterstreicht diese Schlussfolgerung. Erst in der Zwischenzeit haben sich die Verhältnisse zwischen Kopf und Körper wieder angeglichen. Das Fell glänzt und ist nicht länger mattschwarz wie zu Beginn. Seit dem Tag, als er geflüchtet ist, müssen mindestens zwei Monate vergangen sein. Eher mehr. Vier Wochen davon hängen unsere Anzeigen. Und der Herkunftsstaat sucht seit »gestern«!

Die Botschafterin kommt mit einer Delegation. Darunter befinden sich Kinder. Sie vermissen den Flüchtling angeblich. Wir wundern uns, wieso dann nicht wenigstens sie die Augen offen gehalten haben. Gandhi ist nicht da, als sie klingeln. Er läuft durch die Gegend und meidet dabei augenscheinlich seine Ursprungsheimat. Es muss ihm dort sehr schlecht gegangen sein. Das ist offensichtlich. Die Delegation zieht ab.

Die Kinder des Herkunftslandes, die ihren Geflüchteten angeblich vermissen, wissen jetzt, wo er sich aufhält, wenn er nicht gerade durch die Landschaft streift. Ihre Eltern werfen uns vor, wir hätten den Kater sozusagen »gestohlen« und »angefüttert«. Sie streuen die Kunde, dass wir ihn durch unsere Politik sozusagen »angelockt« und »verführt« hätten. Ich stelle mir vor, was ich als Kind getan hätte, wenn mir meine Eltern sagen, dass die Leute vom Hügel keine Asylgeber, sondern angeblich Kidnapper sind. Mindestens hätte ich ihnen die Fenster eingeworfen. Mal abgesehen davon, dass ich meine Mutter und meinen Vater spätestens am dritten Tag des Katerverschwindens dazu gedrängt hätte, mit der Suche zu beginnen und ihrerseits Anzeigen zu schalten. Diese Kinder allerdings tun nichts. Ihre Eltern fordern weiter die Herausgabe ihres Staatsbürgers, den sie monatelang nicht mal gesucht haben und mit dem sie in seinem gesamten Leben nicht ein einziges Mal bei der örtlichen Tierärztin vorstellig waren. Wir machen ihnen das Angebot, nicht nur sämtliche bislang angefallenen, sondern auch alle zukünftigen Arztkosten zu übernehmen und offiziell die Verantwortung für den Kater zu übernehmen. Schließlich geht es ihm bei uns gut, und wir haben uns augenscheinlich als Menschen erwiesen, die wirklich helfen können … und ihn bei völligem Verschwinden garantiert nicht erst nach vielen Wochen suchen. Man könne sich untereinander verständigen, wo er sich gerade aufhält. Offenes Fenster, Freigang. Wenn er mag, kommt er bei ihnen vorbei. Allerdings als Bürger unseres Landes, mit allen Rechten und Pflichten.

Die Botschafterin lehnt ab. Wir legen das Gutachten der Tierärztin vor, welches bestätigt, dass alles so war, wie wir es beschrieben haben, und gehen mit der Sache nach Brüssel. Brüssel liegt bei uns in der Straße hinterm Raiffeisenmarkt. Es ist der Schiedsmann des Dorfes. Tiefe Stimme, klare Gedanken, sicheres Auftreten. Er versucht zu vermitteln. Der Herkunftsstaat fordert Gandhi zurück. Wir bieten weiter Freigang bei offizieller Anerkennung des Staatsbürgerschaftswechsels an. Im Zweifel würden wir für die Sache kämpfen, vor allen echten Gerichten. Karlsruhe, New York, Kalkutta. Komme, was da wolle. Die Katzen organisieren neue Demonstrationen mit neuen Slogans. Sie wollen, dass Gandhi selbst entscheidet, wo er lebt und welchen Pass er besitzt.

»Kein Machtkampf auf dem Rücken der Katzen!«, flaggt Tenhi. Der wilde Krischiperry formuliert sein Plakat etwas heftiger. »Keine Zwangsauslieferung an Schurkenstaaten!«, steht darauf, schwarze Tatzenabdrücke auf rotem Untergrund. Gandhi bleibt seinem neuen Namen gemäß die Ruhe in Person. »Was soll das?«, fragt er lautlos, »ich habe meinen Standpunkt doch wohl migrationstechnisch deutlich gemacht, oder?«

Nach einigem Hin und Her setzt der Schiedsmann dem Konflikt ein Ende. Er ringt dem Herkunftsstaat das Einverständnis ab, dass »alles so bleiben kann, wie es ist«. Gandhi hat Freigang und kann machen, was er will. Seine Abstimmung hat er damals mit den Füßen vorgenommen. Er könnte es auch in Zukunft wieder tun.

Frühherbst. Oder Spätsommer. Man weiß es nicht. Ich war im Supermarkt und habe mir einen Dialog an der Kasse notiert. Im Kopf. Dachte mir: Irgendwo musst du so was mal in ein Buch schreiben. Wie echte Menschen sprechen, wenn sie bei Aldi stehen und ihre Erbsen, Eier und Zahnpastatuben aufs Band legen. Besonders im Frühherbst. Oder Spätsommer.

»Heute geht es ja, ne?«

»Ja, *heute* geht es!«

»Gestern ging gar nicht.«

»Nein.«

»Wäre ja schön, wenn wir einen goldenen Oktober kriegen.«

»Ja. Das hätten wir verdient!«

»Wir hatten ja keinen Sommer.«

»Das kannst du laut sagen.«

»Alles Klima.«

»Ja. Klima. Und du musst mal nicht meinen, dass die bei Mercedes oder bei Amazon Steuern zahlen.«

»Die reden alle immer nur, und machen tun die nix.«

»Nein, nix.«

»Der kleine Mann muss es am Ende alles ausbaden.«

»Ja, und du siehst ja, was wir davon haben.«

»Ja, gut, aber am Wochenende soll es sich halten.«

»Täusch dich da mal nicht, Jutta! Täusch dich da mal nicht! Wenn sie in der Vorhersage gutes Wetter sagen, kannst du dir nie sicher sein. Nur bei schlechter Prognose, da stimmt es immer!«

Ich stelle die Klappkiste mit den Lebensmitteln vor der Haustür ab. Von innen scharrt Krischiperry an der Tür. Er hört mich schon, wenn ich aus dem Auto steige. Seit über einem halben Jahr lebt Gandhi nun als sein bester Freund, Mitbewohner und Staatsbürger bei uns. Voll integriert. Sein Herkunftsland hat er nie mehr aufgesucht. Jedenfalls nicht, dass wir wüssten. Die Botschafterin hat sich nie mehr gemeldet. Ich vermute, sie hat gehofft, ihren Bürger von selbst zurückzubekommen. Dass er wirklich am Ende entscheidet, doch wieder ins Krisengebiet zurückzukehren, aus dem er damals geflohen war. Aber er gehört hierher. Vor allem zu Kri-schiperry. Ich denke an das Bild des Baumes mit den Trilliarden möglicher Wirklichkeiten. Diese beiden Kater hatten sich schon immer im fernen Nebel der Verästelungen gesichtet gehabt. Sie harmonieren miteinander, als hätten sich ihre Zweige selbst in all den denkbaren Paralleluniversen ebenfalls miteinander verfloch-ten.

Ich öffne die Tür.

Trage die Kiste rein.

In aller Ruhe.

Minutenlang steht der Eingang ungeschützt und sperrangelweit offen.

Der Haustürtest

Viele Menschen befällt in ihrem Leben mit den Vierbeinern ein schrecklicher, beißender Zweifel. Liebt meine Katze mich wirklich? Bleibt sie bei mir, weil wir Seelenverwandte sind? Oder leitet sie bloß der Eigennutz? Haben die selbsternann-ten Rationalisten vielleicht doch recht, wenn sie sagen, Tiere folgen bloß ihren Instinkten und schließen sich dem an, der ihnen den besten Service bietet, während sie, ohne mit der Wimper zu zucken, gehen, sollten sie woanders einen noch größeren Komfort vorfinden? Oder eben wieder Bock ha-ben, frei zu sein?

Die beste Methode, herauszufinden, ob Ihre Katze Sie liebt, ist der Haustürtest. Eine Katzenklappe einzubauen oder ein Fenster immer offen zu lassen funktioniert natür-lich auch. Sollten Freigängerkatzen allerdings eines Tages verschwinden, wissen Sie nicht mit Sicherheit, ob sie nun verraten und verlassen wurden oder ob das Tier einen Unfall gehabt hat. Das kann sensible Menschen in eine tiefe Krise stürzen. Ist die Katze kein ständiger Freigänger, verschafft der Haustürtest Gewissheit. Dabei tragen Sie so schnaufend und angestrengt wie möglich Sachen in den Flur. Schnaufen

Sie auch dann, wenn Sie gar nicht angestrengt sind. Die Katze muss glauben, dass Sie nicht aufpassen. Während Sie Klappkisten, Getränke und Taschen ins Haus wuchten, lassen Sie die Tür offen. Je nachdem, wie sehr die Katze es ohnehin schon gewöhnt ist, einen Abstecher nach draußen zu machen, gestalten sie das Zeitfenster der offenen Tür zwischen ein paar Sekunden und mehreren Minuten. Würde die Katze sich wirklich bei Ihnen gefangen fühlen und würde das Kratzen an der Tür nicht »schön, dass du heimkommst!«, sondern »Ich will raus!« bedeuten, würde sie in diesen paar Sekunden gnadenlos zwischen Ihren Beinen und den Einkäufen hindurch nach draußen rasen. Ein paar Sekunden sind für eine Katze eine halbe Ewigkeit, wenn sie Tempo macht. Einen Vierbeiner, der wirklich aus dem Haus raus will, weil die Abenteuerlust ihn treibt, hält man nicht auf. Man kann kaum so schnell nach ihm greifen, wie es nötig wäre, und selbst wenn, schält er einem kurz das Fleisch von den Unterarmen. Die Außenwelt ist reizvoll. Allein die Gerüche, die mit dem Wind hereinströmen, sind besonders am Morgen und am Abend dermaßen verlockend, dass eine Katze, die sich in Sachen Ausgang bedeutend unterversorgt fühlt, in einer Millisekunde im Busch verschwindet.

Führen Sie sich das so klar wie möglich vor Augen. Eine Katze ist Ihnen in Sachen Tempo, Wendigkeit und Antritt dermaßen gnadenlos überlegen, dass sie selbst dann jederzeit aus dem Haus rasen könnte, wenn die Tür auch nur eine halbe Sekunde offen steht. Wäre das Tier so sehr darauf erpicht, einen Ausflug zu machen, müssten Sie sich jeden Tag unter höchster Konzentration und bei massiver Fußabwehr durch die lediglich einen Spalt weit geöffnete Tür ins Haus quetschen. Der Spalt müsste so schmal sein, als wäre Ihr Haus ein winziges Auto, und zwei rücksichtslose Männer hätten es links und rechts bis auf drei Zentimeter Abstand mit einem Hummer und einem Jeep zugeparkt. Doch selbst dann könnte die Katze es noch locker schaffen. Wenn sie denn unbedingt wollte. Bleiben die Katzen allerdings gelassen auf den Fliesen liegen, während Sie die Einkäufe reinholen, bedeutet das: Uns geht es gut. Wir leben gerne hier. Wir haben dich lieb.

Garantiert.

Ich staple die Kisten im Flur und denke an den Dialog, bei dem meine Mitbürger eine direkte Verbindung zwischen dem Steueraufkommen und dem Wetter gezogen haben. In meiner Phantasie erscheint Wolfgang Schäuble in einem papageibunten Hawaii-Hemd mit offenem Kragen. Auf der Stirn trägt er eine Sonnenbrille. Er fährt ans Pult, knallt ein Glas mit frischem Caipirinha aufs Holz und verkündet voller Übermut in seinem breiten Schwäbisch: »Liebe Mitbürgerinnen und Mitbürger! Das Finanschminischterium hat dieschesch Jahr Rekordeinnahmen von 575 Milliarden eingetrieben. Das bedeutet: Dreihundert Sonnentage! Für uns alle!«

Mit anderen Worten: Ich bin tatsächlich abgelenkt.

Die Kater hätten alle Zeit der Welt, an den Kisten vorbei nach draußen zu huschen, wo wir heute mit dem Wetter Glück haben, weil in unserer Gemeinde sogar die größten Unternehmen ihre Steuern zahlen.

Aber: Sie bleiben drinnen.

Krischiperry schnuppert an den Blättern des Porrees, der aus der Kiste ragt, und zieht die Wange daran vorbei, als wolle er das Gemüse als sein Eigentum markieren.

Und Gandhi, der ehemalige Flüchtling und erfahrene Freigänger?

Schaut mich an, legt den Kopf schief, guckt kurz nach draußen und lässt sich dann tiefenentspannt auf die Fliesen fallen.

Als er sich gähnend streckt und reckt, schließe ich langsam die Tür. Klimasteuermann Schäuble zieht heftig schlürfend Wodka und Limette durch den Halm.

DER SOZIALKATER

Die Katze braucht Gesellschaft. Wie genau diese sich allerdings zu benehmen hat und wie der Rhythmus aus Miteinander und Rückzug unter den Katzen selbst zu gestalten ist, darüber gehen die Meinungen zwischen den Tieren ganz gehörig auseinander. Der kommunikative Prozess gestaltet sich hier in etwa so schwierig wie eine Vertragsverhandlung mit Lothar Matthäus, ein Talkshow-Gespräch mit Edmund Stoiber oder ein Filmdreh mit Lindsay Lohan. Froh sein darf, wer wenigstens einen robusten Diplomaten im Haus hat.

»Grrrrrrrrrrrrrrr …«

Langsam steigt das Knurren in die laue Luft der Sommernacht. Ganz so, als kröche es aus allen Ritzen, Rinnsteinen und Rhododendronbüschen. Wäre man ein Spaziergänger, der um diese Zeit den Hund ausführt – die Nackenhaare würden sich aufrichten. Es klingt, als ob Werwölfe sich hinter dem Weizenfeld aufreihen. »Pssst, Beanny«, würde man als Spaziergänger seinen braven, gegen Werwölfe wehrlosen Golden Retriever flüsternd zu sich rufen, »komm schnell her, wir müssen hier weg.« Wäre man ein Spaziergänger, sähe man in der Phantasie die Augen von Stephen Kings Killerhund Cujo in den Winkeln des Rohbaus gegenüber erglühen.

»Grrrrrrrrrrrrrrraaaaaaaahhhh …«

Mein Schädel schwirrt. Der Puls hämmert so sehr, dass überall kleine Hügel in meinem Körper hervortreten, die sich im Takt des Herzschlags auswölben. Am Solarplexus. An den Schläfen. In der Kuhle neben den Fußknöcheln. Ich schaue auf die Ziffern des Weckers.

2:47 Uhr.

»Grrrrrrrrrrrrrrrraaaaaaahhhh … rahhh … rahhh … rahhh!«

»Rahhh, rahhh, rahhh« heißt so viel wie: »Ich glaub, mein Schwein pfeift, habe ich mich denn nicht deutlich ausgedrückt?«

Derjenige, der dort knurrt, oben im Körbchen auf dem Kleiderschrank, ist Tenhi. Direkt vor seiner Lagerstatt steht Gandhi und schaut ihn an. Nichts weiter. Er steht und schaut. Auf diese Weise versucht er weiterhin jeden Tag, den sechs Jahre älteren Herrn des Hauses dazu zu bewegen, sich mit ihm auf ein dauerhaft gutes Verhältnis einzulassen. Frei nach dem Prinzip: Distanzabbau durch Gewöhnung. Und was könnte ein besserer Zeitpunkt dafür sein, einen Kater mit ausgeprägtem Widerwillen vor nicht bestellter Nähe durch geduldiges Herumstehen vor seinem Körbchen zu therapieren als 2:47 Uhr in der Nacht?

Tenhi mag Gandhi sogar sehr. Das sieht man daran, wie er den jungen Kater den ganzen Tag über wohlwollend beobachtet. Aber er scheut die körperliche Distanz. Wie einst Gobi will er sich das Geschehen lieber aus der Ferne anschauen. Und nachts gekuschelt wird schon mal gar nicht.

»Grrrrrrrrrrrrrrrraaaaaaahhhh … rahhh … rahhh … rahhh … GROOOORK!«

Es ist nicht so, dass Tenhi sich undeutlich ausdrücken würde. Nun beginnt er sogar wie ein Wildschwein zu schnorcheln. Ist er mit diesem Laut fertig, von dem ich mich jedes Mal frage, mit welchem Resonanzraum ihn ein Kater zustande bringt, folgt ein seltsames, Furcht einflößendes Schmatzen. Ganz so, als könne er sich im nächsten Moment in eine reißende Bestie mit spitzen Haizähnen verwandeln, um den aufdringlichen Kerl vor seinem Korb mit einem Happs zu verspeisen … und speichle sich für dieses Festmahl nur schon mal eben ein.

Mein Körper ist schwer wie ein Sack Rigips im Regen. Die Augen verklebt. In den Ohren ein Rauschen wie nach einem unerwarteten Tauchgang im Baggersee. Die Hoffnung setzt ein. Der Gedanke an die Möglichkeit, dass Gandhi einfach abdreht, über die Sisalrampe und den Katzenbaum den Schrank hinuntersteigt, Tenhi in Ruhe lässt und mir so ermöglicht, in den sanften Sumpf des Schlafes zurückzusinken. Doch wie unnütz ist die Hoffnung, wie töricht! Eher wandern Herden ausgewachsener Wisente durch das kleinste Nadelöhr in der Geschichte der Kurzwarenproduktion, als dass Gandhi damit aufhört, vor dem Körbchen zu stehen und um 2:47 Uhr erwartungsvolle Augen zu machen. Als gäbe es die Chance, dass Tenhi tatsächlich aufspringt, einen Tee ansetzt, Kekse auftischt und mit ihm eine Runde Halma spielt. Gandhi wird nicht aufgeben und gemütlich den Rückwärtsgang einlegen. Er wird nicht mit den Schultern zucken, vom Schrank steigen und sich denken: »Gut, Tenhi will nicht. Gehe ich eben in die Küche und stülpe meinen Schädel über den Napf mit knusprig gepresstem Getreidehuhn.«

Es wird nicht passieren.

Und doch hoffe ich.

»RAAAHHHH … MAK! MAK! MAK! … BREIAAAA! BREIAAAA! BREIAAAA! FRRRUUARCH!!! FRRRUUARCH!!!«

Die Schlägerei beginnt.

Wobei, was heißt Schlägerei?

Ich brauche kein Licht, um zu wissen, was da oben auf dem Kleiderschrank passiert. Gandhi hat die Sünde begangen, sich dem Körbchen so weit zu nähern, dass seine Nase die vom Rand des Bastgeflechts unsichtbar nach oben weitergedachte Grenze überschritten hat. Tenhi rastet aus. Legt die Ohren an, sodass es aussieht, als habe ein Rentner sich eine weißgrau getigerte Badekappe übergezogen. Er reißt die Augen auf, fletscht die Zähne und schlägt in blinder Raserei mit der rechten Pfote immer wieder auf den Rand des Körbchens. Dabei gibt er Laute von sich, nach deren Aufzeichnung sich jeder Klangdesigner aus Hollywood die Finger lecken würde. Man könnte Drachen damit synchronisieren. Velociraptoren. Tollwütig gewordene Krähen. Gandhi - auch das weiß ich, ohne hinsehen zu müssen - sitzt da und schaut sich das Theater an. Mit unverändertem Blick kulleräugig um eine Runde Halma bittend.

»Das - ist - ein - NEIN!!!«

Die Augen immer noch geschlossen, brülle ich die Standard-ermahnung in die Nacht. Als ob es etwas nützt. Eine halbe Sekunde sind die Katzen still, dann legt Tenhi in seinem Körbchen richtig los.

»BRAKALACK! BRAKALACK! REIO! REIO! FRRRUU-ARCH!!!«

Urzeitliche Echsen, Kampf-Beos, ein Gothland-Geier.

Der Kater zieht das gesamte Register.

»D-a-s i-s-t e-i-n N-E-I-N !!!«

Entschlossen haue ich auf den Tisch oder besser: Auf die Matratze. Dann seufze ich, schwinge die Beine aus dem Bett und gehe Pipi machen. Badezimmertür, Klodeckel, Videospielmagazin aufschlagen, läuft. Eine Amazone in knappem Höschen und ein Muskelmann im Kampfanzug strecken mir in HD-Qualität von der Doppelseite ihre Waffen entgegen. Die Industrie bemüht sich um die Innovation verkrusteter Rollenmodelle.

Auf dem Schrank stellt Tenhi kurzfristig das Fauchen und Toben ein, um sich besser auf das Schlagen und Treten konzentrieren zu können. Er versetzt Gandhi zwar keine Treffer, doch dieser beschließt trotzdem, dass es erst mal genug ist. Statt gemütlich rückwärts den Schrank herunterzulaufen, springt er auf das offen stehende Fenster. Stoisch balanciert der Kater auf dem weißen Kunststoffrahmen, als die Spülung rauscht und ich ins Schlafzimmer zurückkehre. Als das Fenster die Hälfte seines Weges zum vollständigen Verschluss zurückgelegt hat, springt der Kater auf die Fensterbank. Fehlt nur noch, dass er sich in der Bewegung abrollen würde wie ein moderner Parcours-Stuntman. Auf dem Schrank kehrt wieder Ruhe ein. Gandhi streckt sich, leckt seine Pfoten und beschließt nun doch, in aller Ruhe nach unten in die Küche zu schleichen und den Schädel über den Napf mit knusprig gepresstem Getreidehuhn zu stülpen. *Jetzt* ist das natürlich machbar, der Papa ist schließlich endgültig wach.

SOZIALPÄDAGOGIK

Wie bei den Menschen, gibt es unter den Katern verschiedene Ausprägungen, was ihre Vorstellungen vom täglichen Miteinander und der Intimsphäre angeht.

Die zwei extremsten Pole bilden:
a) Die degagierte Diva
b) Der Sozialkater

Der Duden gibt als Bedeutung des Adjektivs »degagiert« an: »Ungehemmt, ungeniert, nicht durch Regeln, Förmlichkeit oder Konvention eingeschränkt«. Dies gilt für den Kater, der mitten in der Nacht sein Nest unter Aufbietung exotischer Schreie und fernöstlicher Kampfkunst verteidigt, in jeder Hinsicht. Wie ein Schauspieler mit Sonderrechten und eigenem Wohnwagen am Set legt er allen Wert darauf, dass seine Kreise nur dann durchbrochen werden, wenn *er selbst* explizit dazu einlädt. Wann genau das ist und wie weit oder eng diese Kreise gezogen werden, kann sich je nach Tagesform und Laune minütlich ändern. Manchmal fordert er die Menschen auf, ihn zu kraulen, indem er sich schnurrend nähert und Köpfchen gibt oder sich gar auf den Rücken wirft, den Bauch entblößt und mit der rechten Pfote auf sein Fell zeigt. Ein Zeichen, das nur wenige Wesen *nicht* als Befehl verstehen würden, ihre Hand in den weichen Flausch zu stecken. Geht man der Aufforderung aber nun nach, beginnt der Kater bereits mit seiner sirenenlauten Kakophonie, wenn die menschliche Fingerkuppe auch nur den äußersten subatomaren Rand des längsten Bauchfellhaares streift, wo ein paar Quarks und Leptonen auf Außenposten Wache gestanden haben. Empört rappelt sich der Kater vom Rücken auf die Füße, als sei man selbst es gewesen, der ihn wie ein Käfer in diese wehrlose Lage gebracht hat, faucht, schimpft und macht den Raptor. Was nicht bedeutet, dass er in genau der gleichen Lage, dreißig Minuten später, die Hand im Bauchfell schnurrend zulässt und sie sogar dann, wenn man sie nach einer Stunde aus dem warmen Geflecht herausziehen möchte, so streng wie sanft mit der linken Pfote wieder zurückdrückt. Genauso, wie er fähig sein kann, stundenlang mit den anderen Katern in einem Raum zu liegen, dicht an dicht, friedlich dösend. Meistens am Nachmittag, wenn der Mensch wach ist und ein erhöhtes Aufkommen von Schlägereien nicht mal bemerken würde, da er gerade den Rasen mäht oder mit Kopfhörern vorm Rechner sitzt.

Dieses sprunghafte und wenig kooperative Verhalten kann die zweite extreme Ausprägung des Vierbeiners, der Sozialkater, nicht akzeptieren. Der Duden gibt als Bedeutung des Substantivs »Sozialkater« an: »Zustand großer Erschöpfung und Verwirrung nach dem Kontakt mit zu vielen Menschen, zum Beispiel auf einer Konferenz, einer Messe oder einem 65. Geburtstag im Landgasthof.« Besser gesagt: Der Duden wird es angeben, in wenigen Jahren, wenn diese seelische Analogie zum Alkoholkater besser erforscht ist. Bezogen auf die Katze, bedeutet es das genaue Gegenteil. Der Sozialkater ist manisch bemüht, sämtliche Katzen der Umgebung dazu zu bringen, ihre im wörtlichen Sinne a-sozialen Launen abzulegen und sämtliche Mitwesen stets freundlich zu behandeln. Lebt das engagierte Tier im Haus, betreffen seine sozialpädagogischen Methoden alle Katzen, die das interne Revier teilen. Ist er Freigänger, wird er versuchen, sämtliche Artgenossen in einem Umkreis von fünf Quadratkilometern zu einem ebenso kooperativen wie kommunikativen Miteinander zu bewegen. Sollten Sie also jemals bei einem Spaziergang beobachten, wie ein schwarzweißer Kater mit unschuldigem Blick auf einen achtmal so großen Hund zugeht, um ihn zu einem Friedensvertrag zu überreden, haben Sie es bei diesem lebensmüden Idealisten mit einem Sozialkater zu tun.

Zwischen degagierten Diven und Sozialkatern kann sich in

ganz seltenen Fällen eine dritte Gattung gesellschaftlich relevanten Charakters herausbilden:

c) Der entschlossene Diplomat

Dieser vereint die besten Fähigkeiten der degagierten Diva und des Sozialkaters in einer Katze. Wie Letzterer hat er ebenfalls die Vorstellung, dass alle sich am besten gut zu vertragen haben. Wie Ersterer setzt er diese, wenn seine Geduld endet, unter Aufbietung robuster Körperlichkeit durch.

Das Licht ist kaum zu beschreiben. Einerseits auf sanfte Weise hell genug, um jedes Körnchen unbehaglicher Dunkelheit zu vertreiben. Andererseits so weichgezeichnet dämmerig, dass nichts den seligen Schlummer stört, der hier rund um die Uhr die einzige Aufgabe aller Anwesenden ist. Die Betten befinden sich ohne Trennwände in einem großen Saal, aber nicht gerade in Reihe wie beim Militär, sondern wild durcheinander und übereinander wie Blätter an den Ästen eines riesigen Baumes. Der Saal ist hoch, die Decke kaum zu erkennen. Über mir schlafen Tausende, unter mir ist fester Boden, denn ich gehöre zu denen, die sich ihr Bett direkt auf den Bambusdielen verdient haben. Die Wände, die den Saal von der Außenwelt trennen, sind dünn und durchlässig wie in Dschungelhütten. Eine warme, tropische Brise weht durch die Ritzen. Das angenehme Geschrei bunter Vögel und das Zirpen von Grillen betont die Stille mehr, als dass es sie bricht. Zufrieden drehe ich mich in der leichten Bettwäsche, die so luftig ist, dass sie ohne ein Gramm Gewicht auf der Haut liegt, und zugleich so voluminös, dass ich darin wie in alten Daunenbetten bei Großmutter versinke.

Das Irre ist: Ich weiß, dass ich träume.

Den Saal, in dem ich mich befinde, habe ich erfunden. Es ist das Gebäude der »Schlafmenschen«, eine geheime Institution mitten im Dschungel, in die erschöpfte Menschen gebracht werden, um ein Jahr lang nichts mehr tun zu müssen. Natürlich darf man das

Bett verlassen, um im Baumkronenrestaurant essen zu gehen oder ein Bad in der Dschungeloase zu nehmen, doch die meiste Zeit des Tages liegt man in den Federn, um sich zu erholen, befreit von allen Lasten und Verantwortungen. Ich habe diesen Ort erdacht, als ich das erste Mal eine solche Last und Verantwortung spürte, dass ich nur noch wegwollte aus der Wirklichkeit. Weil sie mit einem Mal Dinge von mir verlangte, die ich unmöglich bewältigen konnte. Ich erfand ihn als Ausweg vor der Zumutung, die einem angetan wird, wenn man wach ist. Ich wurde zum Schlafmensch im Alter von sechs Jahren, direkt nach der ersten Schulstunde zum Thema Mathematik.

»Grrrrrrrrrrrrrrrr …«

Ein Knurren mischt sich in das Zirpen der Grillen und den Gesang der tropischen Vögel.

»Grrrrrrrrrrrrrrrrraaaaaaaahhhh …«

Ich war in den Schlaf zurückgesunken, als Gandhi sich entschlossen hatte, essen zu gehen, und Tenhi in seinem Körbchen auf dem Schrank weiterschlief. Zurück in den seligen Schlummer und den Saal der Erlösung. Doch so weit dieses Institut auch entfernt sein mag, versteckt tief im undurchdringlichen Dickicht des Amazonasdeltas – das Knurren des Katers erreicht mich auch hier.

»Grrrrrrrrrrrrrrrrraaaaaaaahhhh … rahhh … rahhh … rahhh!«

Ich öffne die Augen. Sekundenschnell stürzen die Betten von den Ästen, ziehen sich in einem Tunnel zu einem Punkt zusammen und verschwinden mit einem letzten, zischenden Strich in der Bildmitte.

FLUNK!

Das war's mit dem Frieden.

Ich schaue auf die Ziffern des Weckers.

6:17 Uhr.

»Grrrrrrrrrrrrrrrrraaaaaaaahhhh … rahhh … rahhh … rahhh … GROOOORK!«

Tenhi schorchelt und grollt.

Die Sonne ist längst aufgegangen, sodass ich sehen kann, was auf dem Schrank passiert. Es ist wenig überraschend. Gandhi steht vor dem Körbchen unserer männlichen Diva und macht große Augen. Der Spruch Albert Einsteins, dass es Irrsinn ist, immer das Gleiche zu versuchen und dabei andere Ergebnisse zu erwarten, ist spurlos an ihm vorbeigegangen. Deswegen heißt er ja auch Gandhi und nicht Einstein. Wer versucht, Gott die Weltformel aus den Rippen zu leiern, muss täglich die Strategie wechseln. Wer Frieden erringen will, braucht lediglich stoische Hartnäckigkeit.

»RAAAHHHH … MAK! MAK! MAK! … BREIAAAA! BREI-AAAA! BREIAAAA! FRRRUUARCH!!! FRRRUUARCH!!!«

Tenhi beginnt auf den Körbchenrand zu schlagen.

Gandhi bleibt sitzen.

Ich denke an die Platten der Ramones. An AC/DC oder den Anfang einer beliebigen Folge der Serie *Navy CIS*. Daran, wie die *Drei Fragezeichen* in jeder Episode ihre Visitenkarte austeilen und der Empfänger laut vorliest, was darauf steht. Manche Abläufe ändern sich nie.

»BRAKALACK! BRAKALACK! REIO! REIO! FRRRUU-ARCH!!!«

Ich reibe mir die Schläfen. Unter meiner Bettdecke am Fußende bewegt sich etwas, und Krischiperry erscheint. Kopfschüttelnd springt er auf die Dielen, läuft zum Katzenbaum und erklimmt über die Sisalrampe den Kleiderschrank. Er sieht die Dinge eher wie Einstein. Zwei Mal der gleiche Versuch innerhalb weniger Stunden, während die Menschen und die Tiere ohne sozialpädagogische Mission schlafen wollen, ist ihm zu viel. Entschlossen wie ein Türsteher geht er auf Gandhi zu, haut ihm mit der rechten Pfote auf den Arsch und schiebt ihn mit der Schulter an den Rand des Schrankes, bis Gandhi gar nichts anderes übrig bleibt, als auf der schmalen Seite der Schranktüren zu balancieren, um wieder zur Sisalrampe zu gelangen. Dann setzt der entschlossene Diplomat seinen Weg Richtung Körbchen fort und verpasst der degagierten Diva Tenhi eine Ohrlasche, bevor diese überhaupt zu neuen, kreischenden Klangfolgen ansetzen kann.

Schließlich herrscht Ruhe.

Tenhi sitzt baff und erstaunt ob der Respektlosigkeit aufrecht in seinem Körbchen und sagt keinen Ton. Gandhi kratzt verlegen am Sisal der Rampe.

Krischiperry zieht die Nase hoch, dreht sich um, steigt vom Schrank und kriecht wieder unter meine Decke zurück. Ich klopfe lobend auf das Textil.

»Feiner Kater!«

Ich weiß, dass nun erst mal für mehrere Stunden Ruhe herrscht, und freue mich, dass mein Körper noch schwer und betäubt genug ist, damit bereits jetzt schon wieder die Baumkronenbetten und Schlafoasenvögel vor meinem inneren Auge erscheinen. Glücklich lasse ich mich fallen.

Schlafen.

Friedlich schlafen.

So schön.

Drei Minuten später fährt draußen ein Wagen vor, und der Baukran der benachbarten Baustelle springt an.

Tenhi knurrt.

»Jede Katze, der es misslungen ist,
eine Maus zu erwischen,
gibt vor, sie wäre nach
einem welken Blatt gesprungen.«

(Charlotte Gray)

Heißt auf Deutsch:

Wenn ein Kandidat in der erfolgreichen Quizshow *Wer wird Millionär?* zu den möglichen Lösungen seiner aktuellen Frage hanebüchene Erklärungen vom Stapel lässt, »wagt er sich weit hinaus«. Wandert hingegen Moderator Günther Jauch selbst waghalsig durch einen Parcours wilder Vermutungen, hat das grundsätzlich »Hand und Fuß«. So sagt er es stets mit seinem verschmitzten Lächeln: »Merken Sie sich, wenn ich etwas sage, ist immer etwas dran.« Katzen sind wie Günther Jauch. Sie haben immer recht. Wären sie Segelschiffkapitäne und kämen entgegen ihrer geplanten Route am Kap Horn statt im Hafen von Rio an, würden sie die Passagiere mit großen Augen anschauen und sagen: »Was denn? Das ist eine Überraschungs-Exkursion! Glauben Sie etwa, ich fahre Sie aus Versehen an den schönsten Fleck der Erde?« Wären sie Physiker am Teilchenbeschleuniger im CERN, und erzeugten sie bei ihren Experimenten zu ihrem eigenen Erstaunen ein schwarzes Loch, würden sie sagen: »Das muss so!« Daher ist es für jeden Menschen wichtig zu wissen: Jedes Beutetier, das der Katze entkommt, war gar keine Beute, sondern ein aus Großmut entlassener Sparringspartner. Und fällt die Katze mal im Schlaf aus dem Bett, hat sie gar nicht geschlafen, sondern in ihrer einzigartigen Fähigkeit des Klarträumens einen Zirkusauftritt mit Salto vollführt.

DIE FLIEGENJAGD
ODER
DREI MÄNNER AUF
DER PIRSCH

Die Katze hat klare Prioritäten. Da ist sie nicht anders als der Mensch. Folgt der Mensch der Priorität »Arbeit am Schreibtisch«, begleitet die Katze ihn dabei mit ihrer Priorität »Schlafen auf dem Schreibtisch«. Das kann stundenlang so gehen, zur Freude und zum Gewinn aller Beteiligten. Bis ein winziges Wesen auftaucht, das sämtliche Prioritäten über den Haufen wirft, sodass nur noch eine übrig bleibt: die Jagd.

Es ist ein schönes Bild. Zwei Menschen an ihren Schreibtischen, so fleißig wie versunken. Zwei Kater in ihren Körbchen, so schläfrig wie wachsam. Trotz geschlossener Augen und tief ins weiße Plüsch gepresster Nasen bewegen sich ihre Ohren. Manche Geräusche wandern wirkungslos durch sie hindurch. Manche jedoch bringen sie in zarte Wallung. Als stünden winzige Bergleute darin und stießen mit meterlangen Stäben gegen die Ohrmuschelhöhle. Vor dem Bürofenster balancieren die Tauben auf dem Dachfirst des Nachbarn. Ein Männchen flirtet seine Herzdame an und nähert sich ihr Schritt für Schritt. Sie schaut demonstrativ uninteressiert in Richtung des Gewerbegebiets. Fünf Spatzen stören den Bewerber um die Gunst der schwierigen Dame bei seinem Ritual. Mit einem Geräusch wie lautes Lippenflattern landen die Spatzen neben den Tauben und kommen keck in einer Reihe zur Ruhe. Eine wahrlich beeindruckende Performance. In einem Musical würde sie mit einem furiosen Finale des Orchesters unterstrichen. Daraufhin ein paar Sekunden Stille. Licht weg von den Spatzen und auf den Täuberich. Leise wieder einsetzende Streicher. Der Täuberich richtet sich im Scheinwerferlicht ans Publikum, legt einen Flügel aufs Herz, zeigt mit dem anderen auf die Taubendame und beginnt mit seinem sehnsüchtigen Klagelied: »Schau mich an, dreh dich um, ich bin hier …«

Im Büro klackern die Tasten. Alle hundert Anschläge nimmt Oliver einen Schluck aus der Kaffeetasse. Mit der linken Hand. Die rechte wandert regelmäßig nach rechts, um Krischiperry in seinem Korb zwischen den Ohren zu kraulen. Ich bringe zum gleichen Zweck die linke Hand in Aktion. Meistens wandern unsere Hände gleichzeitig zum Korb des jeweiligen Katers auf unseren Schreibtischen. Beide heben die Köpfe, sobald die Kraulfinger in ihren Orbit eindringen, und pressen sie gegen unsere Fingerkuppen. Beide beginnen in gleicher Sekunde zu schnurren. Synchronschwimmer machen es kaum besser.

Wir vier haben ihn drauf, den perfekten Büromodus.

Den fulminanten Flow fleißigen Friedens.

Nichts kann ihn aufhalten.

Nichts kann den Frieden stören.

Es sei denn, er hat sechs Beine, zwei Flügel und zwei neuronale Superpositionsaugen …

Krischiperry bemerkt die Fliege als Erster.

Provokant sitzt sie auf der Scheibe in Höhe der Fotorahmen, die auf der Fensterbank stehen. Da das Fenster geschlossen ist, muss sie ihren Weg dorthin *theoretisch* unbemerkt durchs ganze Haus zurückgelegt haben. *Praktisch* ist sie mit einem Mal auf der Scheibe aufgetaucht. Kein Wunder. Wenn schon manche Katze zur Teleportation durch Fensterscheiben fähig ist, dann eine Stubenfliege erst recht.

Mit einem Ruck sitzen beide Kater aufrecht in den Körben. Zwischen dösendem Liegen und wachem Aufrechtsitzen ist keinerlei Ablauf zu erkennen. Es wirkt wie ein grober Schnitt in einem alten Film.

Liegen. Cut. Sitzen.

Dabei muss man sich vor Augen führen, wie viel Zeit sich eine Katze üblicherweise lässt, wenn sie sich bequemt, den Korb zu verlassen.

DAS AUFSTEHEN AUS DEM KORB

Döst eine Katze in ihrem Körbchen, steht die Zeit üblicherweise still. Ob zehn Minuten, zehn Stunden oder zehn Jahre vergehen, ist einerlei. Wie der Mensch am Sonntagmorgen zieht die Katze nicht ernsthaft in Erwägung, die gemütliche Verschmelzung mit Plüsch und Decke jemals wieder zu verlassen. Steht sie trotzdem irgendwann auf, ohne dass ein Insekt im Zimmer oder ein aufziehendes Gewitter sie erschreckt, läuft der Prozess wie folgt ab:

Langsames Öffnen des rechten Auges.
Wieder schließen.
Langsames Öffnen des linken Auges.
Wieder schließen.
Weiterdösen.
Minimale Bewegung des Hinterteils.
Zucken des linken Ohrs.
Weiterdösen.
Langsames Öffnen des linken Auges.
Halb wieder schließen.
Langsames Öffnen des rechten Auges.
Halb wieder schließen.
Langsames Öffnen beider Augen.
Vorwurfsvoller Blick.
Anheben des Hinterteils.
Mühseliges Hochstemmen der Frontpartie.

Einige Sekunden lang im Körbchen stehen bleiben.

Augen zu.

Augen wieder auf.

Gähnen.

Extrem vorwurfsvoll gucken.

Seufzen.

Unter maximalem Dehnen der Sehnen einen dermaßen hohen Katzenbuckel machen, dass die Spitzen der Rückenhaare die Zimmerdecke berühren und dort kleine, feine Punktmuster hinterließen, würden sie Farbpigmente abgeben.

Mit dem rechten Fuß zuerst aus dem nun knisternden Weidenkorb steigen. Die restlichen drei Füße noch einen Augenblick drin lassen.

Gähnen.

So vorwurfsvoll gucken, als habe der eigene Mensch den Zweiten Weltkrieg ausgelöst.

Restliche Beine aus dem Korb holen.

Vom Tisch hüpfen.

Zum Klo trotten.

Ein olfaktorisch überwältigendes Zeichen setzen.

Im Prinzip also nicht anders als bei Menschen am Sonntagmorgen. Oder bei Teenagern an sämtlichen Wochentagen, wenn sie zur Schule müssen. Sitzt allerdings eine Fliege in der Nähe, verkürzt sich der Ablauf zu:

Liegen.

Schnitt.

Lauern.

Die Katzenaufstehgeschwindigkeit nähert sich somit in beiden Varianten jeweils dem langsamsten wie dem schnellsten Tempo im Universum an. Ohne Fliege entspricht es in seiner Langsamkeit ungefähr der Neubildung eines Sternensystems. Mit Fliege nähert es sich der Lichtgeschwindigkeit an.

Ich mache mir eine Notiz: *Formel entwickeln. Katzenaufstehgeschwindigkeit ausrechnen.* Die Fliege sitzt weiterhin keck auf der Scheibe. Beide Kater springen aus ihren Körben und laufen quer über die Tastaturen zur Fensterbank. Auf der Kontinentalkante der Schreibtische treffen sie sich und rempeln sich gegenseitig an. Speziell bei der Fliegenjagd fehlt ihnen die Einsicht, dass trotz aller abenteuerlichen Möglichkeiten der Quantenphysik zwei große Objekte nicht zur selben Zeit am gleichen Ort sein können. Oliver springt ebenfalls vom Stuhl. Seine Augen halten Ausschau nach den Utensilien, die er benötigt, um die Fliege zu fangen und lebendig aus dem Haus zu tragen. Ein Glas und eine stabile Postkarte. Derweil hat der erste Kater seine Pfote bereits entschlossen in die Scheibe getrieben. Wie Rocky Balboa seine Faust in den Boxsack. Die Fliege sitzt nun einen Meter höher auf der Scheibe.

»Glas! Glas!«, ruft Oliver, mehr für sich als für die Anwesenden, und stürzt die Treppe hinab in die Küche. Krischiperry streckt sich. Auf den Hinterpfoten stehend, schlägt er nach der Fliege. Immer wieder erstaunlich, wie lang und hoch so ein Kater werden kann. Fährt jemand gerade unten in das Dorf hinein und hebt den Blick zum Haus auf dem Wohnhügel, wird er sich fragen, wieso wir dort das gesamte Fenster mit Hilfe eines schwarzen Balkens in zwei Hälften geteilt haben.

Während Oliver das Glas holt, entscheidet sich die Fliege dafür, noch ein Weilchen an der Scheibe zu verbringen und mit den Katern zu spielen. Gandhi bekommt nun ebenfalls seine Versuche, auch wenn Krischiperry ihm nur wenig Raum für eigene Schläge lässt. Das Fenster wird also jetzt durch zwei schwarze Balken in drei Teile geteilt. Wilde, zuckende, schlagende Balken. Der erste Bilderrahmen fällt und verkantet sich zwischen Heizung und Schreibtischen. Den zweiten fegt Krischiperry mit einem Ausfallschritt der linken Hinterpfote hinter den Druckertisch.

Oliver wühlt und klimpert derweil in der Küche herum, als wäre es in all den Jahren nicht gelungen, Gläser zu erwerben. Er öffnet Schränke, Schubladen und die Spülmaschine. Die Kater beginnen auf der Fensterbank zu springen, da das Strecken und Recken nach der Fliege alleine nicht mehr ausreicht. Sie sitzt jetzt kopfüber unter dem Rollokasten des Fensters und streckt ihnen wahrscheinlich gerade die Zunge heraus. Auf und ab hüpfen die zwei schwarzen Balken im Fenster. Sollte der Mensch, der unten ins Dorf fährt und es von außen beobachtet, alt genug sein, wird ihn das Bild an eine farblich umgedrehte Version des uralten Videospiels *Pong* erinnern. Zwei dunkle Balken, die links und rechts des Bildschirmrands auf und ab huschen.

Oliver hastet wieder die Treppe hinauf.

Die Fliege stößt sich ab und fliegt einen Looping in der Nähe des Spiels aus Klangstäben, das am linken Rand des Rollokastens baumelt. Es ist mit Heißkleber angebracht. Besser gesagt: Es *war* mit Heißkleber angebracht. Nun kracht es, durch einen Pfotenschlag in Richtung der Fliege gelöst, auf die Fensterbank. Die Kater zucken zusammen und werfen sich für einen Moment in Deckung. Gandhi erwischt Olivers Kaffeetasse. Die übliche, darin befindliche Neige aus fünfzig Milliliter kalter Plörre verteilt sich über die Unterlagen und fließt unter den Laptop.

Oliver steht überfordert hinter dem Schreibtisch, Glas und Postkarte in der Hand und den Blick auf der kleinen Kaffeeflut. Vollkommen widersprüchliche Befehle schießen ihm durch den Kopf. Erst die Fliege fangen oder erst den Rechner retten?

Ich werfe ihm eine Packung Taschentücher rüber.

Er stellt Glas und Postkarte ab und stopft den Zellstoff unter den Computer.

Die Fliege kreist mit der Arroganz amerikanischer Drohnen an der Stelle, wo eben noch das Klangspiel hing. Krischiperry richtet sich wieder auf, springt und boxt. Bei jedem Hüpfer konzentriert er sich auf seine unerbittlichen Schläge und achtet daher nicht auf die Landungen. Sein Getänzel findet gefährlich nahe an einem schweren, aber zerbrechlichen, kleinen Objekt aus Beton statt, das ganz links auf der Fensterbank steht. Die Skulptur soll Oliver täglich beim Arbeiten helfen. Es handelt sich um die *Eisenhower-Matrix*. Ein quadratischer, ungefähr fünf Zentimeter dicker Klotz aus Beton. Darauf ein Diagramm mit vier Quadraten, die sich entlang der zwei

Achsen »Wichtig« und »Dringend« bilden. Je nach Maß dieser beiden Kriterien lauten die vier Maximen: *Termin setzen. Sofort machen. Delegieren. Wegwerfen.* Ein sehr praktisches Prinzip zur Prioritätensetzung. Kommt allerdings eine Fliege ins Spiel, ist es so, als würde man eine Folie über alle vier Quadrate gleichzeitig kleben, die sämtliche anderen Aufgaben aufhebt. Priorität eins: *Fliege fangen.*

Ich zeige auf Krischiperrys wild wirbelnde Hinterpfoten und die Matrix.

»Gleich fällt sie«, sage ich.

Oliver klaubt den Betonwürfel von der Fensterbank.

»Gut«, sage ich, »und jetzt passt auf!«

Ich spreche mit allen drei Männern auf Fliegenjagd, auch wenn nur Oliver den Rat umsetzen kann. Ich habe kürzlich bei Recherchen eine neue, narrensichere Methode des Fliegenfangens entdeckt, die unglaublich klingt, aber vollkommen plausibel ist.

Die Fliege setzt sich, um mitzuhören.

Oliver hockt sich mit einem Knie auf den Schreibtisch und versucht den Kater beiseitezuschieben. Konzentriert fixiert er das Zielobjekt.

»Ich weiß, was du sagen willst«, flüstert er, »ich muss mit dem Glas immer von hinten kommen.«

Das ist der Rat, den ich ihm schon vor Jahren gegeben habe. Seit Oliver sich nur noch rücklings an die Tiere heranpirscht, hat sich die Fangquote deutlich erhöht. Dieser Tage habe ich allerdings herausgefunden, dass das überhaupt nicht daran gelegen hat, dass er sich rücklings angeschlichen hat, sondern dass er beim rücklings Anschleichen grundsätzlich *langsamer* vorging als bei der offenen Attacke. Aber Oliver lässt mich nicht ausreden. Erfolglos stößt er das Glas gegen die Scheibe.

»Von hinten ist schwer, wenn man auf dem Schreibtisch herumturnen muss«, flucht er.

Ich denke wieder an den Menschen im Auto, der den Wohnhügel hinauf in unser Fenster schaut. Nun sieht er die zwei Balken von *Pong* und dazwischen einen Mann, der dem digitalen Pixelbällchen hinterherjagt.

Die Fliege kann Olivers ersten Angriffsversuch höchstens als mittelmäßig bewertet haben, nimmt ihn als Jäger allerdings ernster als die Katzen. Sie beschließt, das Spiel vom Fenster weg in den Rest des Hauses zu verlagern. Völlig überraschend für die drei Männer saust sie über den Schreibtisch hinweg Richtung Tür.

Zwei Katerköpfe und ein Menschenschädel folgen dem feisten Flug wie Publikumsblicke einem Tennisball.

Dann bricht endgültig das Chaos aus.

Krischiperry und Gandhi rennen mit Anlauf vom Schreibtisch. Dabei stoßen sie ihre eigenen Körbe sowie die ohnehin ausgelaufene Kaffeetasse vom Tisch. Da Gandhis Korb hoch auf meinem Stapel noch auszuwertender Magazine und Kataloge gelegen hat, gerät das gesamte Druckwerk ins Schliddern und kracht lawinenhaft auf den Boden. Oliver reißt beim Loslaufen mit der Schulter ein Bild von der Wand.

Ich notiere mir, dass ich den Katzenausdehnungsquotienten neu berechnen muss. Nicht nur beim freien Liegen auf dem Schreibtisch außerhalb des Körbchens verdreifachen Katzen ihr Gesamtvolumen. Auch bei der Fliegenjagd werden Kater *und* Männer automatisch größer und breiter. Jedenfalls breit genug, um Bilder von der Wand zu rasieren.

Die drei Männer flutschen aus der Bürotür in den Flur wie eine Menschenmenge aus einem Notausgang. Immer der Fliege hinterher. Am oberen Treppenabsatz stapeln sich Versandkartons auf einer gut gefüllten Klappkiste mit gemischten Sachen, die noch nach unten müssen. Die Fliege sitzt auf dem oberen Rand eines der Kartons. Beide Kater springen blindwütig in das geformte Altpapier. Die Wucht zweier Leiber, die nun kopfüber in den Kartons stecken, bringt die gesamte Kiste ins Rutschen. Oliver ruft »Nein!« und greift noch nach ihr, doch es ist zu spät. Wie ein Schlitten bei der Abfahrt rutscht die Kiste mit Sachen, die noch nach unten müssen, samt Katern darin die Treppe hinab. Am Ende kracht sie dort in eine Kiste mit Sachen, die noch nach oben müssen.

Die Kater kreischen.

Die Fliege lacht sich kaputt.

Die Gemischtware purzelt aus den Kisten, als hätte jemand wutentbrannt einen Trödelmarktstand umgeworfen. Bücher, Kabel, Leergut, Wäsche und gebrauchte Tassen verteilen sich auf dem Boden.

Oliver ruft: »Ich habe das richtige Insektenfang-Glas gefunden! Es war in der Kiste mit Sachen, die noch nach oben müssen!«

Die Fliege muss mittlerweile in die Küche geflogen sein. Das erkenne ich an den Geräuschen, welche die Krallen und Pfoten der Kater an den verschiedenen Küchenobjekten machen. Ich hätte damit zu *Wetten dass ...?* gehen können, wäre die Sendung nicht eingestellt worden. Die Kater jagen eine Fliege in einer im Fernsehstudio aufgebauten Küche, und ich sitze vor Thomas Gottschalk mit einer Sichtschutzbrille, auf der als Motiv fauchende Kätzchen aufgedruckt sind.

Top, die Wette gilt.

»Was macht die Katze jetzt, Sylvia?«, fragt Thomas Gottschalk.

»Oh, das ist leicht«, sage ich.

Ein dumpfes, warmes Klopfen.

»Sie schlägt gegen die Schranktür. Am Spülenunterschrank.«

»Richtig!«

Das Publikum applaudiert.

»So, die Jagd geht weiter«, sagt Thomas Gottschalk.

Ein eher quietschender Hieb. Eine Mischung aus dem Geräusch, das Turnschuhe in einer Halle beim Sportunterricht machen, und dem Klang, den gummiartiger Grillkäse zwischen den Zähnen erzeugt.

Ich tue so, als müsste ich etwas länger überlegen. Man hat mir vor der Sendung gesagt, dass ich das machen sollte, falls ich mir zu schnell sicher bin. Es soll ja spannend bleiben.

»Hm ...«, murmle ich.

»Lass dir Zeit, Sylvia«, sagt Thomas Gottschalk.

In der Küche kracht ein Stuhl auf den Boden.

»Das gehört nicht dazu«, sagt Thomas Gottschalk, »konzentrier dich auf das andere Geräusch.«

Ich sage: »Dieses Quietschen, das sind die Pfotenballen auf Glas und Stahl. Also sind sie gerade an der Klappe des Ofens zugange.«

»Richtig!«, freut sich Gottschalk.

Die Menschen klatschen.

Oliver ruft in der Küche: »Krischiperry, nein! Nein! Das ist ein NEIN!«

Klappern. Scheppern. Krachen.

Ich sage, ohne Gottschalks Frage abzuwarten: »Jetzt räumt ein Kater das Hängebesteck ab. Das war die Suppenkelle. Das die Nudelkralle. Der Kartoffelstampfer. Oh … jetzt fällt alles.«

»Fang die Fliege!«, rufe ich nach unten und stehe auf.

Oliver antwortet: »Ich versuch's ja!«

Ich höre wieder Pfoten an die Scheibe schlagen. Auf der Fensterbank der Küche stehen ein kleines Kurbelradio, eine winzige Gießkanne aus Blech und ein Sektkübel, gefüllt mit Werbe-Jojos aus Holz.

»Das war die Gießkanne«, sage ich zu Gottschalk.

»Das war das Radio.«

»Das war der komplette Kübel mit den Jojos.«

»Richtig, richtig und richtig«, ruft Gottschalk. »Wette gewonnen!«

Ich gehe die Treppe hinab und betrete die Küche. Es ist ein Bild des Elends und der Hilflosigkeit. Das Hängegeschirr liegt auf der Arbeitsplatte und dem Fußboden verteilt. Sämtliche Fliesen vor dem Fenster sind mit kullernden Jojos bedeckt. Aus jedem der kleinen Holzspielzeuge ragt ein kleines Stückchen Faden heraus. Krischiperry jagt weiter am Fenster die Fliege, während Gandhi gar nicht weiß, welchen Jojo-Faden er zuerst mit der Pfote greifen soll. Die Fliege sitzt mittig auf der Scheibe. Oliver schiebt sanft den Kater beiseite und schaut nach, wo an der Fliege hinten ist. Dann geht er in Deckung und schiebt das Glas aus dieser Richtung auf die Fliege zu. Sie hebt ab. Krischiperry springt ihr nach.

Gandhi hüpft zwischen den Jojos hin und her.

Er ist dem Wahnsinn nahe, vergleichbar mit einem Mann auf dem Rasen, dem man zwanzig Fußbälle gleichzeitig zugeworfen hat.

Ich öffne die Futterschublade, hole eine Schale Lachs in Soße heraus und befülle zwei Näpfe. Krischiperry lässt von der Fliege ab. Gandhi hebt den Kopf in seinem Jojo-Feld, einen ausgerollten Faden im Mundwinkel zwischen den Zähnen. Die Jagd genießt seit Jahrtausenden bei Männern und Katern die allerhöchste Priorität und drängt sämtliche anderen Tätigkeiten in den Hintergrund. Es sei denn, man bietet ihnen etwas zu essen an.

Ich bringe die gefüllten Schälchen in den Flur. Die Kater folgen. Ich schlüpfe in die Küche zurück und schließe die Tür.

»So«, sage ich, »jetzt sind es nur noch die Fliege, du und ich.«

Oliver setzt für einen neuen Versuch mit dem Glas an.

Ich sage: »Darf ich mal?«

Erstaunt reicht er mir das Glas. Normalerweise fällt die Fliegenjagd in meiner Prioritäten-Matrix grundsätzlich unter den Punkt: *Delegieren*. Doch er muss mit eigenen Augen sehen, was ich ihm erläutern will.

»Wie ich eben schon sagte, bevor ich Wettkönigin wurde«, beginne ich und genieße seinen fragenden Blick, »habe ich neue Erkenntnisse über unsere geflügelten Freunde.«

Langsam nähere ich mich der Fliege auf der Scheibe. Provokant hockt sie in perfekter Fangposition. Nicht zu hoch. Nicht zu niedrig. Arrogant flüstert sie: »Komm doch!«

Ich erkläre: »Fliegen haben doch einen Rundumblick. Sie sehen auch, was hinten los ist.«

Oliver staunt.

Ich fahre fort, mich weiter in Zeitlupe an die Fliege anschleichend: »Außerdem sind die Wege kurz, die ein Signal in ihrem Gehirn wandern muss. Kaum Synapsen. Sie hat das Signal fürs Abheben schon komplett durchprozessiert, da ist in unserem Kopf gerade mal der Task Manager angesprungen.«

Ich stehe nun direkt vor der Scheibe und hebe das Glas. In einem »Tempo«, als würde ich den Arm nicht durch die Luft, sondern durch zähflüssigen Sirup bewegen.

»Wir haben also eigentlich gar keine Chance«, sage ich.

»Wieso fange ich dann überhaupt manchmal eine Fliege?«, fragt Oliver.

»Weil du im Optimalfall gaaaanz laaaangsaaaam vorgehst«, sage ich. Ich hebe das Glas immer noch an, bin damit aber erst auf Höhe der Fensterbank angekommen. Draußen vor der Tür haben die Kater ihren Lachs in Soße bereits verspeist. Sie beginnen an der Küchentür zu kratzen.

»Wir Menschen verarbeiten maximal sechzehn bis zwanzig Bilder pro Sekunde«, sage ich. »Alles darüber hinaus wirkt auf uns als bewegter Film. Die Fliege verarbeitet hingegen zweihundert Bilder. Das heißt also, selbst, wenn sie sich *The Fast and the Furious* anschauen würde oder ein Ballerspiel mit maximaler Kugelrate, wäre das für sie, als würde sie sich in aller Ruhe an der Kaffeetafel von Tante Trude alle Fotos einzeln angucken, die Tante Trude ihr aufdringlich lange unter die Nase hält.«

Oliver beobachtet meine Hand, die das Glas in quälender Zeitlupe auf Höhe der Fliege bringt. Sie bewegt sich immer noch nicht.

»Das bedeutet …«, überlegt er laut.

»… dass ein Google Alert auf neue Erkenntnisse der Hirnforschung auch für den Alltag prima ist«, sage ich. Das Glas halte ich mittlerweile zehn Zentimeter vor der Fliege. »Und das heißt, dass dieser kleine Fratz da in diesem Moment nicht wahrnehmen kann, wie sich die riesige Glaskuppel auf ihn niedersenkt.«

Oliver ist fasziniert. Ich sehe ihm an, dass er sich kaum vorstellen kann, wie das klappen soll, und dass er gleichzeitig weiß, dass es gelingen muss. Wegen der Wissenschaft. Dieser großen Magie der Erkenntnis.

»Für die Fliege passiert gerade also gar nichts?«, sagt er.

»Nix«, bestätige ich. »Das ist so, als würden wir in den Himmel gucken, und die Wolken würden sich jede Stunde einmal um ein paar Zentimeter senken.«

»Auf die Art und Weise könnte uns der Himmel auf den Kopf fallen, und wir würden es erst merken, wenn es zu spät ist.«

»Ja.«

»Dann war die Angst der Gallier in den *Asterix*-Comics also doch berechtigt!«

Die Kater haben aufgehört, an der Tür zu kratzen, und verlegen sich nun darauf, die Isolation aus der Ritze zu stemmen.

»Krallen rein!«, rufen Oliver und ich synchron.

Die Stemmarbeiten kommen für einen Augenblick zum Stillstand.

Wir schauen schnell zur Fliege. Unser Schimpfen mit den Katzen hat sie nicht erschreckt. Ich senke weiter das Glas auf sie hinab.

Millimeter …

für …

Millimeter.

Und es ist drüber.

Glas auf der Scheibe.

Fliege drin.

»Wow«, haucht Oliver.

»Ist das irre?«, freue ich mich und spüre tatsächlich Glückshormone durch meine Blutbahn schießen. »Da jagt der Mensch seit Erfindung der Mietwohnung Fliegen mit Klatschen, und die Lösung besteht im Gegenteil darin, es so langsam wie möglich zu machen.«

Die Kater setzen ihre Stemmarbeiten an der Türzarge fort.

Es knackt.

Oliver übernimmt das Glas und schiebt vorsichtig eine Postkarte darunter.

Ich lasse die Kater wieder in die Küche. Aufgeregt suchen sie nach der Fliege. Die hockt vollkommen beleidigt im Glas, als wolle sie sagen: »Na super. Jetzt hat der Mensch es begriffen. Herzlichen Glückwunsch.«

Ich beginne die Jojos aufzusammeln. Gandhi greift nach den Fäden.

Ein paar Tage später schlurft Oliver mit langem Gesicht ins Büro.

»Was ist?«

Er stellt die Tasse mit dem frischen Kaffee rechts neben seiner Tastatur ab. Die Tasse mit dem alten Kaffee steht links neben seiner Tastatur. Sie enthält eine Neige von fünfzig Milliliter. Die Kater liegen dösend in ihren Schreibtischkörbchen. Auf dem Dachfirst vor dem Fenster sitzt der Täuberich alleine und wartet vergeblich auf seine Angebetete. Ein Regentropfen klatscht dem Täuberich aufs Köpfchen und gibt ihm einen Ruck, als würde ein Mensch einen Medizinball abbekommen. Könnten seine Ohren vor Frust qualmen, würden ihnen nun feine Wölkchen entsteigen.

»Was ist?«, frage ich noch mal das lange Gesicht mit den zwei Kaffeetassen.

»Keine Fliege, nirgends«, sagt Oliver.

»Wie bitte?«

»Ich versuche seit neulich, frische Fliegen ins Haus zu kriegen. Weil ich das mit dem langsamen Glas auch mal ausprobieren will. Aber nichts! Eben saß sogar eine draußen auf dem Briefkasten. Ich so zu ihr: Komm. Na komm schon. Aber sie wollte nicht.«

Er legt die Hände auf die Tastatur und lässt die Ohren hängen. Krischiperry klettert aus dem Körbchen, schnurrt und streift seine Wange, um ihn zu trösten.

Ich frage mich: Kommt er wirklich nicht von selbst drauf?

Oliver beginnt zu tippen und zu klicken.

Schaut auf den Monitor.

Sagt: »Oh. Hier steht, gut hören können Fliegen auch nicht. Manche sind sogar taub. Außer eine, die hört wie ein Weltmeister. Ormia ochrecea. Die hat voll den Raumklang und Präzisionsortung.«

Der Kater klickt ihm mit der Pfote den Internetbrowser weg. Das höre ich daran, dass plötzlich die Musik anspringt, die auf Olivers Rechner die automatische Fotogalerie untermalt. Eine nette Spielerei seiner Spezialsoftware von Sony. Sie schnappt sich per Zufallsprinzip Bilder, die wild verteilt auf der Festplatte liegen, und zeigt sie zu besagter Entspannungsmusik wie auf den Tisch geworfene Polaroids. Die Tastenkombination, die nötig ist, um diese Galerie zu starten, hat Oliver noch nicht herausgefunden.

Der Kater kennt sie auswendig, steht aber mit den Pfoten auf zu vielen anderen Tasten gleichzeitig, als dass man die paar sehen könnte, die dabei entscheidend sind.

Olivers Recherche kann seinen Frust, die Zeitlupenmethode bislang nicht selbst ausprobiert zu haben, nicht lindern.

Also gut, denke ich mir, er kommt nicht drauf. Dann sage ich es eben.

»Die Fliege saß draußen auf dem Briefkasten?«

»Ja.«

»Und sie wollte nicht ins Haus?«

»Nein.«

Noch tiefer gesenkte Ohren.

»Sie blieb aber sitzen, während du versucht hast, sie zu überreden?«

»Ja, aber wie man sieht, hören die ja nicht. Es wird wohl kaum eine dieser seltenen Ormia ochrecea gewesen sein.«

Gut.

Ich sage es.

»Oliver?«

»Ja?«

»Wieso hast du sie nicht einfach draußen gefangen? Auf dem Briefkasten?«

Der Kopf hebt sich. Ebenso die Ohren. Er hat es tatsächlich nicht in Erwägung gezogen, dass man auch außerhalb des Hauses auf Fliegenjagd gehen kann. Ruckartig springt er auf, sodass der Kater sich erschreckt und sich augenblicklich in die superflache Deckungslage bringt. Nun liegt er auf allen Tasten des Laptops gleichzeitig. Die Entspannungsmusik der Fotogalerie hört auf, und ein schräges Piepen ertönt, das nichts Gutes bedeuten kann. Oliver schnappt sich das Fliegenfang-Glas und die Postkarte. Beide haben seit der letzten Jagd ordentlich ihren Platz im Regal eingenommen. Hochmotiviert stürmt er die Treppe hinab. Beide Kater folgen ihm. Es könnte ja etwas zu essen geben. Ich lächle. Am Fuße der Treppe stoßen die drei Männer mit großem Gerumpel an eine Kiste mit Sachen, die noch nach oben müssen.

» Wenn die Katzen sich putzen,
gibt es gutes Wetter. «

(Bauernregel)

Heißt auf Deutsch:

Katzen sind überaus reinliche Tiere. Wenn die Reinigung sie selbst betrifft. Sie putzen sich jeden Tag, weshalb die Bauernregel theoretisch Unfug ist, da es anderenfalls niemals schlechtes Wetter gäbe. Praktisch ist sie wiederum kein Unfug, denn es ist ja eine »Bauernregel« und keine »Studentenregel«, »Angestelltenregel« oder »Beamtenregel«. Während all diese Menschen jedes Wetter mit Temperaturen unter 22 Grad und auch nur einem Tropfen Wasser, der als Restbestand von einem Ahornblatt tropft, für »schlecht« halten, ist für den Bauer jedes Wetter »gut«. Der Landwirt ist robust und kauft im Raiffeisenmarkt ein. Man muss sich die Schuhe, Hosen und Holzfällerhemden dort nur ansehen, um zu wissen, dass sie nicht für wetterfühlige Sensibelchen geeignet sind.

Die Katze putzt sich also nun mehrfach jeden Tag. So, wie man den Bauern stets in Arbeitsmontur antrifft, findet man das Fell der Katze durchgängig sauber und frisch. Man sagt dazu nicht umsonst: Wie geleckt.

Das Fell des Menschen ist seine Kleidung. Sie kann nicht durch Ablecken gereinigt werden, sondern muss in die Waschmaschine. Das weiß die Katze auch. Sie kennt das Gerät und seine Funktion. Putzt sie sich ihr Fell, lässt der Mensch sie grundsätzlich in Ruhe. Wäscht der Mensch seine

Wäsche, gilt das Gleiche leider nicht umgekehrt. Die Katze will offenbar nicht, dass sein Fell auch so sauber ist wie ihres. Wie sähe das denn aus?

DER WASCHTAG
ODER
DIE EFFIZIENTE
DREIVIERTELSTUNDE

Die Katze ist ein Ermittler. Sie sieht mehr als der Mensch, wenn sie einen ganz normalen Raum betritt. Wo für uns nur zweckmäßige Geräte stehen und Dinge gelagert werden, eröffnen sich ihr unendliche Möglichkeiten. Noch die schmuckloseste Umgebung wird ihr zum Abenteuerspielplatz. Noch die sicherste Verstauung aller Gegenstände verwandelt sie in einen schwankenden, babylonischen Turm reinster Gefahr. Sauber und ordentlich hat sie es durchaus gerne. Nur nicht gerade dann, wenn dem Menschen danach ist.

Rudi Völler sitzt in der Waschküche. Er füllt die rechte Hälfte des Bildschirms auf meinem Laptop aus, der als Berieselungsgerät auf der Waschmaschine steht. Gandhi hockt auf dem Tisch daneben und beobachtet ihn. Den einzigen Rudi Völler. Einen dieser wunderbaren Männer, die mit fünfundzwanzig schon so aussahen wie mit fünfzig. Völler trägt eine Joggingjacke aus Ballonseide. Ich hatte mal einen ganzen Anzug aus diesem Material. Er begleitete mich von meinem vierzehnten Lebensjahr an bis zum Auszug aus der elterlichen Wohnung. Mir fällt wieder ein, wie es sich angefühlt hat, in diese Hose zu steigen. Meistens stülpte ich mit dem Fuß das Innenfutter nach außen und blieb darin stecken. Dann hüpfte ich eine Weile durch das Zimmer, bevor ich das Bein wieder aus dem weichen Futter herausbekam. Unsere damalige Katze »Mäuschen« schaute sich dieses Spektakel immer besonders gerne an. Ich wette, auch die heutigen Kater würden es lieben. Von innen fühlte sich die gefütterte Ballonseide seidig glatt an und gleichzeitig so dicht und warm, als wäre man wie ein Säugling winterfest eingepackt worden. Schon bei zehn Grad plus begann ich selbst während leichtester Tätigkeiten in der Hose zu schwitzen. Da reichte es bereits, die kleinen Seiten eines gelben Reclam-Büchleins für den Deutschunterricht umzublättern. Unfassbar, dass ich so ein Material jemals getragen habe. Ich bin froh, dass ich es schaffte, auf der Premierenfahrt in meine Studentenbude und somit erste eigene Wohnung an einem Kleidercontainer zu halten und als Zeichen eines neuen Daseins diese unsäglichen Klamotten zu entsorgen. Hätte ich das nicht hinbekommen, würde ich heute noch so herumlaufen. Denn: Dieses Material macht den Mann süchtig. Vielleicht, weil es einem lebenslang das Gefühl gibt, in eine Ganzkörperwindel eingewickelt zu sein. Freud könnte das erklären. Wer nicht früh genug den Absprung von der Ballonseide packt, kommt nie mehr von ihr los.

Heute bin ich jedenfalls erwachsen, und auf der Wäscheleine hängt kein Teil aus Ballonseide. Nur Baumwolle, Jeans und Bambus, mein Lieblingsmaterial für Socken, Unterwäsche und T-Shirts. Ich habe Waschtag. Wobei »Tag« ein wenig übertrieben ist. Eigentlich fülle ich nur eine angebrochene Stunde, bevor ich zu einem Termin fahre. Um 15 Uhr muss ich im Auto sitzen. Jetzt haben wir es zwölf nach zwei. Eine gute Dreiviertelstunde. Zu wenig Zeit, um eine Schreibaufgabe anzufangen oder ausführliche Telefonate zu führen. Zu viel Zeit, um einfach in der Ecke herumzusitzen. Oder gar noch zeitiger loszufahren, eine halbe Stunde zu früh bei dem Geschäftstermin anzukommen und vom Fenster aus gesichtet zu werden, wie ich mit einem Kaffeebecher die Straße auf- und ablaufe. Das wäre fatal. Zu früh bei wichtigen Terminen zu erscheinen ist noch schlimmer, als zu spät zu kommen. Zu spät sagt im günstigsten Fall: Ich bin dermaßen beschäftigt, dass ich es mir nicht leisten kann, für den Großstadtverkehr einen Puffer einzubauen. Zu früh sagt immer und ohne Ausnahme: Ich habe das hier total nötig, bitte beißen Sie mich nicht, ich bin ein Kaninchen. Also fülle ich die Dreiviertelstunde, die mir bis zur Abfahrt noch bleibt, mit Hausarbeit. Das hat sich bewährt. In einer Halbzeitlänge kann man sehr viel Praktisches schaffen. Den Berg Geschirr in der Küche wegspülen. Das Unkraut aus der vorderen Rabatte zupfen. Oder eben: Die Wäsche machen. Wäsche ohne ein einziges Stück aus Ballonseide. Ich bin ein erwachsener Mann und habe mein Leben im Griff.

Glumpf.

Die Bullaugentür der Waschmaschine macht ein tolles Geräusch, als ich sie öffne. Am Geräusch von Türen erkennt man Qualität. Das ist bei Waschmaschinen nicht anders als bei Autos. Die Tür eines Skodas oder eines französischen Kleinwagens klingt so hell und scheppernd, als hätte ein Kind seine Kiste mit gemischten Legosteinen ausgekippt. Die Tür eines Benz oder einer schwedischen Limousine klingt so warm und satt, als hätte der Synchronsprecher von Robert de Niro einem »Guten Tag!« gesagt. Wie ein Benz oder eine schwedische Limousine hat auch diese Waschmaschine eine Lebenszeit von locker fünfundzwanzig Jahren und kostet damit pro Jahr ungefähr ein Zehntel der Billiggeräte, die nicht repariert werden können und alle zwei Jahre ausgetauscht werden müssen. Stolz präsentiert mir das lieb gewonnene Gerät die von ihm gereinigten Sachen im beleuchteten Inneren.

»Das hast du fein gemacht«, lobe ich die Maschine und ziehe die ersten Sachen heraus. Zwei Handtücher und eine Jeans. Rudi Völler atmet währenddessen schwer. Gereizt bewegt sich seine Brust unter der grauen Ballonseide mit Aufdrucken von Mercedes und Adidas. Sein Hals verbirgt sich hinter dem komplett zugezogenen Kragen, an dem der Reißverschluss baumelt, doch ich weiß – dieser Hals ist jetzt schon vor Zorn geschwollen. Gandhi blickt interessiert, als ich mir die beiden Handtücher und die Jeans über die Schulter werfe und ein paar Klammern aus dem alten Lederbeutel ziehe, der links an der ersten Leine hängt.

Rudi Völler sagt: »Immer diese Geschichte mit dem Tiefpunkt, und dann gibt's noch einen Tiefpunkt und noch einen niedrigeren Tiefpunkt. Ich kann diesen Scheißdreck nicht mehr hören.«

Ich spreche lautlos mit, was der ehemalige Bundestrainer sagt. Das Video seines berühmten »Weißbier-Interviews« im Juli 2000 wurde bei YouTube schon fast eine halbe Million Mal angeklickt. Rund fünftausend Klicks davon stammen von mir. Dem Moderator Waldemar Hartmann hat es damals einen Karriere-Kick gegeben, zehn Minuten lang vom Lockenkopf in der Ballonseide beschimpft zu werden. Leute wie ich genießen den Ausschnitt bis heute und werden des Guckens niemals müde. Das nenne ich wahre Männlichkeit: Mit Wonne die Wäsche machen und dabei ein sechzehn Jahre altes Sportgespräch gucken. Ich werfe die beiden Handtücher auf die Leine. Rudi Völler sagt:»Ich weiß nicht, wo die überhaupt das Recht hernehmen, so was zu sagen.«

Das Näschen eines weiteren Katers streckt sich in die Tür. Es ist Krischiperry. Nach der Nase folgt der ganze Kopf, dann der Körper. Gandhi springt vom Tisch und schnuppert an Krischiperrys Hintern. Betört vom Duft seines Anus, folgt Gandhi seinem Mitbewohner durch die Waschküche. Ich drehe die Jeans auf den Kopf und befestige die Klammern an den Hosenbeinen. Wenn man die Hose auf diese Weise aufhängt, werden die Beine glatt, ohne dass man noch bügeln muss.

Rudi Völler beschimpft den Kommentator Gerhard Delling, der sich vor dem Interview gemeinsam mit Günter Netzer über die Leistung der deutschen Mannschaft beklagt hat: »Dann soll er doch Samstagabendunterhaltung machen und keinen Sport, keinen Fußball. Dann soll er *Wetten, dass...?* machen und den Gottschalk ablösen!«

Gandhi löst sich vom Hintern seines Mitbewohners. Die Kater verteilen sich im Raum. Gandhi springt zurück auf den Tisch neben der Maschine, auf der Rudi Völler sitzt und meckert. Krischiperry spaziert unter die Wäscheleinen. Die hinteren beiden sind bereits mit trockenen Sachen gefüllt. Meine Mutter hätte früher gesagt: »Eine Maschine hängt schon.«

Ich stelle mir vor, wie das wörtlich aussehen würde. Es wirkt wie ein Kunstfilm von Terry Gilliam. In einem riesigen Hangar hängen Waschmaschinen kopfüber an dicken Stahlseilen. Ein Riese trägt gerade neue Modelle heran. Mit seinen kleinwagengroßen Händen schraubt er Ösen in den Boden der Geräte und hängt sie neben die bereits an den Stahlseilen baumelnden Exemplare. In manchen befindet sich noch Restwasser. Aus fünfzig Metern Höhe tropft es auf den Boden des Hangars. Der Beton ist glatt und seifig. Der Titan trägt rutschfeste Schuhe.

Der Moderator Hartmann sagt: »Ich bin nicht der Rechtsbeistand von Gerhard Delling.«

Ich zerre neue Wäschestücke aus der Maschine. Ein T-Shirt und zwei Unterhosen.

Krischiperry gibt ein Geräusch von sich: »Meeh-wak!«

Ich drehe mich um.

»Meeh-wak!« verheißt nichts Gutes.

»Meeh-au!« würde »Hunger!« bedeuten, aber »Meeh-wak!« steht für den Zustand latenter Langeweile. Nicht die Art von Langeweile, bei der die Kater darum betteln, dass ich mit ihnen spiele und den Laserpointer raushole oder das Klappkisten-Fahrgeschäft anwerfe. Nein. Dann würden sie gar nichts sagen und stattdessen wortlos das Vier-Stufen-Programm ausführen. Jetzt aber ist die Zeit gekommen, in der sie sich tatsächlich selbst beschäftigen werden. In der Waschküche. Mit allem, was ihnen einfällt.

»Meeh-wak!« heißt so viel wie: »Ich fang dann mal an, ja?«

»Meeh-wak!« heißt: »Du hast doch nichts dagegen, oder?«

»Meeh-wak!« heißt: »Wenn du in deiner angebrochenen Stunde vor dem Termin das Wäschemachen uns, deinen Katern, vorziehst, *darfst* du auch gar nichts dagegen haben!«

Rudi Völler sagt: »Wechseln Sie doch einfach den Beruf. Ist besser!«

Krischiperry läuft unter der aufgehängten Wäsche hin und her. Sein Schwanz ist steil aufgerichtet. Ein klares Zeichen.

DIE SPRACHE DES SCHWANZES

Die Haltung des Schwanzes informiert einen darüber, in welchem Modus sich die Katze gerade befindet. Außerdem stellt sie so etwas wie eine Energieanzeige dar. Wird der Schwanz locker nach unten weggetragen, ist die Katze entspannt und inspiziert so gemütlich wie gelassen ihr Revier. Dann ist die Batterie halb voll. Sie erwartet keine unliebsamen Überraschungen auf ihrer Runde, ist aber auch zu betriebsam, um dösend in der Ecke zu liegen. Man dürfte sie auf dieser Inspektionsrunde sogar ansprechen und einen Plausch anfangen. Ähnlich wie bei einem Hausmeister oder einem Wachdienst um 16 Uhr nachmittags, wenn im Grunde nichts zu tun und nichts zu befürchten ist. Hinge der Schwanz dagegen waagerecht in der Luft, mit leicht gebogener Spitze, fände der Rundgang metaphorisch gesprochen eher in der Nachtschicht der Security statt. Hierbei gestört oder unterbrochen zu werden, wäre der Katze weniger recht. Es kommt allerdings auf die Art der Nachtschicht an. Kann sein, dass es sich um eine laue Sommernacht handelt, in der die Luft duftet und sich so anfühlt wie auf einer spanischen Terrasse. Kann sein, dass die Nacht im Herbst spielt, im Herbst von London, wenn alle Männer den Kragen hochschlagen und der Buckingham Palace hinter den Schlieren eines grauen Nieselregens verschwindet. Der waagerechte Schwanz mit leicht gebogener Spitze vermag alle diese Stimmungen in sich als potenzielle Möglichkeit zu vereinen. Er ist die am schwersten zu deutende Geste und erfordert beim Beobachter eine Menge Erfahrung.

Kommt es zur Überraschung der Katze auf ihrem Rundgang zur Feindberührung, weil beispielsweise direkt vor dem Terrassenfenster ein fremdes Tier auftaucht, lässt sich am Schwanz gut erkennen, wie sie die Bedrohung bewertet. Steht dort etwa ein Kater hinter der Scheibe, von dem sie noch nicht weiß, ob sie ihn gefährlich oder attraktiv finden soll, senkt sich der hintere Teil des Schwanzes nach unten, während die Wurzel straff gestreckt bleibt. Nun kommt es darauf an, zu welchem Entschluss sie in den nächsten Sekunden kommt. Entscheidet sie sich dafür, ihr Gegenüber anzugreifen (die Scheibe zwischen den Tieren empfinden dabei beide als vollkommen unerheblich), streckt sie den Schwanz wieder aus, winkelt ihn seitlich an und sträubt dabei das Haar. Sowohl das Sträuben wie auch das Anwinkeln dienen dazu, dass der Schwanz, der sich sozusagen »hinter ihr« erhebt, größer aussieht. Wie bei einem mächtigen Skorpionkönig. Ein gesträubter, buschiger Schwanz, der sich steil nach oben richtet, deutet ebenfalls auf Kampfbereitschaft hin, allerdings eher abwartend und aus der Defensive heraus. Sollte es umgekehrt so sein, dass der Kater vor dem Fenster die Oberhand gewinnt oder dass statt eines Katers ein riesiger Doberman oder ein überraschend aus dem gentechnischen Labor entkommener Velociraptor vor dem Fenster auftaucht, ist der Schwanz wahrscheinlich gesträubt, dabei aber gesenkt. Das bedeutet: Ich habe eine Scheißangst vor dir, es könnte aber sein, dass ich dich mit letzter Verzweiflung in einer Kamikaze-Attacke bis auf die Knochen zerfleische. Im Zweifel entscheidet sich eine in die Ecke gedrängte Katze immer für diesen letzten Ausweg. Es sei denn, die Bedrohung geht von einem brutalen Menschen aus, oder sie ist noch jung oder selbst als Erwachsene winzig klein. In diesem Fall klemmt eine Katze den Schwanz vollständig zwischen die Hinterbeine. Diese extreme Geste der Unterwerfung und des Eingeschüchtertseins gehört zu den ganz wenigen eindeutigen Zeichen, die bei jeder Katze das Gleiche bedeuten. Bei nahezu sämtlichen anderen Schwanzhaltungen verhält es sich ganz ähnlich wie bei den Dialekten. Theoretisch gibt es die deutsche Sprache, doch praktisch erfordert es viel Umgang mit den einzelnen Menschen, um einen in seinem Zungenschlag palavernden Ostfriesen, Franken, Bayern oder Ruhrgebietsbewohner in allen Feinheiten zu begreifen.

Im normalen Alltag wie zum Beispiel beim Begleiten des Menschen während der Hausarbeit in der Waschküche oder beim Umherstreifen im Flur steht der Schwanz häufig ohne Aufbauschung nach oben. Ist die Spitze dabei nicht gebogen (in dem Fall wäre die Katze mit sich immer noch im Reinen, hätte aber gewisse Zweifel, was die Stimmung des Gegenübers angeht), bedeutet das, dass sie sich freut, den Menschen zu sehen. Über ihren Batterieladestand sagt das noch wenig aus. Ihn erkennt man daran, wie sehr der aufgerichtete Schwanz bebt. Ohne allzu starkes Beben zeigt die Katze nur, dass sie mit sich selbst sehr zufrieden ist, weiter aber gerade keine Action benötigt. Ganz ähnlich wie beim menschlichen Mann, signalisiert das steife, jedoch noch nicht bebende Glied heiteres Glück an der Grenze zur über sich selbst erfreuten Eitelkeit. Ist an der Schwanzspitze ein Beben oder Zucken zu beobachten, sieht das anders aus. Verformt sich der Schwanz außerdem langsam zu einer Art Fragezeichen, was beim Menschen nur sehr selten beobachtet wird, ist die Batterie definitiv übervoll. Nun muss überschüssige Energie abgelassen werden. Aber pronto!

»Meeh-wak!«

Krischiperry stellt sich auf die Hinterbeine und jagt die Pfoten in ein Betttuch, das über der Leine hängt. Betttücher sind groß. Der untere Rand ist sehr leicht zu packen.

Rudi Völler sagt: »Ich sitze jetzt seit drei Jahren hier und muss mir diesen Schwachsinn immer anhören.«

Ich sage: »Nein! Krischiperry! NEIN!«

Der Kater tut, was der Kater tun muss. Das Betttuch hat nun zehn kleine Löcher. Es rutscht von der Leine und begräbt den Kater vollständig unter sich. Er gurrt.

»Braaah-Ugg!«

Das ist der Laut für: »Geil, ich bin unter einem Betttusch verschüttet! Jetzt kann's losgehen!«

Gandhi freut sich über die Geschehnisse ebenfalls. Er springt vom Tisch, läuft auf das Betttuch zu und schlägt munter auf das sich bewegende Fellknäuel darunter ein. Krischiperry quietscht und boxt unter dem Tuch zurück. Gandhi springt mit ganzem Körpereinsatz auf ihn drauf. Die beiden beginnen einen Ringkampf. Das Betttuch wickelt sich mehrfach um die Körper beider Tiere. Sie geben weitere Glückslaute von sich.

»Braaah-Ugg!«

»Breeeek!«

»Braaah-Ugg!«

»Wack! Wack! Wack!«

Ich sage: »Leute ...«

Rudi Völler sagt: »Ich kann diesen Käse nicht mehr hören!«

Ich hänge das T-Shirt auf. Die Socken haben sich in der Maschine von ihren Sockenmanagern gelöst und passen nicht mehr zusammen. Bei Sockenmanagern handelt es sich um kreisförmige Scheiben aus Kunststoff mit jeweils zwei Ritzen, in welche man paarweise seine Socken steckt, damit nie mehr welche verloren gehen. Der Wäschekorb akzeptiert diese Maßnahme anstandslos. Der Wäschekorb ist ein Hund. Die Waschmaschine dagegen ist eine Katze. Sie kann es nicht hinnehmen, dass der Mensch seine Socken im Griff haben möchte. Sie betrachtet es seit ihrer Erfindung als ihre Pflicht, pro Waschgang immer mindestens so viele Socken spurlos verschwinden zu lassen, damit am Ende eine *ungerade* Anzahl von Socken die Maschine verlässt, obwohl eine *gerade* hineingetan wurde. Diese Aufgabe ist für die Waschmaschine eine Kulturtechnik, vererbt von Maschinengeneration zu Maschinengeneration. Solch ein Erbe gibt man nicht auf, bloß weil der Mensch auf einmal Sockenmanager erfindet. Daher entfernt die Maschine während der Wäsche immer genauso viele Socken von den Kunststoffscheiben, wie nötig sind, damit der Mensch weiterhin bei jedem Waschgang mindestens ein Paar verliert.

Die gurgelnden, scharrenden, schnaufenden und quietschenden Geräusche der Kater im Betttuch werden immer leiser. Wenn ich den Ringkampf jetzt nicht beende, ersticken sie mir noch. Ich lege die Socken beiseite und versuche die Tiere aus dem Betttuch zu wickeln. Es ist komplizierter, als eine Kiste mit fünfzig verschiedenen Kabeln aufzudröseln, die sich in der Garage angesammelt haben. Hier und da finde ich eine Pfote oder ein Ohr. Sogar ein Auge blickt mich hilfesuchend und gleichzeitig trunken vor Action aus dem Stoff heraus an. Aber ganze, vollständige Kater am Stück kriege ich nicht zu fassen.

»Braaah-Ugg!«

»Guaargh!«

»Guaargh!«

Ich schimpfe und beginne zu schwitzen, obwohl ich keine Ballonseide trage: »Ja, braaah-ugg, guaargh, guaargh. Dann helft mir doch mal!!!«

Krischiperry und Gandhi mühen sich nach Kräften, doch der Knoten aus zwei Katern ist mittlerweile gordisch. Hier und da findet eine Kralle ihren Weg aus dem Tuch in meine Haut.

Ich sage: »Muss ich etwa eine Schere holen?«

Rudi Völler sagt: »Es sollten sich wirklich mal alle Gedanken machen, ob wir in der Zukunft so weitermachen können.«

»Guaaaaaaaaaaaaaaaargh! Meck!«

Krischiperry hat einen Ausweg gefunden und drückt sich aus dem Tuch. Schnaufend macht er ein paar Schritte und taumelt

Ikearegal »Gorm«
Nach Bearbeitung durch die Katze

rückwärts gegen die Getränkekisten. Gandhis Köpfchen schlüpft wenig später aus dem Knäuel. Das Betttuch gebiert Katzen.

Krischiperrys Batterie ist durch den Ringkampf nicht leerer geworden. Im Gegenteil. Immer noch überladen und zugleich wegen der mangelnden Eleganz der Aktion leicht beschämt, beginnt er mit seiner liebsten Übersprunghandlung: am Regal kratzen. Messerscharf zieht er die Krallen durch das rohe Holz des Gorm von Ikea, in welchem die Vorräte stehen. Es knirscht.

»Krallen rein!«, sage ich.

Gandhi schämt sich nicht für das Betttuch-Wrestling. Er tapst erneut zur hinteren Wäscheleine und greift nach der Kordel eines Kapuzenpullovers. Der Pullover selbst, der kopfüber an der Leine hängt, ist zu kurz, um ihn zu packen, aber die Kordel mit dem schmalen Ende aus Plastik reizt ihn ungemein. Er springt hoch und schnappt mit den Zähnen danach.

»Nein!«, sage ich und ziehe derweil neue Sachen aus der Maschine. Die Socken von gerade eben liegen unsortiert auf dem Heißwasserboiler. Sollen sie da liegen bleiben. Ich muss vorankommen. Mein Zeitvorrat bis zur Abfahrt schmilzt.

Krischiperry schält weitere Holzschichten vom Regal. Gandhi bekommt die Kordel des Kapuzenpullis mehrfach zwischen die Zähne, kriegt das Kleidungsstück aber nicht von der Leine gezogen. Frustriert legt er die Ohren an und knurrt, wie er es sonst nur gegenüber Störenfrieden an der Haustür praktiziert.

Ich halte eine Freizeithose in der Hand und frage mich, wieso das Tarnfarbenmuster plötzlich weiße Flecken hat. Die Flecken sind Knubbel aus Zellstoff. Ich habe mal wieder ein Taschentuch mitgewaschen. Ein paar der Knubbel purzeln auf den Boden. Krischiperry stürzt sich auf sie, als wären sie eine Delikatesse. Ich werfe mich daneben und versuche sie aufzusammeln.

»Nein. Krischiperry, nein! Das ist Bah-Bah!«

Der Kater sieht mich an und leckt sich mit der Zunge über die Lippen. Sie ist weiß gesprenkelt. Er schnurrt.

Ich sage: »Das kann doch nicht schmecken. Das sind alte Rotzfahnen mit Waschmittel.«

Gandhi sieht das wohl ebenfalls anders und leckt einen Knubbel vom Boden, den ich übersehen habe.

»Jetzt hört doch mal auf!«, sage ich. »Soll ich kein gutes Futter mehr kaufen? Hm? Soll ich einfach feuchte Taschentücher in die Näpfe packen? Dann möchte ich euch mal sehen!«

Einen Moment lang schauen mich die Kater betreten an.

Rudi Völler sagt: »Ich lass mir das nicht mehr lange gefallen!«

Gandhi hat genug davon, betreten zu sein, läuft zum Tisch, springt hinauf, passiert auf der Waschmaschine den Laptop mit Rudi Völler, hüpft auf die doppelt so hohe Tiefkühltruhe und von dort auf die oberste Etage des Regals. Dort, knapp unter der Kellerdecke, lagern keine Lebensmittel mehr. Stattdessen stehen dort drei transparente Boxen des schwedischen Modells Samla aufgereiht. Alle enthalten Requisiten für die Feiertage. Weihnachtssterne, Lichterketten, Tischdecken und jede Menge Dekorationsmaterial. In der mittleren Box befinden sich ausschließlich Kugeln für den Baum. Weil es schöner aussieht und weniger Platz benötigt, stecken sie nicht in ihren hässlichen Kartons, sondern liegen alle lose in der Box wie Hunderte graziler, glitzernder Bälle. Sie sind ausnahmslos aus Glas, denn einen Weihnachtsbaum mit Plastik zu behängen, ist ein Frevel.

Gandhi springt auf die erste Box. Zwischen ihrem Deckel und der Kellerdecke bleiben ihm kaum zehn Zentimeter Platz. Krischiperry erinnert sich daran, dass es hier unten nicht bloß alte Taschentücher zu essen gibt, sondern auch Vorräte lagern. Er dreht sich um und geht aufs Regal zu. Die Tüten mit Trockenfutter und die schmalen Kartons mit den Schälchen und Döschen lagern im mittleren Fach, und zwar so eng gepackt, dass kein Millimeter mehr frei ist, um auf das Brett zu springen. Ich bin ja nicht blöd.

Waldemar Hartmann versucht, Rudi Völler beizubringen, dass man als Vizeweltmeister einen Gegner wie Island im Griff haben muss. Man muss so vieles im Leben im Griff haben, denke ich. Krischiperry fixiert die Futtermittel auf der dritten Regal-Etage, nimmt Anlauf und springt, Krallen voraus, einfach auf die Wand aus Tüten und Schälchen zu. Natürlich findet er keinen Halt auf dem Regalbrett, rammt allerdings die Krallen in sämtliche Nährmittelverpackungen wie ein Bergsteiger seinen Pickel in die Eiger Nordwand. Als er rückwärts wieder zu Boden fällt, reißt er wie geplant mehrere Schälchen und eine Tüte Trockenfutter mit sich. Die Schälchen klatschen neben ihm auf dem Kellerboden auf und verbeulen. Die Trockenfuttertüte hat erste Löcher. Da mit diesen der Anfang schon mal gemacht ist, jagt Krischiperry seine Zähne in den Kunststoff und beginnt die Tüte aufzureißen.

Ich sage: »Das ist ein NEIN!«

Rudi Völler sagt: »Wieso müssen wir denn die Mannschaften klar beherrschen? In welcher Welt lebt ihr denn alle?«

Gandhi ist zu faul oder zu satt, um seine Position auf der Box Samla unter der Decke zu verlassen, und schaut sich von zwei Metern Höhe an, wie Krischiperry die Trockenfuttertüte zerfetzt. Manchmal versucht ein Kater vom Regal aus auf die Wäscheleine zu steigen und wie der junge Mann auf der Slackline zwischen den Hochhäusern in der Werbung für eine Lebensversicherung ohne Netz und doppelten Boden auf der Leine zu balancieren. Wenigstens diese lebensmüde Vorstellung bleibt mir heute erspart.

Ich lasse die nasse Army-Hose auf dem Boden liegen, stopfe die Knubbel des Taschentuchs in die Hose, die ich gerade trage, und ziehe die Trockenfuttertüte unter dem Kater hervor. Er hakt sich in seiner Beute fest. Die Tüte reißt weiter auf. Bröckchen aus gepresstem Huhn und Rohfaser kullern über den Boden. Einige rollen unter das Regal, einige verschwinden im Abflussgitter.

»Ich werde wahnsinnig«, sage ich.

Krischiperry stürzt sich auf die Bröckchen.

Vorsichtig hebe ich die zerfetzte Tüte mit der restlichen Füllung an und lege sie auf den Tisch neben der Waschmaschine. Im ersten Regal auf der vierten Etage befinden sich Schachteln mit Tiefkühltüten. Sechs Liter mit Zipverschluss. Ausnahmsweise nicht von Ikea. Solche Haushaltswaren führen sie nicht. Während ich mit dem Kehrbesen die Bröckchen auffege, überlege ich, wie die Schweden eine Serie mit eigenen Lebensmittelbeuteln nennen würden. Wahrscheinlich Frostö. Oder Külar. Fluchend schaufle ich die Bröckchen, die noch gut sind, aus der zerfetzten Verpackung in die Tiefkühltüte um.

»Ich muss diese Maschine leer kriegen«, schimpfe ich mit dem Kater. »Eigentlich wollte ich noch eine ansetzen, bevor ich fahre!«

Egal, was er macht, der Mensch kommt nach seinen Eltern, denke ich mir, während ich das sage, denn das war auch immer die Wortwahl meiner Mutter: »Ich muss noch eine Maschine *ansetzen.*« Als wäre die Wäsche eine Bakterienkultur im Labor. Oder ein Kombucha-Pilz. Außerdem hat meine Mutter grundsätzlich dann gewaschen, wenn eigentlich nicht genug Zeit war, weil man zu einem Geburtstag und sich dafür noch schminken und frisieren musste. Sie rannte dann aufgescheucht und mit dem Blick eines Aktienhändlers auf dem Börsenparkett der Achtzigerjahre durch Wohnung und Hausflur und keuchte. Dabei musste sie nicht einmal zerstreutes Futter einsammeln.

Ich lege mich auf den Boden und pule die Bröckchen hervor, die unter das Regal gekullert sind. Bleiben sie dort liegen, werde ich sie vergessen und erst wieder entdecken, wenn sie durch Staub und Schimmel auf das Zehnfache ihres Volumens angewachsen sind und beginnen, durch Ausdehnung das Regal hochzustemmen. Während ich mit einer langen Bürste zur Heizungsreinigung unter dem Regal herumstochere, höre ich es hinter mir knistern. Krischiperry ist auf den Tisch gesprungen und nestelt an den gerade eben frisch verpackten Tiefkühlbeuteln. Ich breche das Stochern ab, stehe auf und setze ihn wieder auf den Boden.

»Nein! Nein! Nein!«, sage ich.

Er sieht mich an, als wolle er entgegnen: »Ein wenig mehr rhetorische Abwechslung wäre schon schick.«

Ich nehme die Tiefkühlbeutel und stopfe sie in eine grüne Pappbox, deren Deckel mit Rändern und Ecken aus Metall verstärkt ist. Das Aufbewahrungssystem Fjälla. Eigentlich sind Backformen und Tortenringe darin, aber das gerettete Trockenfutter passt noch hinein.

Rudi Völler sagt: »Was die früher für einen Scheiß gespielt haben, das konnte man sich doch gar nicht angucken! Die haben doch Standfußball gespielt früher!«

Mein Telefon klingelt.

Es liegt oben, in der Küche auf der Arbeitsplatte.

Ich prüfe kurz den Raum, bevor ich hinaufeile.

Futter ist weitgehend eingesammelt, Taschentuchreste auch. Tiefkühlbeutel sind verstaut. Die zerfetzte Verpackung nehme ich mit.

»Brav sein«, sage ich und rase nach oben.

Es ist gar kein Anruf, sondern eine Erinnerung. Ich gebe viele solcher »Reminder« in mein Telefon ein. Auf dem Display steht: »Termin: Interview für Galore. Düsseldorf. 16 Uhr.«

Ich runzle die Stirn.

16 Uhr?

Ich dachte, das wäre um fünf.

Ich schaue auf die Uhr. Bei fünf Uhr hätte es gereicht, um halb vier loszufahren, und das Handy hätte um 15:25 Uhr gebimmelt. Wenn ich in Wahrheit allerdings um 16 Uhr da sein soll, muss ich jetzt los. Auf der Stelle. Verdammt!

Ich haste wieder runter Richtung Keller und rufe bereits auf der Treppe: »Jungs, raus da! Es ist früher!«

Ich betrete den Keller.

Nur zwanzig Sekunden war ich weg.

Dreißig, höchstens.

Rudi Völler ist verstummt. Der Bildschirm ist dunkel. Krischiperry sitzt neben dem Laptop und hält noch die Pfote in der Luft, erwischt wie ein Dieb auf frischer Tat. Er hat die Tasten »Strg«, »Entf« und »Esc« entfernt. »Strg« und »Entf« liegen auf dem Kellerboden. »Esc« befindet sich zwischen seinen Zähnen. Noch ein, zwei Runden kaut er darauf herum, dann spuckt er sie auf den Tisch.

Gandhi ist derweil auf dem Regal von der Box geklettert und steht direkt neben der zweiten mit den Weihnachtskugeln. Er starrt an die Decke. Sein Schwanz ist aufgerichtet … und bebt! Aber wie er bebt! Zitternd biegt sich die Spitze nach oben. Sie flattert schneller als ein Kolibriflügel. An der Decke über der Box mit den Weihnachtskugeln sitzt eine Spinne. Ein Prachtexemplar der Gattung *Cella curstrix gigantus* oder auf Deutsch: *Gigantischer Keller-flitzer.*

»Nein ...«, sage ich.

Ach was, ich hauche es nur noch.

Denn ich weiß, dass ich es nicht mehr aufhalten kann.

Die Spinne, die genauso viel Spaß an der Sache hat wie der Kater, rennt los. Gandhi springt auf die Box, macht sich flach, um sie überqueren zu können, und stößt sich beim Weiterjagen so kraftvoll davon ab, dass sie ins Rutschen gerät. Ich stürze zum Regal und reiße die Arme hoch, doch Samla fällt. Der Deckel öffnet sich, und Hunderte gläserner Weihnachtskugeln ergießen sich auf mich und auf den Kellerboden. Ich bekomme die Box kurz zu fassen, doch sie rutscht mir durch. Die Kunst der Glasbläserei und das Wunder der Weihnacht verwandeln sich sekundenschnell in ein Meer aus kleinsten Scherben. Krischiperry zuckt zusammen, bauscht seinen Schwanz auf, springt erst wieder auf die Tastatur und dann auf den Boden zwischen die Scherben. Gandhi schlägt unter der Decke nach der Spinne, als sei die Vernichtung des Heiligen Festes bloß ein Kollateralschaden seiner notwendigen Feindverfolgung. Trotz dreier Tasten weniger springt der Laptop aus dem erzwungenen Energiesparmodus wieder an.

Waldemar Hartmann sagt: »Wir machen uns doch hier keine Gaudi daraus. Das machen wir nicht für unser Poesiealbum und finden uns danach besonders toll und schlagen uns auf die Schulter.«

Rudi Völler sagt: »Nee? Nee? Bist du sicher?«

Ich sage: »Raus! Alle raus hier!«

Krischiperry gehorcht durch Schreck und Verwirrung. Gandhi beschwert sich, als ich ihn vom Erdboden aus vom obersten Regalbrett klaube, seine Jagd beende und ihn aus dem Raum trage. Ich schließe die Kellertür hinter mir, um die zarten Katzenpfoten vor den Scherben zu schützen, lasse Gandhi laufen und greife mir Krischiperry, der vom Tisch zwischen die kaputten Kugeln gesprungen ist.

Er beklagt sich: »Mehk! Mak! Mak! Mehk!«

Ich hebe den Papp auf und lasse nicht mehr mit mir reden. Entschlossen trage ich ihn auf das Sofa im Nebenraum, dem Archiv und Heimkino. Das Sofa ist von Ikea, aber längst aus dem Handel. Am nächsten kommt ihm heute das Modell Eddinge Lövas. Die Leinwand und der Beamer sind selbstgemacht bzw. von Epson. Wären sie vom Schweden, hießen sie Guckä und Projekta. Ich drehe den Kater auf den Rücken, halte ihn fest und inspiziere seine Pfoten.

Er faucht.

Ich sage: »Es führt kein Weg daran vorbei!«

Das hat mir Sylvia beigebracht. Es ist der Modus des letzten Schrittes, bei dem sogar die Katze versteht, dass es mit den Kompromissen jetzt ein Ende hat, weil die Maßnahme zwingend ist. So zwingend, dass nicht mehr darüber diskutiert wird, auch nicht mit Zähnen und Krallen. In der Politik würde man sagen: Absolut alternativlos. So wie das Abschalten von Kernkraftwerken in Deutschland und das gleichzeitige Bauen von Kernkraftwerken in Bolivien. Oder die Maut für Ausländer.

Krischiperrys Pfoten sind scherbenfrei.

Mein Handy klingelt erneut. Ich habe die Erinnerung nicht auf »erledigt« geschaltet. Ich muss los.

Als ich wenig später im Auto sitze, fällt mir ein, dass ich in der Waschküche den Rechner nicht ausgeschaltet habe. Rudi Völler wird in diesem Moment zu Ende quatschen und YouTube automatisch das nächste »empfohlene« Video starten. Wahrscheinlich die doofsten Sprüche von Lothar Matthäus oder die »Flasche leer!«-Rede von Giovanni Trapattoni. Irgendwann wird dem Computer der Saft ausgehen, und er wird ohnmächtig werden, ohne dass Windows 7 korrekt heruntergefahren wurde. Sämtliche DLL-Dateien und Archive werden sich verschieben. Dazu liegen immer noch die drei abgerissenen Tasten in der Waschküche. »*Strg*« und »*Entf*« auf dem Boden zwischen zweitausend Scherben. »*Esc*« auf dem Tisch, eingeseift mit Katerspucke. In der Maschine gärt derweil ein Haufen pitschnasser Wäsche vor sich hin. Unpassende Socken liegen auf dem Heißwasserkessel. Die Army-Hose und das zusammengeknüllte Betttuch auf dem Beton. So sieht das aus, wenn ein erwachsener Mann die angebrochene Dreiviertelstunde füllt, um sich Ordnung und Sauberkeit zu widmen.

Ich blinke und fahre auf die Autobahn. Ein Lastwagen hupt von hinten, weil ich ihm mit 105 km/h beim Auffahren viel zu langsam bin. Ach ja, denke ich, ein paar Trockenfutter-Bröckchen liegen ja auch noch unter dem Regal. Ich lächle, denn ich weiß: Wenigstens um die wird sich gekümmert, bevor sie verschimmeln könnten. Da ist ja noch ein Tier im Keller, das groß genug ist, sie vollständig aufzufressen. Immerhin hat Gandhi die Spinne nicht gefangen. Gut, wenn sich manche Aufgaben delegieren lassen.

»Katzen, diese Wesen,
haben diese unmenschliche Geduld der Erde;
das ist ein Jahr,
was für den Menschen nur eine Sekunde.«

(Christian Morgenstern)

Heißt auf Deutsch:

Sobald die Katze eine Methode ersonnen hat, Ihnen mit irgendeiner Handlung dermaßen auf die Nerven zu gehen, bis Sie tun, was sie will, besitzt sie einen im wahrsten Sinne des Wortes »unmenschlich« langen Atem. Sie werden versuchen, den Geduldskampf mit ihr aufzunehmen. Sie werden versuchen, sich nicht erpressen zu lassen. Sie nehmen sich vor, einfach nicht zu reagieren, bis die Katze damit aufhört zu tun, was sie tut. Allein: Sie wird nicht aufhören.

Menschen verlieren irgendwann die Geduld daran, an der Tür zu klopfen, das Telefon durchklingeln zu lassen oder direkt nach dem Rangehen der Mailbox sofort wieder anzurufen. Menschen schaffen es ja kaum, beim berühmten Spiel »Sich gegenseitig in die Augen starren« länger als maximal ein paar Minuten auszuharren, bevor sie zur Seite gucken. Menschen kennen die Ausdauer einer Katze von sich selbst höchstens noch als Baby, wo es überlebensnotwendig war, so lange zu schreien, wie es eben dauert, bis die Milch fließt oder bis man endlich hochgenommen und im Arm geschaukelt wird.

Nur umgekehrt wird ein Schuh draus: Ist die Katze im geduldigen Erpressungsmodus, wird für den Menschen ein Jahr, was für sie wie eine endlose Folge stoisch durchgezogener Sekunden ist.

DAS WECKEN ODER DIE ERFOLGREICHE DOMESTIZIERUNG DES MENSCHEN

Die Katze ist ein Wecker. Sie schätzt feste Aufstehzeiten. Feste Aufstehzeiten des Menschen natürlich. Sie bestimmt, wann er sich aus dem Bett quält, um ihr das Frühstück zu machen. Weigert er sich, findet sie Mittel und Wege seiner Konditionierung, von denen jeder Säugling, jeder Feldwebel und jeder Erpresser noch lernen kann. Die Katze weiß: Den Menschen erzieht man nur mit eiserner Konsequenz. Zumindest den männlichen Menschen.

Der Kater ist am Ziel. Der Kater hat's geschafft. Um Punkt sechs Uhr morgens holt er mich aus dem Tiefschlaf.

Sicher.

Zweifelsfrei.

Ausweglos.

Eben war ich noch mitten in der Traumphase. Hektisch rannte ich durch eine finstere Stadt mit viktorianischen Altbauten, an deren verfallenen Fassaden kaputte Neonreklamen flimmerten. Ich suchte mein rotes Feuerwehrauto. Ich hatte es an einer Kreuzung geparkt, um mir einen Hotdog zu kaufen. Die Kreuzung war verschwunden. Stattdessen eilte ich durch ein heruntergekommenes

Möbelhaus. In einem Labyrinth aus verwinkelten Schauräumen bot es beigebraune Einbauküchen an, die schon 1979 aus der Mode waren. An jedem Schrank stand: »23 Euro«. Unter einer Küchentischlampe spielten Kunden Skat. Im Treppenhaus überholte ich eine Rentnerin. »Sie sind schnell, junger Mann«, krächzte sie lachend, »aber dafür kann ich besser rechnen.«

Was man halt so träumt um 5:50 Uhr morgens. Üblicherweise schläft man danach noch weiter. Mehr träumen, um die Träume zuvor zu verarbeiten. Doch jetzt, nur zehn Minuten nach diesem komischen Trip, schlage ich die Augen auf.

Weil der Kater es so will.

Weil er mich so erzogen hat.

Wie es ihm gelingt?

Was er tun muss, damit ich Gewehr bei Fuß stehe?

Jeden Morgen? An *jedem* Tag der Woche inklusive des Sonntags? Und Weihnachten, Ostern, Neujahr?

Nichts!

Absolut gar nichts!

Er sitzt einfach nur da und starrt mich an.

Allerdings, das ist wichtig – das Starren selbst gibt nicht den Ausschlag. Mit dem Starren hat es schon Sylvias damaliger Kater Padouar versucht, da war sie noch ein kleines Mädchen. Padouar war ein Meister der Hypnose. Sie kennen das: Menschen spüren, wenn sie angestarrt werden, auch wenn sie selbst gar nicht in die Richtung des Starrenden schauen. Testen Sie es mal an der roten Ampel. Drehen Sie den Kopf, und schauen Sie intensiv ins Nachbarauto rüber. Es wird kaum fünf Sekunden dauern, bis jemand es bemerkt.

Katzen wissen das. Sie können ihre Menschen wachstarren. Lautlos stehen sie neben dem Bett, kerzengerade, das Köpfchen auf Matratzenhöhe. Und gucken. Hypnotisieren den Schlafenden. Padouar konnte das über Stunden durchziehen. Und Sylvia lernte schon früh: Wenn ich jetzt reagiere, hat er mich. So lag sie dann da, mit geschlossenen Augen, damit der Kater nicht bemerkte, dass sie wach ist, und spürte den Blick des Katers außen auf ihren Lidern.

Es kann Tage dauern, bis die Katze begreift: Das bringt nichts. Wochen. Monate. Vor allem aber kostet es Willenskraft.

Die Willenskraft, das hypnotische Starren zu ignorieren, habe ich auch. Dennoch hat es der Kater Krischiperry geschafft, mich zum radikalen Frühaufsteher zu machen. Das liegt daran, dass das Starren bei Krischiperry nicht *der Anfang*, sondern *das Ende* einer langen Erziehung darstellt, die der schwarze Kater mir hat zukommen lassen. Eine gnadenlose, unerbittliche Erziehung. Wenn er da morgens so sitzt und starrt, dann bedeutet das: »Du weißt, was ich alles tun *könnte*, wenn du jetzt nicht aufstehst. Du weißt, wozu ich fähig bin. Womit ich gleich anfange, wenn deine Füße sich nicht bewegen.«

Die Karenzzeit, die er mir von diesem Augenblick an noch lässt, ist knapper bemessen als eine durchschnittliche Nachspielzeit beim Fußball. Sie ist sogar kürzer als die Zeitspanne, die es braucht, bis ein Garagenrolltor wieder nach unten rasselt. Würde dieser Kater Tiefgaragen konstruieren, hätten seine Rolltore bereits Tausende von Fahrzeugen in der Mitte gespalten. Alles in allem muss ich meinen ermatteten Körper jeden Morgen zwischen 5:58 Uhr und 6:02 Uhr aus der Matratze schälen. Und genau das mache ich auch.

Jeden Morgen. An *jedem* Tag der Woche inklusive des Sonntags. Und Weihnachten, Ostern, Neujahr.

Wie konnte es dazu kommen?

Meine Erziehung durch Krischiperry beginnt, als er ungefähr ein Jahr alt ist. Das heißt: Rund fünfzehn in Menschenjahren. Ein Teenager. Das gefährlichste Alter. Ein Sohn strebt in dieser Zeit danach, dem Vater die Macht zu entreißen. Für einen Kater gilt das ebenfalls. Jedenfalls für einen wie ihn. Bislang hat er immer brav gewartet, bis ich den Tag von selber begonnen habe. Allenfalls geschnurrt hat er hin und wieder am frühen Morgen, ganz behaglich und harmlos auf Höhe des schlafenden Menschenkopfes. Schnurren ist der zärtlichste Versuch, einen Humanoiden zu wecken.

Mehr Angebot als Befehl. Hach, was für Zeiten das waren! Was für ein braver Junge er gewesen ist! Doch dann, eines Morgens in der Pubertät, geht es los …

Tschrüüüt. Tschrüüüt. Tschrüüüt.

Das Geräusch kommt aus dem Büro, schräg gegenüber dem Schlafzimmer. Es ist das Geräusch, das entsteht, wenn Katzenkrallen über einen Computerflachbildschirm kratzen. Früher, als Monitore noch graue Klötze mit einer Bildschirmscheibe aus Glas waren, quietschte es eher leise. Außerdem konnte wenig passieren. Der Kunststoff eines Flatscreens hingegen hat für die Katze gleich einen doppelten Vorteil. Erstens: Er macht ein lauteres Geräusch als Glas. Zweitens: Er kann schneller kaputt gehen. Das glaubt zumindest der Mensch. Also ich. Ich glaube vieles, wenn der Tag lang ist, ohne dafür Beweise zu benötigen. Zum Beispiel, dass wir jetzt schon Chlor im Hühnchen haben. Bislang hat noch keine Katze, die ich kenne, einen LCD- oder Plasmamonitor mit den Krallen aufgetrennt. Doch höre ich das durchdringende Geräusch, sehe ich vor meinem inneren Auge bereits, wie die scharfen Spitzen das Material spalten und die Flüssigkeit dahinter aus dem Bildschirm fließt. Dann geht der Film in meinem ängstlichen Kopf los. Im Halbschlaf sehe ich, wie die Texte aus dem Monitor fließen, als zähe Buchstabensuppe unter den Schreibtisch tropfen und zwischen den Dielenritzen verschwinden, unwiederbringlich verloren. Die Flüssigkeit, in der sie schwimmen, verätzt mit ihren Giften die Möbel, den Boden, das ganze Haus. Unerbittlich frisst sie sich durch die Bodenplatte bis zum Erdkern durch, während vor den Fenstern alle Pflanzen sterben. So stelle ich mir das vor, wenn der Kater auf der Tastatur steht und mit den Vorderpfoten über den Monitor kratzt.

Tschrüüüt. Tschrüüüt. Tschrüüüt.

Drei Mal.

Dann horcht er, ob ich reagiere. Guckt um die Ecke, über den Bücherstapel.

Tschrüüüt.

Na komm schon, Papa. Denk an die Buchstabensuppe.

Tschrüüüt.

Tschrüüüt.

Ich stehe auf.

Fünf Tage lang kratzt der Kater am Bildschirm, bis mir einfällt, dass ich auch einfach nachts die Bürotür schließen könnte. Sie müssen wissen: Ich bin nicht bloß ängstlich, sondern auch unpraktisch. Im Zweifel denke ich, dass alles im Leben umständlich und schwer sein muss. Es ist schon vorgekommen, da waren von einem Dreier-Deckenstrahler in einer Männerbude zwei Lampen bereits kaputt. Jemand bat mich, zum Filmgucken das Licht auszuschalten. Was mache ich? Suche fünf Minuten lang im ganzen Haus einen Hocker, stelle ihn unter den Strahler, klettere rauf und drehe unter Schmerzen die heiße, dritte Glühlampe heraus, statt einfach nur den Lichtschalter zu drücken. So denke ich. Der Kater weiß das. Dennoch muss er eines Abends mit ansehen, wie ich vor dem Schlafengehen skrupellos die Bürotür schließe. Seine Empörung lässt er sich nicht anmerken. Wortlos tapst er ins Bett und legt sich schlafen.

Am nächsten Morgen fallen die Enten. Nein, ich habe nicht schon wieder einen Albtraum, in dem gebratene Enten vom Himmel fallen. Die Rede ist von den Glücksenten. Ein kleines Entenpaar aus Holz, das auf der Fensterbank steht. Langsam schiebt Krischiperry die Enten mit spitzer Pfote über die Kante. Krach. Erste Ente. Klonk. Zweite Ente.

Ich weiß, ich darf nicht reagieren. Es fällt mir schwer. Meine Muskeln spannen sich bereits zum Aufstehen. Mein Verstand sagt: Was soll er machen? Die Enten wieder auf die Fensterbank hochwuchten, damit er sie noch mal runterschmeißen kann?

Einen Augenblick lang frage ich mich, ob der Kater das könnte. Dann schlafe ich wieder ein.

Krrrk.

Krrrk.

Krrrk.

POCK!

Das war der Wecker.

Ich weiß es in der Sekunde, in der mich der Lärm aus dem Schlaf reißt. Dieses Mal habe ich wieder geträumt. In meinem Traum war es kein Wecker, der vom Nachttisch geworfen wurde, sondern ein alter, rostiger VW-Bus, den ein gigantischer Kater über eine Klippe schob. Knirschend zerschellte der Bulli an den scharfkantigen Felsen. Der jahrtausendealte Stein zerlegte das drei Jahrzehnte junge Blech. Scheiben barsten. Stahlgelenke brachen. In Wirklichkeit liegt kein VW-Bus, sondern mein Wecker auf dem Boden. Eine gepflegte Antiquität aus Stahl, Blech und Glas. An seinem Platz auf dem Nachttisch, wo er bis eben stand, hockt jetzt der Kater. Ich fauche. Er faucht. Der Kater flüchtet. Den Wecker kann er erst recht nicht wieder hochstellen, denke ich, und drehe mich aus Prinzip wieder um.

Die Enten fliegen tief in den folgenden Tagen. Und der Wecker weckt mich nicht durch sein Klingeln, sondern durch den brutalen Sturz auf den Dielenboden.

»Du weißt genau, wie ich es hasse, wenn die Dinge nicht an ihrem Platz sind«, schimpfe ich mit dem Kater, als ich schließlich am Abend die Enten in der Schublade verstaue. »Jetzt muss ich die jeden Morgen hier rausholen und abends wieder reinlegen«, motze ich weiter, während der Kater mit Unschuldsmiene neben mir steht. »Habe ich Dekorateur gelernt, oder was? Ach, und selbst wenn … nicht mal ein Schaufenster räumt man jeden Tag von Neuem aus und wieder ein!!!«

Interessiert lauschen die schwarzen Ohren meinen Ausführungen. Zornig packe ich mich in die Kissen und beraube zum Abschluss auch den Nachttisch seiner durchdachten Ästhetik. Den alten Wecker, der ihn so vollkommen geschmückt hat, stelle ich präventiv auf den Boden.

Schrrrrrnd.

Schrrrrrnd.

Schrrrrrnd.

BRRUFF!

Ich schrecke auf. Eben habe ich mich noch in einer alten Bibliothek befunden. Cambridge vielleicht oder die Library of Congress. Womöglich auch das Archiv von Hogwarts, wer weiß das schon so genau? Die Regale waren jedenfalls alt, und das warme Licht aus schweren Leuchtern flutete über massive Tische und Sitznischen aus Nussbaum. Ich war vertieft in eine alte Karte, als sich im Fach gegenüber die Folianten wie von Geisterhand in Bewegung setzten. Erst langsam, dann immer schneller purzelten die wertvollen Werke aus dem Regal. Der Wecker zeigt 6:01 Uhr. Auf dem Sideboard neben dem Bett stand früher immer meine aktuelle Lektüre, fein säuberlich geordnet nach Autoren oder Verlagen. Also »früher« heißt: bis heute Morgen. Jetzt liegt alles auf dem Boden. Jedes einzelne Buch. Der Kater steht auf dem Nachttisch und schaut hinunter auf das Büchermeer, das er erzeugt hat.

Die Kairoer Konferenz

Kein anderes Säugetier hat einen so guten Blick dafür, was sich in der Umgebung alles abräumen oder beschädigen lässt, wie die Katze. Sie bildet dabei die Kehrseite des Bibers oder der Amsel, die jeden Zweig, jeden Müllschnipsel und jedes Stückchen Stroh verwenden, um daraus ihre Dämme oder Nester zu bauen. Die Katze betrachtet alles um sie herum mit gleicher Präzision und Aufmerksamkeit. Da sie jedoch bereits ein Nest hat, »baut« sie sich durch das Entfernen und Umsortieren von Teilen statt eines Nestes lieber einen auf Menschenseite zuverlässigen Zeitplan.

Im kollektiven Bewusstsein aller Katzen geht diese Technik bis ins Altertum zurück. Niemals hätte sich das Raubtier vor satten 30 000 Jahren dem Menschen angeschlossen, ohne zuvor auf der geheimen Weltkatzenkonferenz in Kairo gemeinsam Techniken und Strategien zu entwerfen, wie der Homo sapiens sapiens in den Griff zu kriegen und zu domestizieren ist. Das Wecken am Morgen, da waren sich schon damals alle einig, stellt hierbei den wichtigsten Schritt dar.

Die einfachste Methode, den Menschen aus dem Bett zu treiben, geht so: Unter der Bettdecke ist eine Maus. Sie ist zehengroß, bewegt sich ausschließlich im Bereich der Füße und muss ganz dringend mit den Krallen gefischt werden. Leider hat der Mensch diese Methode schon früh dadurch sabotiert, beim Schlafen sehr dicke Socken zu tragen. Oder, vor 30 000 Jahren, die Füße mit Lederlappen zu umwickeln.

Daher fragte sich die Kairoer Katzenkonferenz von 30 000 v. Chr. weiter: »Was zeichnet diesen aufrecht gehenden Zweibeiner am allermeisten aus? Was definiert ihn sogar noch stärker als seine Füße und sein aufrechter Gang?« Daraufhin kam die Eifersucht auf den Tisch. Und die Liebe. Der Machthunger und das Streben nach Reichtum und Anerkennung. Alles richtig, aber zu kompliziert gedacht.

»Der Mensch«, so sprach damals der Vorsitzende Claus – ein Kater von atemberaubender Statur, dem eine direkte Abstammung vom Geschlecht der Urkatzen, auch genannt »The Originals«, nachgesagt wurde – »definiert sich vor allem durch die Fähigkeit, die Dinge um sich herum im Griff zu haben.« Claus bezog sich dabei auf die vom Menschen erst Jahrtausende später erfundene Evolutionstheorie. In dieser stellt nicht das Gehirn den entscheidenden Vorteil des Menschen dar (was er, eitel wie er ist, selbst immer annimmt), sondern der »arretierbare Daumen«. Fünf Finger zu besitzen, von denen der dickste und kürzeste im wahrsten Sinne des Wortes dazu dient, »alles im Griff« zu haben, unterscheidet den Menschen – und Menschenaffen – wahrhaft von allen anderen Tieren. Menschenaffen sind allerdings katzenseits überhaupt nicht domestizierbar. Jede Katze, die schon mal versucht hat, das Revier eines Schimpansen oder Gorillas kreativ umzugestalten, um ihn pünktlich zu einer Fütterung zubewegen, hat es bitter bereut. Einzig der Orang-Utan ist gutmütig genug, der Katze nicht das Genick zu brechen, lässt sich aber auch nicht vor seiner eigenen Aufstehzeit wecken, sondern packt sich die Katze und steckt sie in sein unfassbar umfangreiches Fell. Einmal dort hineingesteckt, findet sie erst nach Tagen aus dem Dschungel aus Haaren wieder heraus und kann froh sein, wenn sie währenddessen nicht verhungert. Wer tut sich so was an?

Der Affe »Mensch« allerdings ist in den Griff zu kriegen, indem man ihn daran hindert, sein Umfeld noch länger in den Griff zu kriegen, bevor er einem nicht das Frühstück bereitgestellt hat.

»Das ist ja mal originell!«

Am Nachmittag ist Peer zu Besuch. Er freut sich, als er einen Blick ins Schlafzimmer erhascht. Peer ist keiner dieser Männerfreunde, die typische Männerdinge mögen. Also Grillen, Fußball gucken oder Klamotten tragen, die ein mittelständischer Geschäftsmann nur zur Gartenarbeit anziehen würde. Peer trägt schmale Jeans und gepflegte Polohemden. Er hat eine lang gewachsene, fragile Statur, ohrlanges dunkles Haar und Grübchen in den Mundwinkeln. An seine Ohren lässt er am liebsten nur Beethoven, Brahms und Bach, doch sein liebstes Hobby besteht darin, vergessene Adjektive zu benutzen, die sonst keiner mehr in den Mund nimmt. Ob es gerade zur Situation passt oder nicht. Das nennt er seinen Beitrag zum »Erhalt der zivilisierten Sprache«. Ganz ähnlich, wie man im örtlichen Bauerngarten noch uralte Nutzpflanzen wie Färberginster, Korbweide oder Zinnkraut nachzüchtet. Oder die im Handel ausgestorbene blaue Kartoffel. Peers Lieblingswort lautet »töricht«. Draußen im Alltag bezeichnet er vieles damit. Automodelle mit Außentürleder. Die Musikauswahl im Supermarkt. Menschen, die am helllichten Tag eine Jogginghose tragen. Die neue Gestaltung des Schlafzimmers regt ihn allerdings zu einem anderen, alten Wort an, das er Silbe für Silbe betont: »Fa-bel-haft!«

Was Peer zu sehen bekommt, ist dies: Damit der Kater mich mit gar nichts mehr wecken kann, habe ich alles, was erhöht lag, auf den Boden verfrachtet. Neben dem Wecker liegen meine Armbanduhr, der Notizblock und die Stifte auf dem Boden. Ein Luftbefeuchter aus Keramik, der natürlich eine schlafende Katze darstellt, hat sich in der Zimmerecke eingerollt. Die Reihe der Bücher zieht sich entlang der Buchleiste.

»Ich habe mal in einem Hotel in Luxemburg übernachtet«, sagt Peer, »im Hotel de la Sure in Wiltz. Der Besitzer war ein echter Buchnarr. Er bat jeden Gast, ein altes Buch dazulassen und sich dafür ein vorhandenes mitzunehmen. Überall in dem Haus standen Bücher, an den unwahrscheinlichsten Stellen! Auf hohen, kleinen Brettern. Auf den Treppenstufen. Und immer entlang der Fußleisten. Toll! Toll! Toll!«

Ich bin froh, dass Peer meine Notmaßnahme auch noch ästhetisch findet.

»Komm mit«, sag ich ihm, und beginne meine Führung durch die restlichen Räume.

Ich habe das komplette Haus wecksicher gemacht. Abends schließe ich die meisten Türen, doch die Küche mit den Futternäpfen muss neben dem Schlafzimmer offen bleiben. Ebenso wie das Bad mit dem Katzenklo. Wo im Schlafzimmer nun knöchelhoch die Bücher stehen, reihen sich im Bad die Plastikfläschchen aneinander. Duschgel, Shampoo, Zahnpasta und Cremes stehen entlang der Fliesenfugen und bis unter die Heizung. Sämtliche Dekorationsgegenstände tummeln sich ebenfalls am Boden. Das Glas mit dem Nordseesand und den Muscheln. Der hölzerne Leuchtturm. Die steinerne Schildkröte. In der Küche sieht es noch fortschrittlicher aus. Die Kaffeemaschine, der Toaster, die Getreidemühle, der Mörser aus Granitstein, die Schale mit dem Brieföffner, den Zetteln, den Stiften und dem unsortierten Krimskrams – alles auf dem Boden! Ein Ausstellungsraum für schön anzuschauende Hilfsmittel, in dem alle Besucher ihren Nacken strapazieren, weil sie nach unten gucken müssen.

Peer betrachtet es und muss lachen.

»Was?«, frage ich.

»Ich stelle mir gerade vor, du teilst dir die Wohnung mit lebendigen Playmobilmännchen. Oder mit Superkleinwüchsigen.«

»Peer! Das sagt man nicht. Vor allem nicht als langer Schlaks. Das ist diskriminierend.«

»Es gibt keine Superkleinwüchsigen«, sagt er, »also ist es auch nicht diskriminierend. Ich kann auch keine Riesen diskriminieren. Oder Einhörner.«

Krischiperry tapst derweil neben uns her und macht die Museumsführung mit wie ein amerikanischer Besucher mit Baseballkappe. Als wäre er nur Tourist und nicht selbst der Grund dafür, dass ich den gesamten Haushalt tiefer legen musste.

»Und du räumst das jeden Morgen wieder rauf?«

»Ja«, lüge ich. Am Anfang habe ich das tatsächlich getan.

Eine große Runde am Abend: alles auf die Erde.

Eine große Runde am Morgen: alles wieder auf die Möbel.

Im Grunde lief es wie bei einer Diät. Oder im Fitnessstudio. Ich redete mir selber ein, dass mir das Ritual guttue. Gerade mir, der sich so schwertut mit guten Gewohnheiten im Leben, und der abends einfach nahtlos ins Bett fällt und morgens aus den Kissen mit der Zahnbürste im Mund an den Schreibtisch schlurft. Da ist das doch ein heilsames Ritual, so ein herzhaftes Räumen. Eine Therapie, um wirklich in den Tag zu kommen und ihn in Ruhe zu beenden!

»Ich mache das gerne«, heuchle ich also weiter und lache: »Das ist für mich als Schriftsteller meine Rahmenhandlung.«

Peer sieht mich mit seinem »Ich kenne dich und merke, wenn du flunkerst«-Blick an. Mit einem beiläufigen Schwung wirbelt er seinen blonden Schopf nach hinten, zupft seinen Kragen zurecht, hebt den Zeigefinger und sagt: »Gutes Wortspiel. Aber sei ehrlich.«

Ich knicke ein: »Ja, gut, das bleibt natürlich jetzt so! Die Scheißräumerei habe ich längst eingestellt.«

Er schmunzelt.

»Aber dafür«, sage ich, den Rücken schon wieder viel gerader, »habe ich den Kater besiegt!«

Stolz lege ich mir selbst die Hand auf die Brust, fächere die Finger auf und sage: »Dieser Mann schläft nun so lange, wie er selber will. Mindestens wieder acht Stunden die Nacht! Weißt du, was Hundertjährige sagen, wenn man sie nach ihrem Erfolgsgeheimnis fragt? Sie sagen: Immer nach eigenem Rhythmus leben. Und mindestens acht Stunden Schlaf die Nacht!«

Ich puste Luft aus wie ein kleiner Junge, der Hochnäsigkeit nachäfft, und werfe dabei einen Blick in Richtung Krischiperry, der meine Rede auf dem Küchenboden beobachtet. Dekorativ steht er zwischen Getreidemühle und Kaffeemaschine.

»Pah!«, rufe ich und kehre imaginären Staub von meinen Schultern, »dieser Mensch hat die Katze besiegt!«

Peer nickt, aber sehr langsam und skeptisch.

Krischiperry streift mit seinen Ohrendrüsen die Getreidemühle und Kaffeemaschine ab.

Prrrrknnnz.

Prrrrknnnz.

Prrrrknnnz.

Die Geräusche sind undefinierbar. Ich stehe in einer Galerie, um kurz vor sechs am Morgen. Endlose Quadratmeter heller Dielen und freien Raums, an den Wänden nur wenige, abstrakte Gemälde. Mitten im Raum zwei, drei granitgraue Säulen mit Skulpturen darauf. Auf die Oberlichter in der zehn Meter hohen Decke prasselt der Regen. Neben dem türlosen Ausgang am nordwestlichen Ende steht ein Kaffeeautomat. Es ist niemand hier außer mir. Natürlich, um *diese* Zeit. Keine Galerie der Welt öffnet ihre Pforten vor neun oder zehn Uhr morgens. Trotzdem höre ich dieses Geräusch.

Prrrrknnnz.

Prrrrknnnz.

Prrrrknnnz.

Vorsichtig schaue ich mich um. Wo kommt das her? Der Raum

hat keine Ecken. Keine Nischen. Nicht mal hinter den Skulpturen könnte sich jemand verstecken, so fein und fragil wurde der alte Stahl gedrechselt.

Prrrrknnnz.

Da!

An der Wand!

Etwas hat sich bewegt!

Ein Bild!

Es ist das einzige in der gesamten Ausstellung, das einen Rahmen und eine Schutzscheibe aus Glas besitzt. Alle anderen sind Acryl oder Öl auf Leinwand. Doch das Glasbild hängt jetzt schief.

Prrrrknnnz.

Schiefer.

Prrrrknnnz.

Noch schiefer.

Prrrrknnnz.

Das Bild löst sich und stürzt auf den Boden. Das Glas zersplittert. Aus dem großen Loch in der Wand, das hinter ihm entstanden ist wie ein Ausbruchtunnel, schaut mich spöttisch ein schwarzes Katzengesicht an.

Ich reiße die Augen auf.

Krischiperry steht auf der leergeräumten, bücherfreien Kommode und schaut hinunter auf die Dielen, auf denen das zertrümmerte Kunstwerk liegt. Er muss sich mit den Hinterpfoten auf der Kommodenkante lang gemacht haben, um mit den Vorderpfoten das gerahmte Bild an der Wand zu erreichen. Wie er es geschafft hat, das Bild vom Nagel zu stemmen, weiß nur sein Ur-Vorfahre Claus, auf dessen Weltkatzenkonferenz dieser ganze Terror zurückgeht. Tausende kleiner Scherben sammeln sich rund um den zerborstenen Rahmen am Boden.

Und der Kater?

Miaut, als wolle er sagen: »Papa! Was ist das denn? Du weißt doch, wie sich das mit scharfem Glas und feinen Pfoten verhält! Willst du etwa riskieren, dass ich durch dieses lebensgefährliche Scherbenfeld laufe?«

Vor meinem inneren Auge sehe ich mich den Kater mit zerschnittenen Pfoten in die Tierklinik bringen, die entsetzten Blicke der anderen Menschen im Wartezimmer auf mir. »Räumen Sie Scherben etwa nicht sofort weg, Herr Uschmann?« Ich muss aufstehen. Saugen und fegen. Grunzend vor Erschöpfung greife ich nach dem Wecker auf dem Fußboden. Es ist 5:59 Uhr.

Gegen Nachmittag klingelt das Telefon. Es ist Peer. Er fragt, ob ich Lust hätte, mit ihm zum Outlet-Shopping zu fahren. In einem Sonderverkauf an der A7 seien Polohemden im Angebot, die besten Marken der ganzen Welt, von Ralph Lauren bis Lacoste. Außerdem gäbe es Röhrenjeans und schwarze Sneakers, die man sogar gut zu Anzügen tragen könne. »Elegant casual« sozusagen. Danach noch ein Chai Latte oder, er kenne mich ja, einen kleinen Schwarzen ohne Milch und Zucker im Café. Ich möge das Sparschwein plündern, die Anfahrt lohne sich auf jeden Fall.

»Geht nicht«, sage ich.

»Was machst du denn so Dringendes?«, fragt er.

Tja.

Soll ich ihm das jetzt sagen?

Die Wahrheit lautet: Ich stehe im Erdgeschoss und hänge das fünfundzwanzigste Bild des Hauses ab. Im Schlafzimmer habe ich angefangen, dann im Bad weitergemacht und in der Küche. Den Hausflur kann ich nachts genauso wenig abschließen, also muss auch hier alles von den Wänden runter. Anders als den Wecker, die Bücher, die Getreidemühle oder die Kaffeemaschine kann ich die Bilder nicht einmal auf den Boden stellen, da der Kater einfach seine Pfote dahinterklemmen und sie umwerfen würde. Um 5:59 Uhr würde er sie umwerfen, sodass sie auf die Vorderseite fallen und die Scheibe splittert. Ich weiß noch nicht, was ich mit all den schönen Bildern machen soll. Entweder lagere ich sie auf dem Dachboden ein, bis der Kater sich endgültig daran gewöhnt hat, dass Wecken zwecklos ist und der Mensch als Krone der Schöpfung über die Zeiteinteilung der Katze gesiegt hat. Oder ich hänge sie alle gesammelt in ein Zimmer, das ich abschließen kann. Allerdings sind sämtliche abschließbaren Zimmer bereits voll. Ich habe gehört, dass sie im Dorf immer noch keinen neuen Mieter für das alte Ladenlokal neben der Kirche gefunden haben. Vielleicht sollte ich mich melden und selber eine Galerie eröffnen. Das ehemalige Bekleidungsgeschäft hat eine breite Fläche hinter den alten Schaufenstern. Dort könnte ich die Enten gut in Szene setzen. Oder meinen antiquarischen Wecker. Und ganz ehrlich – wie oft benutze ich die Getreidemühle praktisch? Zur Vernissage würden viele Zeitungsredakteure kommen, wenn die Pressemitteilung lautet: »Neue Nutzung des Bekleidungshauses Möllenhoff: Schriftsteller Uschmann stellt seinen gesamten Haushalt für die Öffentlichkeit aus, damit ihn sein Kater nicht mehr wecken kann.«

»Hallo? Oliver?«

Peer wartet am anderen Ende der Telefonleitung immer noch auf Antwort. Polohemden. Shoppingtour. Outlet-Center.

Ich sage: »Stecke mitten in einem Projekt. Bin voll im Fluss, weißt du?«

»Oh«, antwortet er respektvoll, »dann will ich den Meister nicht weiter stören.« Den »Fluss« oder den »Tunnel«, in dem man sich angeblich beim Arbeiten befindet, respektiert Peer immer. Er ist selbst Freiberufler, nur mit weniger Aufträgen, also etwas häufiger frei von Beruf. Ich lege auf, drehe das Küchenradio mit der klassischen Musik lauter und arbeite bis zum Anbruch der Dämmerung weiter daran, dekorativ das Haus zu entkernen.

Stille.

Absolute Stille.

Wieder stehe ich in der Galerie. Wieder ist niemand anwesend.

Dieses Mal aber nicht, weil es kurz vor sechs am Morgen wäre, sondern weil es in den Räumen nichts mehr zu sehen gibt. Die Granitstelzen für die Skulpturen sind abgebaut, die Wände kahl und weiß. Ohnehin merke ich nun, dass alles weiß geworden ist. Sogar die Dielen, vorher aus hellem Holz, sind mit einer massiven Schicht Weißlack überzogen worden. So dick, dass sich nicht mal mehr ihre Fugen abheben. Im Oberlicht erspähe ich keinen Regen mehr, sondern Schnee. Alles ist nur noch weiß, weiß, weiß. Das Weiß schluckt den Klang und das Licht, weil es nichts als Licht ist. Ich werde schneeblind. Ich taumle. Ich wache auf.

Wache auf und sehe: Weiß.

Eine weiße Wand ohne Bilder, ohne Dekoration, ohne alles.

Davor: Ein schwarzer Kater, wie ein Schattenriss. Ein Schattenriss mit Augen. Der Kater schweigt. Schweigen in Weiß, das ist so schlimm wie Lärm im Nieselgrau. Meine Hand kramt geübt nach dem Bodenwecker. Die Zeiger zeigen an, wie lange ich schlafen durfte: 8:55 Uhr.

Nicht 6:01 Uhr.

8:55 Uhr.

Wahnsinn.

Aber leider bin ich nicht glücklich.

Nicht ausgeruht.

Nicht zufrieden.

Alles, was ich besitze, steht auf dem Boden. Die Wände sind kahl. Die Depression schält sich aus der Tapete, als wäre sie eine Horde winziger Maulwürfe, die durch die kleinen Hügel der Raufaser an die Oberfläche dringen. Das ist kein Leben, denke ich. Nein, ich denke es nicht mal, ich weiß es sogar. Ächzend stehe ich auf und beginne ein langes Tagwerk.

Erst am Samstag bin ich fertig. Das Tagwerk wurde zum Dreitagwerk. Wenn die Wände ohnehin schon leer sind, kann ich auch gleich streichen, dachte ich. Das Streichen führte zum Putzen. Stichwort: Weiße Katzenpfotenabdrücke auf sämtlichen Stufen. Der Kater beim Action Painting. Als endlich alles trocken war, stellte ich das Haus wieder her. Wie gut sich das anfühlte. Mit jedem aufgehängten Bild kehrte meine Lebensfreude zurück, und die Maulwürfe der Depression zogen ihre Köpfe wieder in die Raufaserhügel zurück.

Nun stehe ich auf und sehe: die Enten, glückselig auf der Fensterbank, Schnabel an Schnabel. Die Bücher, Einband an Einband auf der Kommode. Den Wecker, der steht, wo ihn das Universum stehen sehen möchte.

Beschwingt von der Kulisse, werfe ich die Beine aus dem Bett und tänzle die Stufen hinab. Die Wände des Treppenhauses empfinde ich nun tatsächlich wie eine Ausstellung. Froh und gelassen stehe ich eine Minute auf halber Höhe vor einem Exponat. In der Küche darf ich den Kaffee ansetzen, ohne vorher die Maschine vom Boden hochwuchten zu müssen. Einfach so kann ich an die Arbeitsplatte herantreten, das Filterfach aufklappen, die Tüte reinstecken und das Pulver einfüllen.

Was für ein Luxus!

Der Kater wartet sogar ab, während ich mir mein eigenes Frühstück anrichte, bevor er höflich um Befüllung seines Napfes bittet.

Schnurrend, ohne etwas umzuwerfen.

Das Fell glänzend und leicht aufgebauscht vor Stolz, in so einem schönen Haus zu leben.

Der Kater hat Zeit.

Kein Wunder, es ist ja auch erst 5:35 Uhr.

Mit einem saftig kraftvollen Gurgeln springt die Kaffeemaschine an.

»Es gibt nichts Weicheres, nichts,
was sich feiner, zarter und wertvoller anfühlt
als das Fell einer Katze.«

(Guy de Maupassant)

Heißt auf Deutsch:

Einmal die Finger im Fell der Katze vergraben, werden Sie zu
gar nichts mehr kommen. Sie bleiben auf dem Bett liegen
und kraulen die Katze. Sie bleiben auf dem Sofa sitzen und
kraulen die Katze. Sollten Sie am Schreibtisch sitzen und arbeiten, und die Katze kommt zu Ihnen, werden Sie noch
schnell die zwei letzten Zeilen auf dem Bildschirm lesen, bevor Sie den Kopf nach hinten werfen und ihn dann schwung-
voll vornüber im weichen, tiefen Fell ihrer Katze vergraben.
Dort bleiben Sie liegen und verweilen, begleitet vom Schnurren des Tieres, stundenlang zwischen den Haaren. Sie werden das Telefon ignorieren und die Haustürklingel. All die
Pakete von Hermes, DHL, GLS und DPD ziehen an Ihnen
vorbei, während Sie im Katzenfell stecken, und auch die
Mahnungen, die sich im Briefkasten sammeln, nehmen Sie
nicht wahr.

Ihr Konto wird gepfändet. Die Geschichte koppelt sich von
Ihnen ab, Raum und Zeit verschwimmen. Bürgerkriege und
Tropenstürme ziehen am Fenster vorbei. Sie kriegen von alle-
dem nichts mehr mit. Sie sind abgetaucht. Es sei denn, die
Katze hat genug von Ihnen in ihrem Fell. Daraufhin werden

294

Sie weinen und klagen und nichts anderes wollen, als so schnell wie möglich wieder ins Fell zurückzukehren.

Seliges Krallenwerk: Weihnachtskicker aus Karton
nach Bearbeitung durch die Katze

NACHWORT (1)
ODER
DER TOD

Für den Tod gibt es viele Worte. Eine Formulierung lautet: »Er ist abgetreten.« Das ist eigentlich sehr schön. In diesem Bild wird die ganze Welt zu einer Bühne und das Leben zu einem Auftritt. Einem von vielen Tausend Akten der Menschheits- und Tiergeschichte. Ist das Leben vorüber, tritt der Darsteller ab. Er verschwindet von den »Brettern, die die Welt bedeuten«, also aus dem Diesseits, dem Dasein, das wir sehen können. Was wiederum heißt, dass es »hinter der Bühne« weitergeht. Das Jenseits als rätselhaftes Backstage, für das wir als Weiterlebende keinen Zugangspass haben.

In den fünfzehn Akten dieses Buches sind Gobi und Tenhi zwischendurch leise von der Bühne »abgetreten«. Vor ihnen verließen viele weitere geliebte Katzen unser Leben. Sie waren unerschütterliche Freunde, Seelenretter und Geistesverwandte. Der Kater Padouar etwa begleitete Sylvia ganze 23 Jahre lang.

Das Stück, das hier gespielt wurde und an dem Sie hoffentlich eine Menge Freude hatten, ist eine Komödie. Doch nicht nur deshalb haben wir uns dagegen entschieden, vom ganz konkreten Sterben der Katzen zu erzählen. Es würde ein ganzes, einzelnes Buch erfordern, die verschiedenen Facetten im Umgang mit der Vergänglichkeit zu beschreiben und die Geschichten der vollkommen verschiedenen Tode unserer vierbeinigen Lieben zu erzählen. Ein solches Buch, wenn auch mit Schwerpunkt auf Menschen, haben wir bereits in einem anderen Verlag geschrieben. Was darin über den Abschied von Angehörigen steht, gilt im Grunde für jede Seele, die einem viel bedeutet hat. Sogar Tenhis Ende kommt darin vor. Nur einen Gedanken daraus möchten wir an dieser Stelle zitieren, der Ihnen als Katzenfreund, der womöglich von Nicht-Katzenmenschen umgeben ist, für den Fall der Fälle Kraft und Trost spenden soll:

»Falls der Tod eines Tieres Sie ebenso sehr berührt wie der Tod eines Menschen, ist das okay. Es mag sein, dass Sie mit dieser Haltung auf Unverständnis stoßen und Ihr Umfeld auf diese Trauer höchstens mit ebenso pflichtbewusstem wie befremdetem Beileid reagiert, während es dem Tod eines nichtmenschlichen Wesens in Wahrheit kaum mehr Bedeutung beimisst als dem Totalabsturz eines Computers. ›Holt euch einfach einen neuen‹, sagen sie, als ob ein Kater zu ersetzen wäre wie ein Rechner. Besteht man auf seiner Trauer, machen sie einem stille Vorwürfe, dass die Gleichsetzung von Mensch und Tier dem Menschen gegenüber respektlos sei. Oder laute. Sie aber wissen: Seele ist Seele. Bleiben Sie dabei. Es ist in Ordnung.«

Ein Akteur auf der Bühne unseres Lebens begleitete uns viel zu kurz.

Tom.

Sein Kapitel wäre »Integration, Teil 4« gewesen, doch wir denken, von diesen Abschnitten gibt es genug. Wir übernahmen Tom von Nachbarn, die ihn abgeben wollten, da er mit den anderen Tieren in ihrem Haus nicht zurechtkam. Erst ein Jahr zuvor hatten wir den schwarzen Kater selber über einen Katzenhilfeverein an sie vermittelt. Da waren sie auf der Suche nach einem neuen Kater gewesen. Wir fühlten uns verantwortlich und holten ihn zu uns, doch die »Integration« dieses bereits einjährigen Katers in unseren Haushalt mit der damaligen Besetzung »Gobi und Tenhi« gestaltete sich schwerer als jede andere. Besonders Tenhi sah den jungen Mann als Bedrohung seines Reviers. »Es hilft alles nichts«, sagten wir ihm, »ihr müsst euch anfreunden.« Zu diesem Zwecke war es wichtig, dass die beiden Kater sich im wahrsten Sinne des Wortes ständig »beschnuppern« konnten, ohne sich gegenseitig die Kehle aufzureißen. Wir konstruierten einen exakt türgroßen Holzrahmen, bespannten ihn mit Kaninchendraht und ersetzten mit ihm die Bürotür. Im Büro lebte fortan Tom. Im Flur davor tigerte Tenhi vor dem Kaninchendraht herum. Tagsüber führten die beiden Kater ausführliche telepathische Gespräche und handelten einen Vertrag für das Zusammenleben aus. Nachts sprangen sie sich gegenseitig mit Anlauf an. Wie Flummikugeln prallten sie gegen den Kaninchendraht und federten wieder zurück. Das Geräusch klang wie das Anschlagen von Bass-Seiten, begleitet von infernalischem Fauchen. Beginn des Spektakels war grundsätzlich 2:15 Uhr. Ein Ende fanden die Kämpfe gegen 6:35 Uhr. Sie wissen ja mittlerweile, wie es sich mit Katzen und Schlaf verhält.

Als Tom und Tenhi endlich einen Friedensvertrag ausgehandelt hatten, der in ihrer beider Köpfchen sicherlich den Umfang der Osloer Verträge hatte; als sie gerade erst ein paar kurze Wochen zueinandergefunden hatten, lag Tom eines Abends in der Sauna und klagte über Bauchschmerzen. Keinen Tag, keine Stunde, keine Minute zuvor hatte er sich je etwas anmerken lassen. Als wir ihn, da Wochenende war, in die Tierklinik zur Notsprechstunde fuhren, fiel die Temperatur in unseren Händen, als die Ärztin beim Abtasten die Stirn in Falten legte und sagte, sie sei »gar nicht glücklich« mit dem, was sie da fühle. Dennoch redeten wir uns gegenseitig ein, dass wir ihn morgen Mittag wieder abholen und alles blinder oder wenigstens halbblinder Alarm gewesen wäre. Nur siebzehn Stunden später rief die Chefärztin, die am Morgen das große Röntgen und die entscheidende Untersuchung gemacht hatte, aus der Klinik an und sagte: »Es tut mir wahnsinnig leid, Ihnen das sagen zu müssen, aber in Ihrem Kater ist alles voller Tumore. Es hat keinen Sinn, das zu operieren. Sie können ihn wieder holen, aber was ihn dann in den letzten zwei Wochen erwartet, wäre ein Leben mit Qualen.«

Sylvia konnte an diesem Tag das erste Mal in ihrem Leben die schwere Entscheidung nicht mehr treffen. Zu viele geliebte Katzen waren in ihrem Leben gegangen. Zuletzt hatte sie bei ihrer Katze Maxine das Okay zur Sterbehilfe geben müssen, die man bei Tieren immer noch »Einschläfern« nennt. So war es an mir, das Unvermeidliche zu autorisieren. Ich schrie und heulte, als ich es getan hatte, und wusste, dass nun die Fahrt in die Klinik bevorstand, um den Kater in seinem letzten Moment zu begleiten. Zu wissen, dass es so weit ist, und es selbst eingeleitet zu haben ist unerträglich schmerzvoll.

Tenhi starb nur sechs Monate nach dem gut überstandenen Ziehen seiner Zähne aufgrund des *Foal* ebenfalls an einem zu spät entdeckten Tumor. War er nach einem Rundumcheck im Rahmen der Zahn-OP in jeder anderen Hinsicht als kerngesund diagnostiziert worden, entwickelte er die tödlichen Geschwüre exakt parallel zum unerträglichen Lärm einer Baustelle gegenüber, welche der private Bauherr unter anderem mit Hilfe des ältesten und rostigsten Krans der westlichen Hemisphäre betrieb, dessen Geräusch auch uns als Menschen Migräne und stressbedingten Ausschlag bescherte. Dass der Dauerterror von draußen allerdings nicht operable Tumore wachsen lassen würde, hätten wir in unseren schlimmsten Albträumen nicht in Erwägung gezogen.

Gobi wiederum machte am Tage ihres Todes ganz bewusst einen letzten Spaziergang. Die geniale wie obskure Strahlentherapie hatte ihr noch viele wunderbare Jahre zwischen Sofa, Teich und Wiese beschert. Nun spürte sie, dass ihre Zeit gekommen war, und drehte in aller Ruhe die große Gartenrunde. Vorbei am Apfelbaum, in dem Tenhi so gerne kletterte. Vorbei am Teich und ihrem schönen, großen Aussichtsstein. Ich musste meine Lippen nicht mal zum magischen Ausruf »Ma Lin« öffnen, da ging sie von selbst ins Wohnzimmer … und brach auf der Schwelle der Terrasse zusammen.

Im Auto auf der Fahrt zur Klinik schrie ich, sie solle bei uns bleiben. Ich raste mit 105 km/h über schmale Landstraßen und flehte sie an, uns nicht zu verlassen. Es war erst der zweite bewusst miterlebte Tod meines Lebens. Ich wollte sie nicht gehen lassen und konnte es erst, als die Ärztin mir klarmachte, dass Gobi bereits auf der Hinfahrt in Agonie verfallen war. Für uns Menschen sind solche Situationen ein großer Horror. Für sie war das Umkippen nach der letzten großen Gartenrunde das schönste Ende, das man sich denken kann.

Wenn eine Katze in Ihr Leben tritt, ändert sich alles. Sie betreten eine neue Welt. Eine Welt ohne Schlaf. Eine Welt ohne Ruhe. Eine Welt voller ungeahnter Sorgen. Eine Welt schillernder Horizonte.

Tritt sie aus dem Leben wieder hinaus oder von der Bühne ab, trauern Sie, so stark Sie es brauchen und auf Ihre eigene Weise. Vor allem aber schreiben Sie im Geiste (oder ebenfalls auf Papier) Ihre eigene Geschichte mit dem geliebten Tier auf und sagen sich dabei: Ich bin zwar traurig, dass sie gehen musste, aber vor allem bin ich dankbar, dass sie gelebt hat. Und seien Sie beruhigt. Sollten Sie danach endgültig oder vorübergehend gar keine Katze mehr haben – es ist vollkommen normal, sogar den drakonischen Gestank eines schönen, frischen Haufens im Katzenklo beim Duschen zu vermissen.

NACHWORT (2)
ODER
EIN WENIG SCHWUNG
ZUM SCHLUSS

Wir liegen auf den Sofas und sind zufrieden, das fertige Manuskript zu *Krallen rein!* abgegeben zu haben. In den letzten Tagen ist unsere Textwerkstatt noch einmal heiß gelaufen. Jetzt ist die Mail versendet, und wir setzen uns gemeinsam auf die Sofas, um erst mal mit einer Serie auf andere Gedanken zu kommen. Doch kaum ist zwei jungen Frauen beim Waldspaziergang die obligatorische Leiche auf den Kopf gefallen, macht mir der Kater klar, dass es bitte loszugehen hat.

Ich wehre mich nicht mehr.

Warte keine der Methoden des Bettelns und Quengelns ab.

Zögere nichts mehr hinaus.

Was der Kater will, will der Kater.

»Soll ich anhalten?«, fragt Sylvia mit Blick auf die Serie.

Ich sage: »Lass laufen.«

Die Frauen im Fernseher kreischen.

Ich hole das Spielzeug, das Krischiperry sich zum liebsten auserkoren hat. Er mag den Laser zwar auch, wie jeder Kater, doch darüber hinaus hat er sich ein weitaus umfangreicheres Lieblingsspielzeug ausgedacht. Eine stabile, hochwertige Klappkiste aus dem Baumarkt, mit der man üblicherweise Einkäufe transportiert. Ich stelle das graue Ding auf den Boden. Krischiperry springt hinein und legt sich flach hin. Er macht es mit genau derselben Mischung aus Spannung, Respekt und Vorfreude, mit der Menschen in einem Freizeitpark oder auf der Kirmes in die große Schiffschaukel oder das Fahrgeschäft mit dem Überschlag steigen. Das liegt daran, dass der Kater gerade tatsächlich in ein Fahrgeschäft steigt.

Ich frage: »Bereit?«

Er sieht mich mit großen, bestätigenden Augen an.

Dann geht es los.

Ich simuliere das zischende Pressluftgeräusch, mit welchem sich die Klappkistengondel das erste Mal in die Höhe stemmt. Langsam arbeitet sie sich auf mein Bauchnabelniveau. Kurzer Stopp. Das Schaukeln beginnt. Sachte schwingt die Gondel nach links und nach rechts aus. Noch relativ harmlos, aber der Fahrgast weiß – das wird schlimmer.

Ich mache Luftzuggeräusche.

Wuschhhhhh!

Wuschhhhhh!

Wuschhhhhh!

Immer heftiger schlägt die Gondel aus und schaukelt sich an den Höhepunkten bis auf Höhe meiner Schultern auf. Der Kater presst sich an den Boden der Kiste und rutscht dennoch leicht darin hin und her. Währenddessen schnurrt er laut.

Nach zehn Mal links und zehn Mal rechts macht die Gondel eine Pause und kommt kurz wieder in der Mitte zum Stehen. Auf der Kirmes würde der Mann hinterm Mikrofon jetzt etwas Aufmunternd-Bedrohliches sagen. Beim *Talocan* im Phantasialand ließe man effektvoll das Lachen des alten mexikanischen Gottes ertönen und Feuersäulen aus den Kunstfelsen schießen, bevor es weitergeht.

Ich begnüge mich mit meinen Zischgeräuschen und vermische sie mit einem hell tönenden Surren. Die Gondel presst sich langsam senkrecht Richtung Zimmerdecke. Immer höher und höher stemme ich die Kiste, bis sie über meinem Kopf in der Luft hängt. Krischiperry weiß, was jetzt kommt. Er weiß, dass ich mir die Mühe gemacht habe, verschiedene Fahrgeschäfte miteinander zu kombinieren. Das gibt's nur hier im Wohnzimmer. In echten Themenparks muss man dafür einzelne Attraktionen besuchen. Doch bei mir bekommt der Kater nun nach der Schiffschaukel den Freifall-Turm spendiert.

Sylvia schaut zu uns statt zur laufenden Serie.

Gandhi springt zu ihr auf die Couch. Sie hält ihm die Hand hin. Statt sie zu beschmusen, versucht er herzhaft, ihr in den Finger zu beißen, und zeigt sich überrascht, dass dieser auf seiner Zunge zu liegen kommt, kaum, dass er das Mäulchen geöffnet hat. So entwaffnet man jede Katze. Einfach sanft, aber entschlossen den Finger auf Zunge und Gaumen legen. Dann sitzt sie da, die Augen groß und den Finger im Mund, und guckt nur noch, statt zu beißen. Ich frage mich, ob das auch bei Menschen funktioniert. Wenn jemand zu weit sein Maul aufreißt – einfach den Finger reinstecken. Der Überraschungseffekt wäre sicherlich enorm.

Krischiperry schnurrt.

Ich lasse die Kiste aus zwei Metern Höhe in einem Rutsch bis kurz über den Boden heruntersausen. Wäre ich die Katze, ich hätte längst gekotzt. Doch Krischiperry will mehr.

Fünf Mal hintereinander lasse ich den *Free Fall* ablaufen. Dann macht die Gondel wieder vor meinem Bauchnabel Pause. Der gesamte Ablauf des Fahrgeschäfts, den ich mir ausgedacht habe, ist allerdings immer noch nicht zu Ende. Bei mir bekommt der Fahrgast was für sein Geld.

Sylvia sagt: »Das ist unglaublich, wie gut du den Rhythmus draufhast. Das Tempo. Die Bewegung. Das ist genau wie bei der echten Hydraulik.«

»Ich bin eine Maschine«, sage ich geschmeichelt.

Gandhi sitzt auf dem anderen Sofa und schaut sich das Vergnügen seines Mitbewohners in einer Mischung aus Kopfschütteln und Bewunderung an. Er selbst würde nie in die Kiste steigen. Nicht mal auf die Raupe oder den Autoscooter traut er sich.

Krischiperry hebt ganz leicht den Kopf: Weitermachen!

Ich zische, surre und quietsche. Die Gondel schwenkt ein paar

Mal leicht hin und her. Das ist nur der Anlauf für das Finale: Eine zehnfache Drehung um die eigene Achse mit der Kiste an den ausgestreckten Armen. Es erinnert an einen Hammerwerfer bei Olympia. Die Kiste hängt senkrecht in der Luft bei der Bewegung. Manchmal schwinge ich sie sogar noch höher, sodass die Öffnung bereits schräg nach unten zeigt. Das ist so aufregend wie sicher, denn die Fliehkraft presst den Kater an den Kistenboden. Fahrtwind fächert durch die Ritzen der Kiste und das schwarze Fell. Die Schnurrhaare biegen sich im Durchzug. Der Kater hält die Augen geschlossen und schnurrt wie ein Wilder.

Nach zehn Mal Superwirbeldrehung kommt die Gondel langsam wieder in ihre Ausgangsposition zurück.

Noch zwei, drei Mal stößt sie Pressluft aus, und der Feuergott lacht. Dann fahre ich sie langsam auf den Boden. Ein letzter Luftstoß.

Zuschhhhhhhhhhhhh …

Die Überrollbügel lösen sich.

Die Fahrgäste dürfen aussteigen.

Krischiperry kommt den Anweisungen der Sicherheitskräfte nach und torkelt zufrieden aus der Gondel. Stolz guckt er zu seinem Mitbewohner und den Schaulustigen, die sich selber nicht trauen. Sylvia applaudiert. Gandhi hat beim Zusehen genauso viel Unterhaltung empfunden wie der Kater in der wirbelnden Kiste.

Ich lege mich aufs Sofa und weiß, dass wir den Rest der Folge nun tatsächlich in Ruhe gucken können.

Ohne Betteln.

Ohne Kratzen.

Ohne unzufriedene, unbespaßte Vierbeiner.

Man muss nur wissen, wie.